种植设计手册

（原著第二版修订版）

[英]尼克·罗宾逊　著

尹豪　译

中国建筑工业出版社

著作权合同登记图字：01-2012-5665号

图书在版编目（CIP）数据

种植设计手册（原著第二版修订版）/（英）罗宾逊著；尹豪译. —北京：中国建筑工业出版社，2016.10
ISBN 978-7-112-19966-2

Ⅰ.①种… Ⅱ.①罗…②尹… Ⅲ.①园林植物—景观设计
Ⅳ.①TU986.2

中国版本图书馆CIP数据核字（2016）第239741号

责任编辑：杜　洁　段　宁
责任校对：李美娜　张　颖

种植设计手册
（原著第二版修订版）

［英］尼克·罗宾逊　著
尹豪　译

＊

中国建筑工业出版社出版、发行（北京海淀三里河路9号）
各地新华书店、建筑书店经销
北京锋尚制版有限公司制版
北京中科印刷有限公司印刷

＊

开本：787×1092毫米　1/16　印张：17¾　字数：388千字
2017年2月第一版　2018年2月第二次印刷
定价：68.00元
ISBN 978 - 7 - 112 - 19966 - 2
（28710）

版权所有　翻印必究
如有印装质量问题，可寄本社退换
（邮政编码100037）

Preface to the Chinese Edition

The Planting Design Handbook was first published as long ago as 1992. Sometimes I find this hard to believe because it is a book that has stayed very much in the forefront of my mind in the decades since and had been the subject of many stimulating discussions and debates with students, academics and practitioners from around the world. It has undergone three revisions in that time each of which has introduced some fresh aspect and treatment of the subject. This process has kept me developing the ideas that originally inspired me, so in a sense it has been over twenty years in the writing.

The basic material first appeared as a series of papers on the principles, process and practice of planting design at the University of Sheffield, UK, where I lectured in the 1990's. They were my response to what I saw as a lack of published material that dealt properly with planting design in a structured and a design oriented way. I wanted to fill this gap for my students and I was keen to affirm the central role of planting in landscape architecture. Too much teaching and literature treated it as little more than a procedure for selecting materials, rather like picking a paver.

Given the rise in the number of training courses for landscape architects and designers around the world, perhaps it is not that surprising that The Planting Design Handbook has now arrived in a Chinese edition. Yet I was certainly excited and flattered when I first learnt that translation into a number of languages was underway. I am delighted that my research and work will now be of value to students and professionals in those countries and I would like to take this opportunity to express my sincerest gratitude to Associate Prof. Hao YIN who by working so diligently on this translation have made this possible.

One of the great excitements of planting design is the diversity of species, communities and ecologies with which the designer can work, and how these are so expressive of place. So, to you who read this book in China, I say–get to know and deeply appreciate the flora that characterises your region, both the indigenous plants, and the garden and urban floras. Your country is blessed with a great diversity of landscape and vegetation and its design potential is wonderful.

To readers in China I send greetings and encouragement. Make planting your art and your local flora your medium.

Nick Robinson
February 2016

中文版序

《种植设计手册》第一次出版早在1992年。有时觉得难以置信，几十年来这本书一直萦绕在我的脑海里，也成为很多来自世界各地的学生、研究者和实践者饶有趣味的讨论和争论的话题。已经发行了3个版本，每次都引入了新的内容并进行了相应调整。这一过程不断发展着最初启迪我的思想，所以某种意义上讲，写作进行了20多年。

书的基础材料最初是在谢菲尔德大学时的一系列关于种植设计理论、过程和实践的论文，20世纪90年代我在那里任教。那是我对已出版物存在缺失的回应，种植设计被处理完全以框架性和设计为导向的方式。我想要为学生填补这一空白，我渴望证实种植在风景园林中的中心地位。太多的教学和书籍只是将其视作选择材料的过程，很像是挑选一种铺装。

想到世界上风景园林师和设计者的训练课程不断增多，就不会惊讶于中文版《种植设计手册》的到来。然而当我知道几种语言的翻译工作在进行，很是兴奋并深感荣耀。高兴于我的研究和著作将会对那些国家的学生和专业人员有价值。借此表达我对尹豪副教授最诚挚的谢意，他的勤奋工作让中文译本的出版成为可能。

种植设计让人非常兴奋的事情之一是植物种类、群落和生态的多样性，设计师借以工作，对于场地又那么富于表现。所以，对于中国将要读到此书的人，我想说——去了解和熟知给予你所在地区特征的植物，包括本土植物、花园植物和城市绿化植物。你们国家享有非常丰富的景观和植被，设计潜力非常好。

致以中国读者问候和鼓励。种植你的艺术，以当地植物为你的设计媒介。

尼克·罗宾逊
2016年2月

前　言

栽植植被是我们环境的基本组成部分。我们继承的人类景观源自于对无机物和地球上的有机生命形式的操控。一旦有意识地改变我们人类家园的植被，无论是耕作，还是建造房屋或是花园，我们就有可能牵涉到植物。本书涉及在规划、设计和21世纪的景观管理中如何使用植物。

当设计与植物有关，就是与自然相关。的确如此，无论我们是重建被侵蚀的斜坡，重新绿化被砍伐的树林，或是建设城市花园。因为所有的植物是活生生的、生长变化的，改变着自然世界动态变化图案的组成。这使得植物与任何其他的设计媒介有很大的不同。那些活着的媒介是种植设计者最大的资产；也是他们最大的挑战。他们必须理解自然的形式、发展过程和交互作用，如同视觉和空间上的问题。结合自然进行设计不是等同于模仿自然的形式，而是意味着理解和融入生长变化的过程。

作为风景园林和园艺的教学人员，在风景园林的设计师从业经历中，我意识到需要深入而针对性地处理种植设计问题。我的信条，也是这本书的前提——种植设计对于景观设计和风景园林师至关重要。种植设计能够也应该来决定景观的空间和形式，在乡村与城市、大尺度与小尺度下都是如此。依照大的设计概念让植物沦为图形的填充材料，那么就是把植物视作铺装材料或是墙体单元而已。种植是让景观设计变得独特的媒介，自信而创新性地去充分展现植物材料，设计师在景观中可以发展出独特的设计特征。

种植在视觉和空间上的质量在美学方面很重要，本书在这个方面试图进行系统性的研究。我尤其是想揭示出植物作为一种三维的设计媒介所具有的潜质。同时，我希望去说明，对植物的形式和自然过程的理解会深深地影响到设计效果保持的时间。

接下来，我要解释一下"种植设计者"。这不是一个专业的称呼；而是指专门做种植设计的人。"种植设计者"常常是风景园林设计师。因为种植设计是景观设计的一个内在部分，这里提到的大多数建议总体上是与景观设计的程序相关，希望这本书在专业上别有一番价值。该书也直接涉及设施园艺的专业工作，它们应用于私家花园、公共绿地，或是单位附属绿地中。另外，本书也牵涉城市设计师、建筑师和土木工程师，可以帮助他们解决遇到的美学和技术上的问题，因为建筑、道路、桥梁和其他构筑物经常需要种植的辅助来获得良好的场地规划。

书中讨论的一些空间和视觉设计上的原则与建筑和其他三维设计上的原则相同，都涉及形式、空间和图案上的质量与经验。本书旨在展示种植设计师与其他设计师设计方法上相同的地方，也探索了有生命的植物成为设计上独特设计媒介的原因。我希望此举能够在致力于建设更好的环境的人员中激发灵感。

本书的第一部分将会介绍设计结合植物的基本原则。深入地探索种植的属性，并了解与植被生态和园艺特征之间的隐秘关系。种植设计是视觉设计上的问题，所以我主要依仗绘图和图表来支持和完善文字的内容。希望这些图片能够提供与文本并行的叙述。

第二部分探索了设计程序上的多样性，设计者借以推进设计思想和解决设计问题。从项目的初期到落地实施，追寻设计的每一步，展现设计原则如何应用于设计过程中。如此，证实了良好的设计程序有助于推进创造性的设计过程。每个阶段运用专业的绘图进行阐释，这些图画来自于设计师的专业实践和学生的专业训练。但是注意，我不是企图在景观设计任务和种植合同中给出详细的建议，那是一些有关专业实践的出版物的目的，比如休·卡莱姆（Hugh Clamp）的《景观专业实践》（Landscape Professional Practice，1989）。

书最后的部分为实践，是为了在各类种植中，辨别出好的设计技术和实践方法来选择和布置植物品种。自始至终，使用景观设计师为实际项目准备的图纸来解释文本部分的建议。

书中含有无数植物的名字，拉丁名（斜体的）和本地名/常用名/俗名尽可能地给出。科学名有助于我们理解植物在植物王国科学分类中的位置，而本地名有助于了解植物在文化上的重要性。没有惯用名的时候，通常是因为没有广泛使用的名字或是惯用名与拉丁名相同或相似（比如Rosa=rose）。如果读者有疑问识别乔木或灌木的惯用名，可以使用一些参考书，诸如马克·格里菲斯（Mark Griffiths）的《园艺植物索引》（Index of Garden Plants，1994）、杰夫·布莱恩特（Geoff Byant）的《植物学》（Botanica，1997）、黑里尔·尼瑟瑞（Hillier Nurseries）的《黑里尔的乔木与灌木手册》（The Hiller Manual of Trees and Shrubs，5th edn，1991）。对新西兰植物的毛利语名感兴趣可以查阅詹姆士·比弗（James Beever）的《毛利语植物名词典》（A Dictionary of Maori Plant Names，1991）。文中对引入到文中的植物学、生态学和园艺学上的术语进行了解释。如果需要专业术语的进一步信息，《植物学的企鹅词典》（The Penguin Dictionary of Botany，1984）是一本不错的参考工具。

目 录

第一部分

原则

第 1 章

为什么设计

种植设计的目的是什么？不管我们注意与否，植物在各种地方大量而种类丰富地生长着，所以就非常有理由来询问种植在环境规划和风景园林中的角色。

我认为答案有三个方面。首先，景观设计帮助我们更好地利用环境。真正的功能性的景观是提供广泛的使用和人类的介入，而不是单一兴趣下的探究和隔离。种植设计师建造和管理这类使用场地的基本元素。一些词汇，诸如生动、复杂、微妙、弹性、可塑性和持续性，都有助于描绘我们通过巧妙地栽植来释放设计上的潜力。

其次，种植设计可以帮助我们在变化的情景中恢复和保持人与环境之间的可持续性关系。有助于保育有价值的生态系统和生成重建性栖息地。有助于在只是灰色的空间中引入绿色空间。

最后，但不仅限于此，种植设计提供了审美上的亮点，有着如同在美术馆和展览中所看到的艺术品那样复杂而强烈的感染力。审美上的影响可以做到思想上的激发、舒缓、兴奋等等，依设计师的目的和观赏者的精神状态不同而异。在感知的范畴中，植物的景象、气味和感觉，甚至是风和雨在枝叶中产生的声响，都会增加我们日常生活的质量。如此的美学品质很难量化，但是对生活的安康影响深远。

功用、生态和审美，种植设计的三个目的不是各自独立的。细加思索，景观就是从植物的培育和耕作中获得最基本的空间秩序。一个典型的例子是英国的乡村，围有篱笆的田地主要产生于18世纪和19世纪对开敞田地的围隔。这种有秩序的框架不只是为家畜提供了容纳和遮蔽之所，而且当这些树篱成熟后成为大量而形式多样的野生动物栖息地。如同在农业和野外生物中的角色一样，英国的乡村成为一种国家的巨额资产，吸引着来自世界各地的旅游者，也代表着国家特色的重要组成。表现了生产、自然和美之间的良好平衡。但是，其融合的特征在现代农业技术和城市发展的压力下退化得很快。

不要忘记相互间的关系，让我们回头将各个部分看待得更紧密一些。

种植设计——功能的表达

历史上植物的布置与培育表达了人们对土地的利用。这不只是表现在种植粮食、培育木材和其他作物上，也包含在非经济目的上，有些还是为了休闲娱乐。在波斯最早的娱乐花园的形式就来自于农业景观，那里肥沃的河流平原有着灌溉水渠和成行成排的果树。在18世纪和19世纪的英国，种植篱笆围合农田来改进农田的生产效率、增进收益。这些树篱提供了遮蔽、容纳场所和生产性景观秩序，也给了英国的牧场景观一种独特的景观特征。这种实用性和审美上的联系体现在19世纪以来英国花园和公园中树篱的结构上的角色。花园中的树篱是英国乡村中的围篱的再现，起着相关的角色，但是在较小尺度条件下。

种植设计的特征和目的如同人类对土地的利用一样多变。景观设计师要考虑各类、各个层面的活动，从少有造访的场地到私家花园，或是从难于到达的景观到城市中心使用密集的公共空间。种植设计在各种景观中起着作用，我们在其中生活、玩耍、工作、学习、参加社区活动、享受我们的休闲时光。所有的场地都需要满足各种需求的环境。要提供合适数量的空间、适宜的小气候和相适应的尺度和景观特征，以及特别的设施，比如道路、座凳、光照等等。好比家具设计师设计座椅满足就座，种植设计师来建造空间能够置身其中。种植是环境满足功能的一部分。

许多活动需要建筑物、道路、停车场、水体和其他设施。种植设计不是用来妆化平庸呆板的建筑和工程构筑物，"软化"那些僵硬的边角或是遮掩丑陋的外形。它有着重要作用，把结构融入环境中，减少视觉上的干扰，修补对生态系统的破坏，更为积极的方面可以创造舒适、迷人和愉悦的场景。在各种类型的土地利用中，新栽植被或是保育已有的植被都是优秀场地规划中的一个基本元素。

良好的设计中，种植能恰当地满足功能和用户的需求。儿童游戏区就是一个好例子。基本的设备，如秋千和攀爬架，能让儿童参与活动，但是它们不能创造游戏的环境。我们需要的更多。需要限定而愉悦的场地，隔离交通保证安全，为安静区屏蔽喧闹，进行围合遮挡（让大龄儿童有独立感，鼓励探索与发现，使用原生的材料催生创意和幻想）。这些方面种植都可提供。灌木种植可以围合、遮蔽和分隔，而且乔木和灌木还能够形成整体环境用于探索，可以在里面建造树屋、攀爬树木、荡秋千和发现动植物。游戏场地的种植需要强壮、多变和富于活力，完全不同于满足老年人的社区花园或是繁忙的市中心场地。

环境设计的主要挑战之一是在一块场地中容纳几种不同的功能。环境上敏感的造林实践是很好的例子，可以说明组织多种用途的需求导致了更为复杂的设计。早期的种植目标简单。它们的生产与管理只是为了经济上的目的，尽可能利用土地生产木材。很少或是根本不注意视觉问题或是生境的保护。但是，随着逐渐认识到休闲娱乐的需求、视觉舒适性和野生生物保护的需求，森林提供的场地就变得更为敏感，在视野所及和可达的边界融入土生树种，在林区内保留有价值的原有生境。现在，生产性林地的发展常常包含了野餐、徒步和野生生物研究的区域。

所以好的设计会尽量提供各种用途的场地，尊重使用者的各种需求。

照片4　没有植被，如此尺度的挡土墙会很突兀。种植在强调雕塑形式的同时使其成为当地环境中的一道风景（慕尼黑格拉德巴赫，德国）

照片1、2和3　种植设计满足生活环境的基本需求（住宅庭院，谢菲尔德英国；伯志伍德·包雷瓦德科技园，沃灵顿英国；城市街道，新加坡）

照片5　在保罗·皮戈特纪念廊中，乔木种植融合和完善了整体结构（西雅图，美国）

照片6　种植有助于创造适于儿童玩耍的环境，提供舒适的小气候环境、特殊的场地感、众多强壮的树木和灌木用于攀爬、荡秋千和创意性的游戏（沃灵顿，英国）

管理自然植被过程的种植设计

植被建群和演替的自然过程足以修复生态系统的损失，或是创造适合人类需求和活动的环境。比如，城市空地上自然建群的植被最终可以吸引城市居民，为儿童、遛狗的人、野果采摘的人和自然主义者所喜爱；乡野中开掘出的一条道路会聚生色彩缤纷的野花，变成多彩的草甸或是灌丛群落。

景观设计者常常介入植被自然过程的辅助与管理，比如加快植被建群的进程，就像在易受侵蚀的光秃陡坡上的植栽；或是主导演替，通过种植特别的植物种类丰富幼林中的植物群落。这两个管理和介入自然植被进程的例子只是满足场地发挥功能。在这些案例中，没有必要强行加入植物取代自然发生的植物群落。实际上，运用自然生长的、本地建群植物可以很好地体现当地特色，或是成为野生生物的栖息地。

但是，大多数种植设计对自然过程进行了很强地控制。极端的例子是高度管护下的外来植物和娇嫩植物的花园，如果没有持续的园艺养护就会荒废。此类完全人工的种植形式可以用于特定的场景，但比起较少的干预、生态的方法则要逊色很多。

好的设计意味着植物的选择和管理适合场地条件和用途。为了使种植达到设计的目的，常常是要求最低水平的干扰自然过程。这有两个原因。首先，花费少，使用较少的人力物力。第二个方面有争议，要看我们对环境的重视程度。如果接受环境伦理的观点，认同自然在本质上的重要性，就会以最小的干预来发展自生的植被。不是说任何地方都采用生态的方法，只是不应该不分缘由地全部采用园艺的方法。

种植设计和随后的管护被广泛地认作自然植被生长过程的管理。不同类型的种植需要或多或少的干预来建立和保持植物组群的目标。我们的目的需要与自然过程相伴而行来实现种植的功能。

照片7 在朝向英国约克的砂石崖壁上，不需要栽植和撒种，自然的植物建群很适合 照片8 在繁忙的主干道旁，植物种类丰富的迷人的本地草甸（英国）

照片9 在坎特伯雷乡村的路边，一片自然生长的花卉，有蓝蓟（*Echium*）、蓍草（*Achillea*）（新西兰）

照片11 18个月后，只能看到很少受干预的痕迹。土工布用于减少表土流失（坎布里亚郡，英国）

照片10 英国本地沙生植物滨草（marram grass, *Ammophila arenaria*），能很好地适应这种滨海场地，但是需要辅助定植（坎布里亚郡，英国）

照片12 高强度的控制在自然植被进程在埃森的格拉戈公园，高度管护下的杂交与选育出的花卉体现了对自然植被进程的高强度控制

满足审美情趣的种植设计

审美情趣是种植设计的重要目标。种植提供了感官上的享受，进行艺术创作与设计的机会。幸福满足经常错误地与物品和生活方式联系在一起——这很成功地刺激了消费，但是物品和生活上的满足极少达到幸福的要求。现实中，这种消费文化经常妨碍了获取真实的快乐。运用景观和种植设计我们能够创造环境，让人们生活得幸福而满足。一个可爱的细心照料下的花园或是与野生植物相关的花园带来了快乐，能够让我们的日常生活幸福安康，培育一颗诚挚的心。

什么是成功的种植设计？

我们已经认定种植设计的3个主要目的：功能、生态和审美。在这三方面满足的程度可用来判断成功与否。

当然，不同的种植项目有着不同的优先考虑，应该反映在对功能、生态和审美需求的满足上。以在暴露的场地上进行遮挡种植为例，基本的目的是进行有效的掩蔽，改善场地的小气候条件。一旦我们有信心在技术上能够保证提供适宜的空气流动，就可以充分考虑植被的特征和审美质量，保护有价值的并尽可能建造新的生境。所以，一个成功的遮挡种植需要达到：

1. 在需要的距离内，减弱风速和乱流；
2. 改善，或是至少不能破坏当地的生态；
3. 在审美上对该项目有贡献。

比起审美上的价值，功能上的表现和生态上的适宜性更容易被客观地评估。换言之，在审美标准上，很容易产生分歧，因为对视觉上成功或是满意的认定差别巨大。这不只是人们意见不同的问题，而且和人们的趣味和思想观念相关，人的一生中会有很大的转变（许多评论家和设计者是这方面很好的例子）。我们喜好或是需要的环境可能由于情绪上的变化而每天不一样。这种不确定性和判断上的个人因素让人们通常认为设计是主观性的。

当评定种植方案成功与否时，设计者必然要问自己是否喜欢，在他们的设计中评价和思索这个问题。要审视种植设计中审美上的效果，需要了解植物的美学特征和在种植组合中的影响。在第3～7章中讨论的主题。

在我们自己的分析中也要考虑业主和使用者是否喜欢？是否满足了他们的需求和愿望？业主和使用者的喜好可能不同于受过专业训练的设计师，我们专业的职责之一是了解和满足他们的喜好和需求。作为设计者，要有独特的风格和明确的见解，但是当我们成为专业顾问，面对业主的首要职责是让景观成功地满足需求。

照片13 这条在苏格兰西北的防护带做到了降低风速、丰富生境和取得与当地景观视觉上的一致性。提供了小气候条件，满足苏格兰印倭维花园（Inverewe Gardens）中多种类植物的种植

第2章

作为设计媒介的植物

各类的设计遵循着一些基本的原则，三维空间的设计比如景观、雕塑和建筑都关注形式和空间。但是，设计所借助的材料在视觉的效果和可挖掘的潜力上各不相同。所以在探讨视觉和空间设计原则之前，需要了解植物作为设计媒介的特征。

植物是有生命的材料

植物是生长着、变化着、相互作用着的有机体和植物群落，或是随机产生的（那些我们称之为自然的），或是设计的，都处于不断的变动中。甚至于一个成形的群落，比如一个成熟的森林，它的组合也不可能没变化。老树死去或是被吹倒，能让下一层植被快速生长，让秧苗长成幼树开启新的时代。

在较大的尺度上，环境上的事件比如滑坡、洪水、火山、异常天气和气候变化，都会导致植物群落的改变。在最近的几十年，在英国东南部和法国北部（包括凡尔赛里的花园）暴风雨毁坏了很多树木和林地；在新西兰，1886年塔拉韦拉火山喷发摧毁了靠近罗托鲁阿的大片森林、矮树丛和种植的林地。在这两个例子中，我们能够看到森林自然生成的连续过程。追踪单棵植物从种子到衰老

照片14 简单的乔灌组合在头10年的发展变化：种植后的头一年散落的乔灌组团体量近乎刚离开圃地时（停车楼，谢菲尔德，英国）

照片15 同一场地（另外一个视角），种植后3年，茂密的灌丛和定植的乔木

照片16　10年后，乔木和更大的灌丛形成了接近10米高的林地结构，开始呈现种植时的设想——停车楼被部分遮蔽，有了林地的背景

的整个生命周期，或是观察清理过的林地上整个森林的变化，我们就会体验到植物世界的动态的发展变化顺序。

环境因素

除了基因程序影响着生长变化，植物持续地与环境相互作用。在植物的生长中，环境因素能引起很大的变化，其中一些可以通过设计或是管理进行控制，而其他一些则不能。下面是对环境因素的简单总结，在设计中非常重要。

天气每天都不一样，每年也不一样，影响着生长速度、形态、叶子的密度、开花和结果。海拔、地形和周围环境能够调节当地的气候条件，引起小气候条件的变化。适宜的小气候下植物可以生长得更高、开张而茂盛，而暴露的、贫瘠的场地条件下则会长得紧缩或矮小。在一年生的植物层，光照的改变、不同季节和时间的光照改变，空气湿度等的变化都能引起微妙或是惊人的视觉效果。区域和当地土壤的不同也会影响生长，比如扩展速度、生物量、叶色和花色、最终的高度和对虫害、天气异常的抵抗力。

生长也会受到临近植物的影响。它们改变小气候，增加遮阳、庇护和湿度，但是会降低地表层的降水量。植被也影响土壤条件，短期内降低土壤水分和湿度，但是从长远看会增加腐殖质和养分的含量。

某些类型的植被，比如许多针叶树和荒漠草类的腐叶能够酸化土壤。这将导致只是部分的有机质腐化和可用养分的减少。另一面，桦木则改善荒漠土壤，腐叶浸洗出的养分还回到土壤表层。

病害和虫害影响着植物的生长和发展。在乡村，动物像牛、羊、兔子和负鼠选择性的啃食会限制一些植物生长，而允许其他植物的蔓延。这种影响有助于决定植物个体的形状和植物的组合。

最后，人类活动是影响植物生长和发展的严重而不可预知的生物因素。在高密度的居住区域，污染、毁坏和垃圾倾倒都会严重地影响植物的表现。比如，过多的踩踏、自行车或是摩托车的侵扰会破坏或阻止较低植被层的发展和乔灌木

照片17　南向的墙体提供了适宜的小气候，户外不能存活的植物可以在这里生长。纽比花园（Newby Hall）位于英国的北约克，苘麻（*Abutilon*）和美洲茶（*Ceanothus* spp.）（展现在照片中），加州弗瑞蒙木（*Fremontodendron californica*）、滇藏木兰（*Magnolia campbellii*）成功地生长在墙园的灌丛中

照片18　魔幻般的光能够给予不可预知而记忆犹新的植物景观效果（Bodnant Garden，威尔士）

的再生。除了这些偶然的人类行为的影响，人类的喜好和趣味也是影响因素（吉尔伯特，1989）。它们影响植物的管理和修整，人们钟爱一些流行的植物，那些"不整洁的""乏味的"或是"过时的"植物存在的机会被减少。有这样的例子，20世纪60～70年代矮生松柏遍布英国的郊区花园，80年代野生灌木的"小生境"出现在新西兰的花园和景观中。

植物生长和发展的循环

我们不可控制和预测植物生长和发展的另一方面因素是时间维度。

不同生长节奏的时期变化很大，比如花朵开放的昼夜节律和季节的年度节律。植物的生命周期短得只有6个星期，像一年生的千里光（groundsel）、荠菜（shepherd's purse）。生命长的植物可以活上千年，比如新西兰的贝壳杉（kauri，*Agathis australis*）、欧洲的紫衫（yews，*Taxus baccata*）和北美的芒松（bristle cone pine，*Pinus aristata*）。

作为设计者，我们需要了解植物生命周期中不同阶段的明显特征。幼龄、成熟期和衰老期在不同的生境下通常变化很大，所以植物不同的生命阶段在设计中担负的角色也不同。新西兰的矛木（horoeka/lancewood，*Pseudopanax crassifolius*）是展示植物不同生长阶段特点的典型例子。青年和壮年的矛木表现为多分枝，以至于最初植物学家把它们分为不同的属。生长阶段不只是影响植物的形体和设计角色，也反映在环境需求上。比如，一些森林的优势树种，像新西兰罗汉松（podocarps）庇护、湿度和遮荫来建植，但是一旦成年就能够承受非常艰难的裸露条件。

紧密的林地中　　　　　开敞的草地中　　　　　裸露的山崖边

图2.1 成年树形

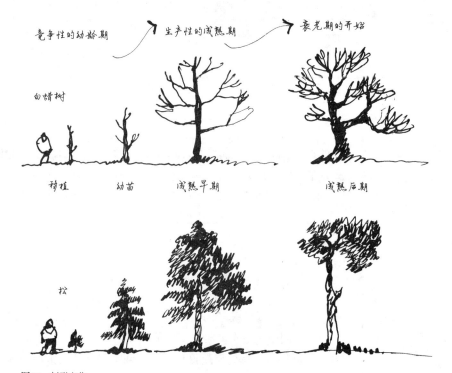

竞争性的幼龄期　　　生产性的成熟期　　　衰老期的开始

白蜡树

扦植　　　幼苗　　　成熟早期　　　成熟后期

松

图2.2 树形变化

后期管理

　　种植设计另外一个显著的方面是景观管理的重要性。建植后，幼苗需要细心而创造性地管护一些年才能完全实现设计的意图。定植的时期和管护决定了原初的设计思想转化为实际的景观。这是种植设计的重要时期，因为种植计划会被误解或是错误的管护。这也是最考验设计师的阶段，验证他们的设计思想能否实际地充分实现。在积极的方面，创造性的景观管理可以取得比画板上的构想更好的效果，能够直接对植物生长的不确定性和变化做出反应。

在种植计划中，创造性的管理需要贯穿整个生命周期

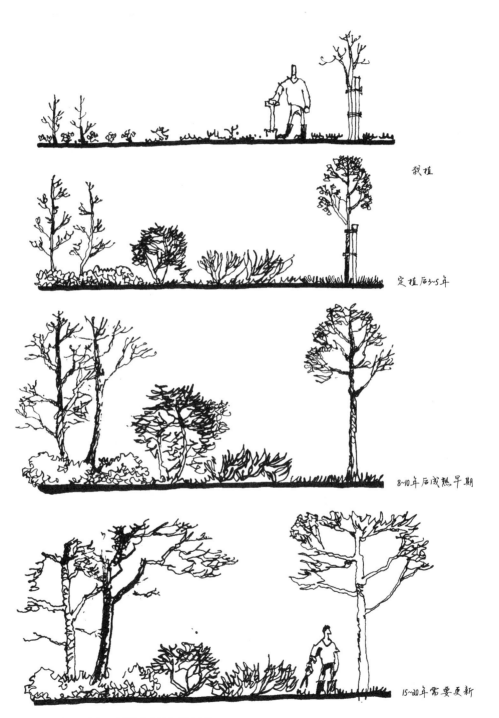

图2.3 乔木、灌木和地被植物生长的不同时期

种植

密集种植后3~5年树冠相接

乔灌木的高度开始出现变化

20~30年进入成熟早期, 可以重新种植林中空地

图2.4　林地种植发展的不同阶段

　　所以在种植设计的许多方面有不确定因素，材料的内在本性，气候的变化，还有较长的一段时期内与管理者和管护人员进行沟通的困难。

　　用植物形成景观不像用钢铁制造一辆汽车，也不同于用砖和灰泥建造一个硬质景观。植物不能用有比例的图画和模型准确地表达，因为一些年后植物的表现不确定。总是一个不确定的因素。这对学生和设计者造成困难，但随着园艺上的实践和了解，他们能够更为自信地给出设计建议。

景观设计者对植物的观点

景观设计者对植物的理解有什么不同？他们用什么方法让植物不同于园艺师、植物学者、生态学家等专业人士关注的植物呢？

首先，景观设计的方面很广。广博的知识既是挑战也是我们力量的源泉，总体掌控和多方融合。作为设计者，我们需要了解植物学的基本知识，熟悉生态学的基本原则和园艺、农业、林学的相关技术。在这之上，我们必须有观察形式和肌理的雕塑家的眼睛，画家擅长表达的手和花卉艺术家捕捉瞬间的灵感。

有了这些广博的知识，景观设计者就有着对设计的独到见解，对景观中空间和视觉组合特别的理解。

作为空间要素的植物

对于设计者而言，植物就像绿色的建筑体能够形成景观中有生命而变化的"机构"。设计不只是实体结构部分。也关乎实体部分限定和产生的"空白"。建筑的边缘和表面，比如椅子或是雕塑，限定了周围或是之内的空间，这个空间有着功能和美学两方面的目的。

植物也限定和形成空间。空间产生于它们的树冠周围、之间和之内。通过组织和控制树冠，设计者运用植物形成结构或是称之为框架，在景观中限定和组织空间。种植形式和户外空间可见于多种尺度下。最大的尺度，林带、林地和森林片块，能够形成大尺度下的景观框架，比如工业、居住区和休憩地，不会有视觉和生态上的干扰。这种封闭式的种植能够带来小气候条件的改善、野生动物保护和其他环境上的好处。在个人和小群体的居住尺度上，游戏场设施、邻里公园或是私家花园都需要各种程度上围合、庇护和遮挡。合适规格和生长习性的灌木和乔木能够满足这些需要。甚至单独一棵树也能限定一处空间。开展的树冠能在上部提供郁闭，在下部产生一块领地。

种植在景观中有着结构或是框架的作用，类似于建筑中的空间围合，和街道空间的建立。但是，种植应用在更大的尺度范围内。建筑营造的基本语言和概念所提供的空间语汇可以应用到景观上。比如建筑空间相似的形态可以有助于我们理解植物创造的相似而松散的景观空间。

在《城市设计中的树木》（Trees in Urban Design）中，亨利·阿诺德（Henry Arnold）针对城市环境总结了树木在空间上的应用：

> 在城市中，树木是有生命的建筑材料，用于形成景观边界。它们成为户外空间的墙和顶棚，但比起其他建筑材料更为微妙。它们产生空间的节奏来增强在户外空间中的体验……另外，在精致的空间营造中，树木把建筑的几何构图、节奏和尺度联系和延伸到景观中。这对于建筑而言比起装饰和柔化方面的作用更为重要。（阿诺德，1980）

树——树枝形态　　　树——树冠空间　　　树——树形　　　树——空间

道路——树形　　　　　道路——空间

林地——形态　　　　　林地——空间

图2.5 树：形态与空间

　　　植被也能产生更为复杂和流动的空间形式。我们可以在所谓的"不规则"种植中发现这种空间——它在形式上是有机的、曲线的、偶然的，或是看起来随机的。例子有随机的森林或树丛、再生植被和自然式的种植。乔木和灌木组团交织着林间空地、路径和开敞地。对于这类空间的感知其实并不陌生。美国的风景园林师延斯·延森（Jens Jensen）勾画出了这种不规则空间表达上的复杂性——他的作品表达出了野生森林和开敞地之间相交接的诗一般的气质。实际上，弗兰克·劳埃德·赖特将延斯称为"本土的自然的诗人"。

照片19 在新西兰奥克兰的阿尔伯特园中，毛背铁心木（pohutukawa）的树冠下，形体与空间的交织关系由于雕塑的存在而得以强调

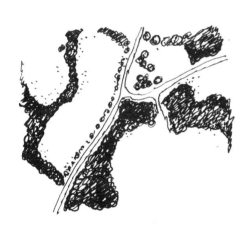

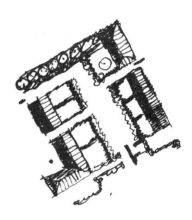

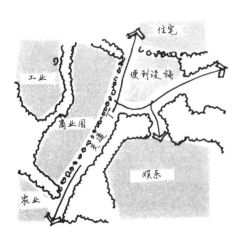

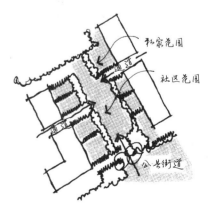

图2.6a 大尺度结构性种植的林带为各种土地利用产生框架

图2.6b 小尺度结构性种植的乔木、灌木和篱为各种功能使用产生空间

空间的创造有时候被描述为植物"建筑上"的功能[布斯（Booth），1983；罗宾奈特（Robinette），1972]。这有助于我们将植物视作环境中结构上的、空间形成的元素——这些元素可以产生"户外空间"，边缘种植树木的广场和街道等——但是相似性上有限。因为在空间的形式、尺度和特征上，植物比起单独的建筑要素能够做得更大。植物在这方面的潜质将在第4章和第5章继续探讨。

作为装饰的植物

装饰就像空间的定义，也是建筑的功用。我们讨论种植设计时，将会把明显的装饰部分与空间结构部分分开。就像建筑师，景观设计者如同注重基本结构的空间尺度一样关注细节的美。可以把植物作为装饰放入基本的空间结构中，或是依附于空间要素内在的视觉和其他审美品质上。种植不管是否为了装饰的目的，能提供许多审美的情趣——叶子、树枝、树干、花和果实；花的芬芳和清香的叶子；树干和叶子的外在肌理；风扰动或是雨滴敲打的声响。

有着特别审美价值的乔木和灌木常用于基本结构性种植的装饰。类似于修饰建筑立面或者室内装饰，可以认作为专门的装饰性种植。另一种方式是把结构性种植内在的美体现出来——不使用另外的植物寻求变化和装饰。第二种方式会形成较为简单的景观，更为现代。实际上，在大多数的设计中，结构性种植和专门观赏性种植的装饰性特征都会被用来包裹空间的框架。

种植设计的装饰性方面有两个常见的问题。一个情况是过多地依赖有限的几种不出错的植物材料。这导致了单调（这也是景观设计者坏名声的由来之一）。另一方面，设计者执迷于植物种类（一种审美上的贪欲），没有克制和清晰的目的。不充分的植物知识往往造成第一种错误，缘由是没有足够的经历或是缺乏兴趣。第二种错误的原因在于不清楚何为好的设计，限于审美上的迷乱。要想取得成功而耐久的种植设计，既需要知识还需要细心的考量——首先要了解我们使用的媒介，再者要有明确的目的和技巧。

照片20 圆形的篱和标高的变化进一步勾画了单棵山毛榉下的空间（Hidcote Manor，格洛斯特郡，英国）

照片21 灌木和零散的乔木限定并为平台提供了局部遮荫（奥克兰，新西兰）

照片22　自然生长的乔木和灌木的林带产生了不规则的植物的墙体围合着月亮池（Studley Royal，约克郡，英国）

照片23　整形修剪的柏树（cypress，*Cupressus* sp.）形成了带有窗户的墙体，给小公园提供了内窥外望的视野（Malaga，西班牙）

照片24　在英国谢菲尔德的一处休闲中心前面，数条低矮的覆地植物形成图案化的地被

照片25　花坛的彩色地被保持在低矮绿篱形成的精细几何图案中（Rotorua，新西兰）

照片26　在西班牙马略卡的露台上，紫藤（*Wisteria*）被用于形成叶与花的精彩顶棚

照片27　在英国利兹大学的停车场，自然开展的银槭（silver maples，*Acer saccharinum*）形成了荫蔽的顶棚

植物选择

可用的植物种类和品种有着多样的规格、生长习性、花、叶子、生长速度、土壤和气候需求，选择正确的植物万分重要。因而，这就是为什么需要有一个系统或是方法来帮助选择植物。

最为可靠的方法是基于设计特征在植物组团间增加细微的差别。这有点像植物识别中的双名法，只不过是区分设计上的特征而不是植物学上的特征。这些设计特征可以分为以下3个方面：

1. 功能和空间上的特征。
2. 视觉和其他感觉特征。
3. 植物生长习性和文化上的需求。

功能和结构上的特征让植物在景观上实现其作用。比如，外形和叶子的密度影响屏蔽、遮挡或遮荫的效果；根系特点决定了紧固土壤表层的能力，防止土壤侵蚀；树高影响屏障的功能。这些特征让植物产生功能性的景观，为人类活动提供合适的环境。

在种植设计寻求感觉趣味方面，视觉质量是重要的方面。当结合这些特征设计时需要关注的程度也与场地的内在特征和种植位置的视觉敏感性相关。比如，当种植花园或是庭院时，我们会更多地关注细节的组合和表达。另一方面，在场地恢复中，则会较少关注何时能够展现植物的美和装饰性效果，但是选择何种植物进行种植将是主要的挑战。

生长习性和文化上的需求决定了一种植物是否能够成功地建群或是建立小生境。这种情况适用于随机的植被群落，在人工设计管理下的种植也是如此，比如城

图2.7　种植可以形成亲切户外空间的地面、墙体和顶棚

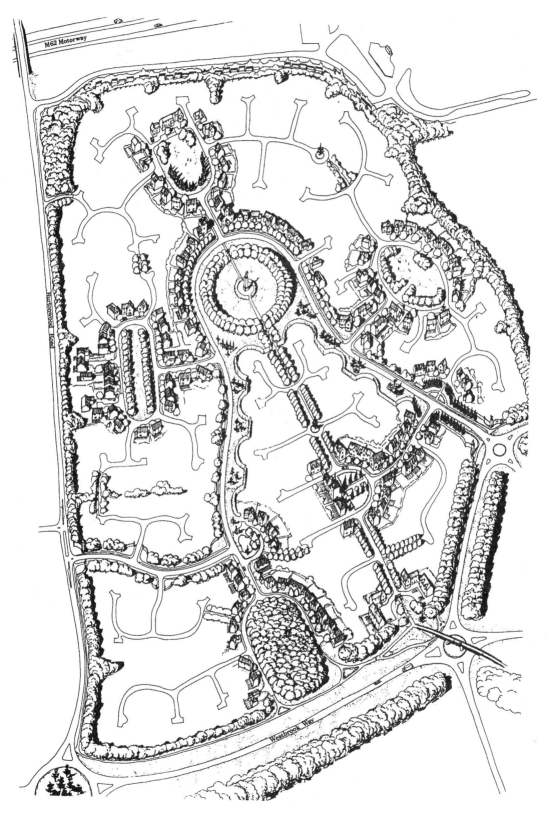

图2.8 这张轴测图生动地展示了植物如何为新的社区形成绿色的空间结构

照片28　在英国伯明翰的一处公共空间，细心运用的草地提供了可接近的地表。斜坡的朝向有助于聚焦于广场中心

照片29　植物像柏树（cypress，*Cupressus* sp.）可以被整形为欢迎尺度的绿色入口通道（赫内拉利费宫，格兰纳达，西班牙）

照片30　密实的植被不可穿越，其中的缺口形成了自然的通道和窗口（白金汉郡，英国）

照片31　在德国科隆的一处居住庭院中，一列小树形成了绿色的柱廊

照片32　在法国，两排细心栽植和整齐修剪的椵树（limes，*Tilia* sp.）给予顶部的遮盖形成树的拱廊

照片33　规则的行道树种植呼应了建筑的节奏（米尔顿凯恩斯，英国）

照片34　在巴塞罗那的居尔公园（Parc Guel），安托尼·高迪（Antoni Gaudí）的作品中树和建筑的构造形式在结构和装饰性方面有着相似性

照片35　在苏格兰的福马沁，过度生长的欧洲山毛榉（beech，*Fagus sylvatica*）绿篱产生了一列树干

市行道树或是屋顶花园。在荒凉或是受土层受污染的场地上，在进行植物选择时，植物建植上的技术需求远比花和叶的视觉质量重要。所以，设计者想要形成生机勃勃、具有可持续性的种植，最基本的事情是了解一种植物的习性和园艺栽培上的喜好。植物在景观方面的使用上却没有书涉及此事（在花园条件下的栽植却有大量的书籍介绍）。应用在景观项目中的植物比起花园中的植物要承受更大的压力，所以对于景观设计者而言，个人对于植物种类的生长喜好和抗性的了解非常重要。

总而言之，系统性植物选择的方法要优先于种植功能和空间形式的确立。一旦按照这种设计原则进行，就会选择适合场地条件的植物种类和品种来承担角色。这是在第3章和第9章采用的先后顺序，涵盖了基本原则和设计程序。

设计中功能和审美的考虑

景观种植有着功能和审美的效用。但是对于景观更需要的是易于使用和保持，设计者也必须考虑审美上的影响。依照场地的要求和使用者的需求，两者的均衡在各个项目中有所不同，但是都会在一定程度上呈现。应该注意功能上的效果和感觉上的质量并不是各自独立的。帕帕讷可（Victor Papanek）在其经典的关于工业设计的书《真实世界的设计》（Design for the Real World 1985）中最宽泛地定义了人工制造产物的功能，指出了包括使用和美学质量在内的6个方面：

1. 设计和生产中好的**方法**（method）是采用了合适的工具、程序和材料。
2. **使用**（use）的简便和有效性。
3. 满足真正**需求**（need）的设计，不是人为的时尚和需求。
4. 设计的**目的性利用**（telesis），那是反映了当时当地经济和社会上的条件。
5. 采用的材料和形式与使用者的想法有着恰当的**联系**（association）（没有产品脱离个人和文化上的体验）。
6. 材料和形式所具有的直接**审美质量**（aesthetics）与功能相对应。

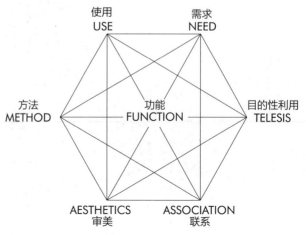

图2.9 功能关系图（绘自帕帕讷可，1985）

照片36　在荷兰一处公园的水边，自然形的柳树（*Salix*）组团产生了雕塑般的有机形式和流动空间

照片37　这个庭院中丰富的种植主要扮演着装饰的角色，美化着了已经由建筑和硬质景观为骨架限定的空间。树蕨（*Dicksonia squarrisa*），新西兰朱蕉（ti kouka，*Cordyline australis*）和棕榈调整着空间、提供了视觉焦点（奥克兰，新西兰）

　　因而，审美特征是功能设计的一个基本组成部分。另外有一种重要却有些不同的说法，"好用看起来就舒服"。帕帕讷可的理解给予的暗示是不能将审美效果看作是狭窄定义下的功能的随机产物。有很多潜在的解决功能问题的方法，尤其是在景观设计中，审美的考虑应该是选择最好的替代方案的标准之一。如果我们能够脚踏实地的设计，充分考虑使用者的真正需求，任何人工产物的审美质量对使用者都有意义，这种意义应该与功能和人工产物的目的相伴而生。

　　一处设计的景观不只是一个巨大的人工产物，而且需要融合不同甚或是相互冲突的使用。许多不同的功能借助植物能够实现（包括视觉的融合、物质循环、象征上的联系、经济上的提升、历史的解读、野生生物栖息地、土壤改良、气候调整等等）。这些功能，设计上的目标，产生于设计者的各种分析——业主的要求、使用者的需求、场地的优势和劣势。简而言之，设计功能让种植来实现。

　　虽然审美效果总是表现和被认作为功能的一个方面。但在一些景观中，审美享受是设计的基本目的——公园和花园（无论是私人的还是公共的）、装饰性庭院、医院的环境。

第 3 章

植物的空间特征

植物的空间特征是植物起到景观的空间结构作用，包括生境、树冠形状、枝叶密度和生长速度，和所有决定种植环境空间组合的方面。

在人造景观中，植物在空间上的功能

当我们为人类设计空间，把植物的规格与人体尺度相联系很重要。在平面图上按照层冠高度简单地划分区域是设计的重要阶段，因为高度决定了多数空间框架，控制着视野、移动和体验。

丹麦风景园林师普雷本·雅各布森（Preben Jakobsen）把植物最为常用的尺度划分为地面层、膝盖高度、膝盖到腰部、视平线以下和视平线以上。这种分类中的植物种类如下所示：

树冠高度	植物类型
地面层	修剪的草坪和其他地被植物，匍匐和盖地的草本植物和灌木
低于膝盖	匍匐和低矮的灌木、亚灌木、生长低矮的草本植物
膝盖到腰部	小灌木和中等高度的草本植物
腰部到视平线	中等高度的灌木和高的草本植物
高于视平线	高的灌木和乔木

当实际应用时，这些高度当然会随着服务对象的不同而变化。对于成年人，这种变化无关紧要，极少影响到植物种类的选择。对于不同年龄阶段的儿童，对于坐在轮椅上的人，植物高度上的差别就很重要。我们必须予以考虑，顾及不同的空间体验。

接下来，我们要考虑到各个冠层高度在设计上的潜力。

地面高度的种植（地被植物）

这种最低的植被形成了非常贴近地面的叶冠，常常只是几厘米厚。包括修剪过和牲畜啃食后的草地，完全低伏的灌木［比如'巴·哈勃'桧（*Juniperus* 'Bar

视线和行动上都没有阻挡

在相邻区域可以提供视线上的联系

可以成为偶发性活动的地表

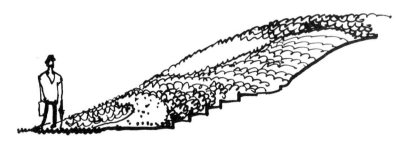

可以在地面上绘出图案

图3.1 地面种植（地被植物）

Harbour'）、铺地香（*Thymus serpyllum*），双花硬花草（*Scleranthus biflorus*），角棱铜锤玉带草（*Pratia angulata*）]。基本的空间角色是作为"地板"，允许自由的视野和活动。因而扮演者一定的角色：

- 虽然不如铺装坚硬，在平整、硬实的土地上，地被植物能够为行人活动提供场地。大多数耐踩的植物种类包括草皮，定期修剪可以满足休息、行走、玩耍、运动、骑自行车和偶尔的车辆通行需要。这种耐用性使得草坪、草甸和其他类草地在公共和私人景观中受到重视和广泛使用。

一片整齐的修剪草地或是匍地、平滑肌理的覆地植物紧紧地追随地形，能够提高地面塑造的视觉效果。植物种类包括平伏'特纳盖'黄金菊（chamomile, *Chamaemelum nobile* 'Treneague'）或是猬莓（piripiri, *Acaena* sp.）。改变叶型上有对比的植被覆盖能够强调斜坡的变化。

- 地面层的植被可以用来形成二维的图案变化。毯状的叶子单独使用或是结合鹅卵石、砾石等铺装材料，形成色彩、肌理和图案的织锦，覆盖整个地面。

膝盖以下高度的灌木和草本植物（低矮植物）

具有较高冠层却低于膝盖高度的灌木和草本植物在空间设计上有着更多的可能性。许多这样的植物属于"地被"类，能够很好地适应当地的气候条件，具有足够的竞争性驱除大多数不想要的、自我繁殖的"野生"植物。除了有管理上省力的好处，低矮的种植在空间上视野开放，却又限定了边界和阻碍了（虽然不能完全避免）人的行动。

- 低矮的种植如果单独使用，就像地被植物一样能够形成视觉的平台或是地平面。
- 可以结合较高的草本、灌木或是乔木，让它们从其中生长出来。这有点像绘画中的底色或是刷色，或是衬托"形象"的"图底"。这样，低矮的种植产生一个地面或是平台统一植物组合中其他的种植和元素。
- 许多平伏的植物种类可以攀爬矮墙和堤岸，形成悬垂的幕帘[平伏的迷迭香（rosemary, *Rosmarinus officinalis*）是典型的案例]。攀爬的植物可以在竖直和水平面上形成连续的叶幕。叶子垂落在堤岸和墙体上，流淌在平展的地面上，遮盖着竖直、水平和倾斜面之间的角落。也可以粉饰新与旧，攀爬的植物可以让插入已有景观中的新构筑物或土地整理部分产生归属感。
- 低矮种植的一个基本角色是用在硬质和软质景观的交界处，和不同的软质景观之间。高的灌木需要留有生长扩展的空间，不要侵入通行空间。低矮的种植可以在较高的植物中形成地面覆盖，自由的延展，不需要经常的缩剪或整形。如果延伸到铺装或草地上，踩踏就自然地进行了"修剪"。

视野不被打断，但是行动受限

可以形成一处从高处观望的图案

在较高的植物下形成叶丛

图3.2a　膝盖以下高度的种植（低矮种植）

能够缴饰较高、铺展的灌丛

支撑物上攀爬植物能够形成有效的阻挡

联系水平和竖直面

图3.2b　膝盖到眼睛高度的种植

膝盖到眼睛高度的种植（中等高度的种植）

　　膝盖到眼睛高度的种植在设计上的角色类似于矮墙、篱笆或是围栏。可以阻挡行动，限制进入，但是视野开放，并能够在光线上产生变化。中等高度的种植有着一系列空间上的使用。

- 可以分隔区域，保证安全：比如让人或是车辆远离陡坡、水边。
- 不需要视觉围合的地方，可以用来提示和强调构图线和路径。
- 在人与建筑或是其他私人区域保持距离，这样既可以提供私密又不会超过窗沿，遮挡阳光。
- 可以界定建筑的庭院或领地，类似于矮墙、篱笆，但是又不那么正式。
- 用一团中等高度的叶丛缀饰建筑或是其他的构筑物，可以将其锚固到地面上，与周围的景观相联系。在丰盛的已有植被中，放入建筑物或其他的构筑物的时候这种做法尤为重要。

膝盖到视平线高度的种植阻碍行动，但是敞开视野

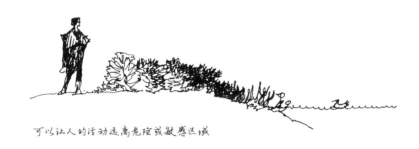

可以让人的活动远离危险或敏感区域

能够强调方向和路线

图3.3a 中等高度灌木的种植

视平线以上高度的种植（高的灌木或是小乔木种植）

灌木和小乔木的树冠高度超过视平线能形成视觉和空间上的隔离。所以，与墙或篱笆相似，有着密集树冠的高的种植可以起到分隔、围合、屏蔽和遮挡的作用。比起较大的乔木种植尺度上较小。

- 在人类尺度的景观中，公园、花园、庭院、街道和游戏场等，高的种植产生私密、庇护和遮挡，避免停车场、服务区和垃圾桶存放区的侵扰。

- 像墙和篱笆一样，高的种植可以成为装饰性种植的背景，如草本花境和展示性花床。修剪的"规则式"篱通常在花园中扮演者这样的角色，但是松散的灌木种植也同样奏效。经典绿篱植物包括紫衫（yew，*Taxus baccata*）、欧洲山毛榉（beech，*Fagus sylvatica*）、欧洲鹅耳枥（hornbeam，*Carpinus betulus*）使用在北欧的高篱中。在温暖些的气候中，大果柏木（Monterey cypress，*Cupressus macrocarpa*）、桃拓罗汉松（totara，*Podocarpus totara*）形成漂亮的修剪绿篱。

能够限定领域

能够增加建筑中的隐私性

能够形成小的视觉焦点

图3.3b 中等高度灌木种植

- 尺度上，高的种植可以陪衬建筑。视觉体量与小的建筑相似，可以用来均衡建筑的墙体或组合。
- 分开的一对高灌或大组团中的一个缺口可以形成景框。框定视景线或吸引视线。这类的布置不只是引起注意，而且引诱探索。像拱廊或门廊一样，暗示去发现一个不同的区域。
- 孤植或小组团种植时，选择合适规格的高灌可以呈现为人的尺度下的特色或视觉焦点。

高于视线的种植形成了活动区域和视觉上的障碍

可以提供遮蔽和私密

为展示性种植提供背景

图3.4a 高灌木的种植

可以陪衬小的建筑

可以框定视景线或地标

可以成为视觉的亮点或焦点

图3.4b 高灌木的种植

乔木种植

如同建筑、道路、桥和小的工业设施一样，各种规格的乔木有着体量上的差别。乔木的种植可以用来遮挡、分隔、庇护、围合、陪衬和完善这些较大的构筑物。当乔木自由生长形成一个清晰的主干，有着头部高度以上的树冠时，地面上留下的就不只是竖直的干，还有空间。这产生了完全不同的空间类型。

成熟乔木的高度变化从5米高［如垂枝柳叶梨（weeping pear, *Pyrus salicifolia* 'Pendula'）、坡柳（akeake, *Dodonaea viscosa*）］，到40多米高［如欧洲白蜡（European ash, *Fraxinus excelisior*）、新西兰鸡毛松（New Zealand kahikatea, *Dacrycarpus dacrydioides*），一些来自北美西海岸的针叶树和许多澳大利亚桉树（Australian eucalypts, *Eucalyptus regnans*）］。为了便于设计，将乔木分为，小：高度5米~10米；中：10米~20米；高：20米。

- 小乔木高度上相似或低于两层建筑，所以在城市空间中，它们主要影响建筑之间的空间。
- 中等高度乔木形成的空间可以包含较小的建筑物，因而对城市景观的空间结构有着较大的影响。
- 高的乔木在城市内少见，因为它们需要很大的生长空间。自然生长会很高的植物虽然经常被种植在花园和街道上，但是一旦开始荫蔽或影响了附近的建筑，就会被修剪或弯垂。超过20米的乔木可以成为街道、广场和公园的基本空间框架部分。在乡村景观中，大的乔木产生大尺度的框架。
- 中等和高的乔木种植可以扮演重要的角色把大体量的工业建筑融入周围的景观，比如发电站。树带和人造林包裹着这样的场地，可以屏蔽近距离的视野。从更远的距离，虽然不能掩藏冷却塔或涡轮机房等大尺度的构筑物，但是可以在视觉上把它们锚固在景观中，并屏蔽附属的建筑，如临时建筑或停车场。这个角色很重要，因为低层级的零散房屋经常是景观上大尺度工业建筑的扰乱部分。
- 比起灌木，乔木能从更远的距离屏蔽和阻挡视野，可以用来控制穿过景观时的视野。细心地布置种植带中的缺口，在合适的时刻开放视景线或框定焦点。就像窗户或拱廊，枝叶的景框吸引注意和聚焦远处的景物。
- 在另一方面，单一树种或是小组团的树木本身就成为焦点。作为一个分离的物体，在我们的视野中占据一块小的区域，视线会停歇在上面。有着显著特征的树木比如秋色叶或如画般的生长态势，会格外引起注意。大体量的乔木种类或组群在一定的距离上起着作用，而且在更大尺度的乡村景观中也可以成为视线的焦点和景观标志。
- 当单一的树种或小组团的乔木衬托建筑，树木和建筑形体之间的关系很有趣。雷普顿（Humphrey Repton）阐述了风景式造园的一条原则，来判定何种树形能最好地衬托各种风格的建筑。他建议，古典风格的建筑有着宽阔、稳重的比例和浅浅的屋角，可以用上升线条和竖直形体的树木陪衬，

树

可以在相互冲突的活动之间形成缓冲

可以遮挡和分隔较大的建筑体

可以融合巨大的构筑物

可以框定和强调地标

图3.5a 乔木　　　　　单棵的大树可以成为地标和会面的场地

比如云杉（spruce）、冷杉（fir）。相反，维多利亚哥特式复兴建筑有着上升的尖塔和陡峭的屋顶，用沉稳的圆形或是水平延展的树木来完善，比如黎巴嫩雪松（cedar of Lebanon）、英国栎（English oak）或栗树（chesnut）。

- 乔木种植进一步的角色是联系不同的建筑风格。一种乔木种植成简单规则的一列可以为建筑的立面提供统一面或是成为独立的对比。连续的树带把不同的建筑风格联系在一起，建筑上风格上的变化在统一的绿色框架之中增加了趣味性。

乔木可以完善建筑形式

可以融合毫无联系的建筑风格

可以为道路提供竖向的包裹

图3.5b　乔木

树丛和林地可以强调地形

或是遮盖不悦目的土方工程

林冠下可以产生独特的林地环境

图3.5c　乔木

　　可以看出植物的高度和生长习性决定了许多它们在空间上的角色。视线和游线的控制在空间设计中很重要。如何组合植物创造不同的空间特征来满足不同的需求，将在下一章探讨。

第 4 章

用植物创造空间

当首次踏勘场地，想象设计上的可能性时，最直接触动我们的方面是空间上的特征——广阔而令人兴奋、荒凉而空旷、封闭而恐怖、亲密而舒适等等。空间有点像色彩，是我们近乎本能感知到的基本特征——在关注场地的细节之前，先注意到空间。

最初的设计想法包括要创造的场地尺度和特征。开始设计时考虑场地各方面不同的品质是不错的途径，一旦对空间组合有了基本的了解，就可以将这些品质诠释在场地的框架中。（这种方法可以克服究竟如何着手的困惑，以及后面更多设计上的阻碍！）着手想象和勾画出空间上的品质和关系在景观设计中很重要。有点像雕塑家要实现一个概念时画的草图。

在探讨中等高度的种植如何形成景观空间，达到所需的特征和品质之前，需要了解空间对于环境体验的重要性。

空间的体验

空间体验是对周围环境的感知。艾尔诺·高德芬格（Erno Goldfinger）在其早期论文《空间的感知》（The Sensation of Space，1941）中描述为人所有感官的产物。空气的气味和感觉；声音的质量——噪声或鸟鸣、脚步声、汽车引擎；脚下地面的粗糙程度等都是对空间品质的感知，是除了视觉之外的体验。

这些品质来自于外在的尺寸和形式、表面图案、肌理和色彩。外在的品质给予很多所处场地的信息：比如自然环境还是人造环境（岩石外露还是城市化的铺装）和宜人的环境还是恶劣的环境（起伏的草原还是沙丘）。虽然我们周围的空间尺度和形状在人的体验中扮演着基本的角色，但是常被忽视。或许因为空间是整体的现象而非独立的物体，实践中难于界定和领会。埃德蒙·培根（Edmund Bacon）在《城市设计》（Design of Cities，1974）中强调："空间的体验超出了理性思考的范畴。包括所有的感知和感觉，需要全身心地投入其中，对可能性做出充分的回应。"

我们对空间布置的反应有一种解释是地理学家杰·阿普尔顿（Jay Appleton）1986年提出的期望与逃避行为理论。这是风景园林中关注成因的为数不多的理论之一。理论基于前农业社会时人类与栖息地关系的持续影响。栖息地曾是一种景观，需要的食物可以在这里采集、捕获，或是在小花园中栽种。同时也有危险的肉食动物在附近游荡。在这种情况下，诸如洞穴的场地提供了躲避，有着可以观察危险或是发现食物的良好的视野（如山顶上）。由于这样的原因，围合的场地会感觉到安全和放松而不是希望产生刺激和兴奋。一处暴露的场地，如开敞的平原，有着良好的视野，也意味着会被看到，所以会产生兴奋与提防的心理。

杰·阿普尔顿认为人类对于"狩猎-采集"式景观的反映是生存的基本需要，在心理体验的生物学组成中依然根深蒂固。所以，依据原始生存的意愿，暴露与围挡和视觉的组合、屏蔽引发了原型反应——期待与兴奋，谨慎与焦虑，放松与安全。这种无意识的空间形式上的含义可以解释一些尺度和形状的空间看起来是"对的"，而其他一些则不然。比如，过于限定一个围合或不熟悉的场地，而没有清晰的离开路线，就会感到恐惧，不再有安全感。相反，一块辽阔的场地如果堆满了阻挡视线的物体，不能够获得清晰的视野，就不尽如人意。

期望—逃避理论对设计者有用处，在设计空间来获取体验时可以提示我们。虽然这种理论主要发展于乡村和自然景观，但也可以应用于由建筑、地形和植被形成的复杂的城市空间。狩猎—采集行为理论的基础上覆盖着各种社会需求和使用可能，这是现在日常生活中特殊的文化背景的产物。

那么我们可以理解，对于空间的领会是一个综合体，一个"格式塔"，建立于生物和文化传承背景下对各种感觉的诠释。这有助于我们理解为什么空间不单单是物体之间的空缺——让我们领会存在的空无一物——却带有某种影响和含义的东西。

空间的使用

空间是否有助于发生在其中的活动，不仅决定于功能上的提供，也受制于空间上的组合。我们必须赋予空间以适合其目的的美学品质。

约翰·O·西蒙兹（John Ormsbee Simonds）在他的经典教材《风景园林》（Landscape Architecture，1983）中提示我们"一个空间的设计可能激发预设的情感反应，或是产生预定的反应序列"。比如，看到崇高的教堂，我们感受到惊奇、个人的卑微，或是在被裹挟于乱七八糟设计的高楼之中时可能会体验到焦虑。前一个例子，空间的尺度和比例给予我们超脱个人的灵感和渴望，另一个例子我们只会感受到个人的失落。

在景观设计中，包括城市设计，种植在空间形成中起着主要的作用。这些空间经常被描绘为建筑的语言。户外的"房间"可以用种植的"墙体"围合，"地面"上铺展着草或地被，"天花板"由延展的树冠、花架上的攀缘植物，或只是天空形成。"门廊"或"院路"接入空间，"窗户"则是叶丛的缺口或者只是乔灌木开张的枝干产生的自然通透。这种基本的空间形式可以用装饰性种植来"美化"和"装饰"。

这种建筑语汇有助于设计者的原因有二。其一，提示我们户外空间就像室内空间一样，既有功用也可以美丽。其二，指出种植的结构/空间的特征对户外空间的营造很重要。

空间的组合元素

在《景观的视觉和空间结构》（The Visual and Spatial Structure of Landscape，1983），希古崎（Higuchi）分析了景观空间的四个方面：

- 边界
- 焦点–中心–目标
- 方向性
- 领域

他的研究包含了所有的景观元素，包括地形、水体和结构，以及植被。下面将会解释希古琦所说的四个方面，甄别出对于种植设计重要的部分。

希古琦将"领域"定义为"所有的空间，依边界的条件、焦点–中心–目标、和方向性拼合在一起并给予秩序"。领域也有着社会的内涵，暗示了所属关系和领地范围。这是设计上的重要概念，但是属于空间组合的范畴，不是空间组成的基本元素，所以将在空间组合的章节进行讨论。

"边界"包括开放边界和围合边界。允许自由进入的开放边界可以标示出领地范围，但是并不限定空间。所有空间上的边界由一定程度的分隔和围合形成，所以用植物进行空间组合的第一要素是围合。

空间的"焦点–中心–目标"可以是任何能够成为视觉焦点的物体。比如喷泉，或是一棵品种树，或是一个自然的中心比如露天剧场，或是一个目标，比如远望或建筑。

"方向性"是空间给予方向或导向提示的所有方面的总和。包括形状、比例、焦点、坡度，甚至风和光线的方向。方向性上的要素表现了空间动态的品质，因为它们暗示着人流的移动。所以，空间组合的第三个要素是空间的动态。

围合

希古琦采用的是狭义的、建筑上的观点。他认为围合的形成需要有障碍物，"必须是难于穿过的有效边界，也必须关闭向外的视野，同时所保护的领域内必须有较好的可视性"。换句话说，必须封闭，并与外部完全隔离。

但是没有必要完全闭合，即使没有做到无穿越，依然可以清晰地界定围合。实际上，景观环境中很少需要完全围合。如风景园林师巴里（Barrie Greenbie）在其著作《空间》（Space，1981）中指出："打开围合空间的墙体使得……围合与监狱之间产生了区别。"

空间开口的设计与布置会连接空间之内的视野和移动方向。这关系到景观空间上的交流与联系，在景观设计的潜能上至关重要。通过改变屏障的布局、比例和渗透性，我们可以精心组织空间，满足不同的需求和功用。我们采用系统的方法来分析围合的类型，但目的不是去限定应用的可能性，只是尽可能严格地确立基本的理论。接下来就可以富于想象而巧妙地使用这些理论。

围合的程度

围合的程度是指在竖直方向上被围合的周边长度。不同程度的空间围合在特征上从内向到外向变化不一。

四周围合/360°　这形成了最为内向的空间特征。适用于场地周围的环境不相容和不友好。比如，中东最早期的花园完全围合，隔离周围不友善的气候条件和周边环境。在古波斯语中，花园Pairidaeza来自于pairi（意为周围）和diz（意为浇铸）。花园营造的核心是铸造出一块区域。传统中国花园也是如此，完全从周围环境中分离——在城市中通常使用高墙。这能产生有着鲜明对比和特殊的内部世界。现如今在城市中，由墙或绿篱围起的私家花园亦是如此。其他的例子包括林中空地、游戏区、户外教室、音乐屋和剧场。那些丑陋或侵害性的土地的利用方式也需要完全围合，目的是最小化视觉、声响和大气方面对周边区域的侵害。

完全的周边围合可以扩展到顶部的围合。在大树伸展树冠的遮盖下，密集林地或小院落中有这样的情况。如此的完全围合会产生最为私密的空间。但是需要注意，使用不同的比例和材料，可以成为愉悦的亲密空间或是不舒服的幽闭空间——隐身之所或是监狱。

三边围合/270°　这给予了较高程度的保护或分离，但是在一定方向上可以向外看。产生了退避和保护。把注意力引向空间之外的眺望影响着空间的特征。坐落在远处的一个地标或是视景线可以成为空间特征的一部分。

"有视野的空间"适合于许多花园和游戏区，也适用于公共区域的就座区，在公园和乡村地区尤其如此。但是需要注意，当小的城市空间过于闭合和与繁忙的活动区过于分离，就会发生常见的领地上的问题。如此的空间可能会被一些

照片38　围合边界的乔木种植为不规则的游戏、行走、日光浴和其他休闲活动产生了保护性的、温暖的、遮蔽的和吸引性的空间（Golden Gate Park，旧金山，美国）

照片39　修剪的山毛榉篱为圆形的草坪形成了中等高度的围合。树木和建筑提供了远处的围合（University of Canterbury Christchurch，新西兰）

人群占据，而其他人会感觉到害怕，从而成为那些人的领地。在公园和城市街道中，远离主干道的孤立就座区就经常出现这样的情况。这是一个文化问题，也是一种空间形式。当把街道和城市公共区视为社会的舞台，不只是从A点到B点的路线，上述情况不会成为问题。

两边围合/180°　围合的元素可以是L形或C形，空间的界定可以通过半勾勒半暗示的方式实现。如果省去的边成为实际边界的镜像，空间的领域就能粗略地覆盖所围合的区域。空间要有出色的外观，可以通过一半的边界自由进入，有着清晰的方向对着地标、好看的景致或是简单地只是朝向太阳。但是围合的两边以有限而遮挡的功能产生了场地感、进入感。这样的空间受到欢迎。

两边的围合可以是"独立的"，而不是较大组团的边。如果独立存在于流动、较宽的空间中，就会产生附属的领域。这种兼具防护与朝向的结合被日本部分地区的农民很好地利用，L形的遮蔽物让农田躲避着冬天的风雪。

半围合的空间在开敞空间和实体组团之间的边界处，经常会遇到壁龛或是孤岛的形式。可能是非常不规则的形式，出现在树林或树丛的边界，自然的不规则性产生了弯曲的或是碎片的边界。尽管是未经规划的自然，这样的孤岛在不规则或是自然式种植的空间结构中是重要的部分，它们为大尺度的景观增加了较小尺度的空间变化。

在许多更为规则的城市景观中，沿着路线的边缘或是更大的主要空间的边界，一块半围合的孤岛能够带来变化和偶然性（巴塞罗那居尔公园的竞技场就是著名的硬质景观的案例）。另外，座位区、装饰化的展示性种植、建筑入口和通道能够从中得到保护，同时这种布局能提供便捷性。

实体/焦点　如果围合少于180°，空间的界定很弱，很快会失效。如果空间的元素是孤立的，而不是结构延续的一部分，就会成为独立的实体而不是形成空间的围合。

虽然没有限定明显的空间边界，这样的实体可以对周围的区域产生影响。当我们置身在等同于实体高度的半径范围内，就能完全感受到它的领域。这只是一

照片40　灌木和乔木种植在座位的后方和上空提供了围合，给予了围挡和遮荫，在强调外观的同时产生了舒适的空间（Singapore Botanical Garden）

照片41　在温哥华罗伯森广场（Robson Square）沿着一条路线的边缘，种植形成了休息的独立区

4边围合——内向的

3边围合——保护的

2边围合——外向的

实体——焦点的

图4.1 围合的程度

个大概的边界，但是有助于在布置主要实体时意识到它的存在。这些实体成为焦点，如果某些外在的形式在地面上强调了它们影响的范围，它们的效果会发挥到最大。这样就在一个清晰确立的空间中成为焦点。

聚焦于一个实体来确定空间能够规避由分离的实体带来的复杂影响。很容易形成一个景观，但在总体上形体不确定和没有边界。比如，一系列的"岛状植床"或是一些分散的品种植物的收集，在空间组合上不尽如人意；它们是需要在空间中进行布置的实体，在固定的空间结构中去发挥作用。

围合的渗透性

绿色空间的框架由不同生长习性和树冠高度的植物构成。它们产生了各种视觉上的组合、有形的围合和开放程度。这就是所谓围合的渗透性，如同围合的程度一样对于空间的组合和特征很重要。

视觉上和形状上的围合　彻底的围合。空间的边界由高于视平线的不通透的叶丛构成。可以是树冠自然交织的灌木贴近地面，或是修剪的绿篱。在种植中没有大的缺口，至少在视平线以下没有，这样可以达到完全隔离。

如果这样的空间围合超过一半的周边，就能提供庇护、保护和隐蔽。注意力集中在场地内，而不在之外，除非在围合和周边上有开口引向重要的景致。

视觉上部分围合，行动上围合　围合的种植中有视平线以下的开口形成窗户，让视线穿越空间。这些开口可能很小，只允许仔细控制下的内外窥视，或是更为开放，给予更大程度上的内外联系。

在选定的位置上不种植较高的植物，留下清晰的缺口可以形成窗户。或者由树形开张的乔木和灌木松散地形成，视线穿越枝条构成的花格窗。

视觉上部分围合，行动上放开　省略灌木种植，没有走动上的障碍，但是一窄条或是一行乔木清晰地界定了边界，树干间断和框定穿越边界的视野。乔木在头顶上形成顶棚，树干之间的间距决定着其中的可视性。间距1～2米，比较密集的种植最终形成无数高而狭窄的"门廊"。一列等距、较宽的树木会形成柱廊，树干如柱子一样支撑着上部枝叶形成的穹顶。

这类空间的好处是易于与周边区域沟通，置身其中又有着强烈的空间感。

视觉上放开，行动上围合　如果种植大多数位于视平线以下，就可以达到完全的可视性。但是膝盖到腰部高度的灌木对走动形成了有效的阻碍。中等高度的灌木种植以这样的方式围合空间，被清晰地界定边界，与周围的场地相分离，但是在各个方向上有着开放的视野。即使只有一个入口，也会感觉到开敞。因为敞露的特点，这样的空间经常成为较大的、有着更多遮蔽的主要围合中的附属空间。然而，中等高度灌木的种植产生了清晰的边界，能有效地界定区域，领地的范围必须被识别和掌控。

视觉上放开，行动上放开　一个空间用膝盖及膝盖以下高度的种植来界定。有着完全的可视性，虽然由于地表层难于行走而不鼓励走动，但是不能完全避免穿越。实际上，一些地被可以忍受中等程度的踩踏。在这类空间中，低矮种植的角色不是分离空间，而是在视觉上联系不同的区域，呈现不被打断的空间序列。

　　围合是空间组合中的重要元素。调整围合的程度和通透性来控制空间之间的联系和交互关系。此类空间之间的关系将在第5章中进行研究，探讨空间的组合和转换。另外，对于围合，设计者需要了解不同形状和相对比例的效果，因为这事关景观组合的动态质量。

动态

　　空间的动态质量是其中产生的运动感或静止感。

围合的通透性

视觉和行动上的围合

视觉上部分围合，行动上放开

视觉上部分围合，行动上围合

视觉上放开，行动上围合

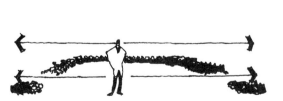

视觉上放开，行动上放开

图4.2 围合的通透性

照片**42**　在视觉上有干扰的地块周围，视觉上和行动上的进行完全围合会是最合适，比如布罗德沃特工业园的停车场。同时也为使用者提供了遮蔽和舒适的环境。乔木是二球悬铃木（*Platanus × hispanica*），高灌是箭竹（*Arundinaria* sp.），较低的灌木是三色莓（*Rubus tricolor*）

照片**43**　视觉上和行动上的完全围合遮蔽和隐藏了公共花园（Birchwood，沃灵顿，英国）

照片**44**　部分视觉上围合和行动上围合，产生了种植绿墙上的窗口和门洞，框定了视野（Willen Lake，米尔顿凯恩斯，英国）

照片**45**　在英国布里斯托的一处公共空间中，铺装上的这列树木让餐馆的环境区别于其他区域。提供了空间上的界定，把就餐的区域与更大的人流穿越区相分离。易于进出的同时，也给予了部分场地上的围合

形状

　　空间的形状在水平方向上围合的比例关系影响着空间的流动性。在比例上，围合呈方形或圆形，意味着是一处到达场地、聚集的场地和集中的活动，或只是简单的停留。这种空间是"静态的"。

　　相反，一个空间如果是长大于宽则意味着运动，导向某地，如街道或走廊。它是动态的、运动的。空间越长越纤细，沿线的变化和细节越少，方向上的强调或是"移动的速度"就越大。类似于水管中的水。在相同的水压下，水管越窄，水的流速越快。和水一样，空间是流动的。没有容器，就没有形态。容器的形状和尺寸决定了水流的动态性。

照片46　如果形状在水平方向上的部分有很大程度上的相似，那么作为停留和聚集的场所会很成功。比如方形和圆形。图中是布鲁塞尔的博物馆区域（比利时）

照片47　池塘和空地在里斯利·莫斯的林地中提供了自然的停留和聚集区（沃灵顿，英国）

照片49　一道水渠在格林公园的密林中产生了线性的空间（Green Park，Aston Clinton，白金汉郡，英国）

照片48　线性空间的形状表现出沟通和移动的功能。照片当中的步道和马路被乔灌木紧实地限定和分隔（新加坡）

围合介于静态和线性之间，如果没有路径确定人流路线，围合的动态性可能是模糊的。这类空间没有特别导向一个区域，有不安定的特点；但是如果放入一棵孤赏树或是其他的焦点作为特写，在空间里产生了一个目标，不确定性就可以被化解。

图案和形状也影响着对移动速度的暗示。艺术家莫里斯·德·索斯马兹（Maurice de Sausmarez）在《基本的设计：视觉形式的动态性》（Basic Design：the Dynamice of Visual Form，1964）中提到，"直线形状和曲线形状对运动的暗示有着不同的表现——总体而言，在后者中比起前者移动得更为迅速"，他也认识到并不总是这样："比如，某种星形如同几乎所有曲线形状一样有着很高的通行速度。"由于星形由斜线和尖锐的角度构成，所以暗示了较高的速度。这种图式的元素在希古崎所说的"开放"和"封闭"空间的景观中会遇到。开放的空间有清晰的起点，那里引发了兴趣和移动，一个例子就是被深深打开的谷口。一个封闭的空间过滤着朝向顶点的注意力或移动，那里会成为空间的焦点。

静态空间

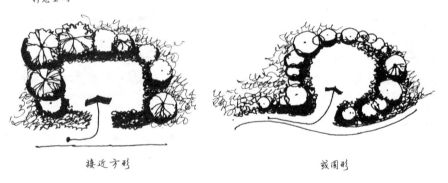

接近方形　　　　　　　　　　　　　　　　　　　或圆形

动态空间

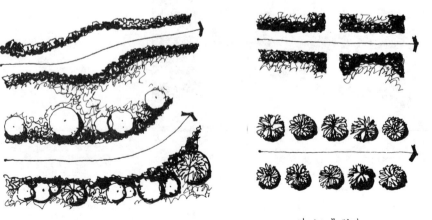

形状上是线形

图4.3　静态空间和动态空间

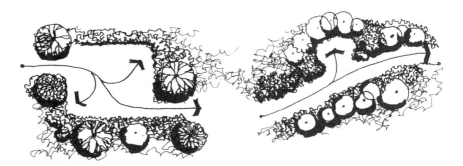

静态空间可以布置在线性空间的路径上

中等尺度的形状可以是模糊的

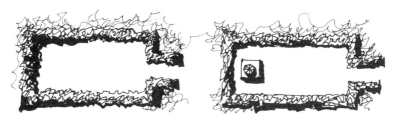

如果只有一个出入口，最好有焦点和目标

图4.4　静态和动态空间可以结合在一起

照片50　这条通往阿伦伯格城堡（Castle Arenberg，比利时）的成年悬铃木大街是园林中大尺度和动态的元素

照片51 如果一条长长的大路没有视觉焦点，会让游人望而生畏，对步行者而言尤其如此。但是树木使得这条进入地下过道的斜坡更为有吸引力和不过于幽闭（米尔顿凯恩斯，英国）

照片52 在希德考特庄园的这条小径尽端，园门提供了视线的焦点，也可以在那里欣赏远处的风景（Hidcote Manor，格洛斯特郡，英国）。希德考特庄园是规则式空间组合的杰作，提供了不胜枚举的空间形式

照片53 弯曲的线性空间通过隐藏产生了好奇和期望。微微的曲线和起伏的地形更有诱惑（Ashridge，赫特福德郡，英国）

照片54 这条山边的散步道一侧完全封闭，但是沿着另一侧可以眺望远处的风景。齐腰高的树篱遮挡了前景，弯曲的线条引导向前（Muncaster Castle，坎布里亚郡，英国）

静态的空间需要适度规则。动态的空间可以是规则而对称的，比如一条大街或是林荫大道。但是这样的无变化、无间断的空间可以是宏大而令人赞叹的，也可是呆板和让人望而生畏的，依尺度、框定的视野和沿线的细节差异而不同。一个宏大而规则的例子是温莎大公园（Windsor Great Park）中的双道，在起伏的园地上轻轻而有目的地聚焦于远处感人的雕塑上。相比而言，凡尔赛的视景线延伸在些许平坦的地面上，近乎无穷无尽。

动态空间能够从不规则形确立的张力中获得动力。围合的边可以接近另一侧，接着后退；方向上突然改变而产生了间断或是围合的密实程度沿着长边出现变化。这些变化就像是空间的节奏。可以是规则而简单，或是复杂而多变，它会带你前行。

空间的视觉长度可以由转弯、角落或是标高上的变化来限定。隐藏与期待的结果产生了探索的欲望，空间形状的设计中可以包含期待、偶遇、惊讶和抵达。

直而对称的线性动态空间可以做到宏伟性观

不规则的运动空间在隐藏与联系之间建立了动态的张力

图4.5　线性运动空间

竖向比例

一个空间的高宽比也影响到它的动态性。如果比例太低，围合的包裹性和方向性会丧失，空间和引导上的质量丢失。如果比例太高，幽闭的深井或是深沟的感觉就会产生。高宽比上的变化会放大围合形状产生的压力。在较高和较窄的线性空间中，移动的感觉就更为紧迫。在静态的空间中，高的周边能够形成强烈的移动力，虽然依旧平衡，但是这些力有着很大的潜在能量。如果高宽比过大，空间就会感觉压抑。

建筑空间实验上的研究显示，某些高宽比通常被认为最为舒适。对于街道是1：1，对于广场或其他静态空间是1：2至1：4之间（Lynch，1971；County Council of Essex，1973；Greater London council，1978）。当然有例外的情况，比如在佛罗伦萨和其他文艺复兴和中世纪城市的深巷。在夏日中提供舒适的荫凉和亲切、繁忙的感觉。尽管北欧的气候寒冷、多云，这样的狭窄街道依然是约克等历史性城市的美好特征。或许结论是，这样"经典"的比例只是空间特征的一个方面，虽然有影响，但不应该严格地联系。

高宽比也能应用到植被围合下的绿色空间。上面提到的研究中较好的比例表达了一些诱人和总体上感觉舒适的竖向比例关系。为了戏剧化不同空间之间的对比感，舒适比例的界限可以扩展。比如，进入大比例、温暖、阳光灿烂的空间之前，黑暗狭小空间中的幽闭感会增强豁然开朗的感觉。反之，经过暴露、毫无特征的场地之后，温暖而遮掩的围合中具有的庇护感让人十分愉悦。

斜坡

　　很陡的地形就能形成围合和界定空间，但是坡度也影响种植、建筑或结构形成的空间中的动态性。

如果太低，会失去围合感

如果太高，空间变得幽闭

线性空间的高宽比：

如果太低，会失去方向性

如果太高，会急切地想逃离

图4.6　静态和线性空间的高宽比

照片55　一个线性空间的高宽比影响它的动态性。1∶1的比例有着强烈的目的性（Generalife，Granada，西班牙）　照片56　线性空间的高宽比大于1∶1，会产生紧迫和期望的感觉（Generalife，Granada，西班牙）

坡地有着导向上的作用。可以让人爬上一个眺望点或是下到围护的洞穴中。如果坡度陡于1/3，方便的通行需要严格地顺着等高线的方向或是斜着穿过陡坡。由于这个原因，当沿着等高线移动时，陡坡地方向上的重点要趋向垂直等高线的视野。场地上的导向是动态的元素，需要与空间的形状和围合的比例一同考虑。

焦点

　　一个公共、建造空间的视觉焦点常常是主要的建筑物、雕塑或是一个水景。种植围合的空间可以是这其中的任何元素，或是其他的构筑物，比如花架或凉亭，或者只是一棵引人注目的树木。不管这个焦点是什么，需要区别于周围环境，并有着突出的特征。实际上，焦点的特征趋向于控制一个空间和确立它的特征。

　　在大尺度下，一个焦点会成为地区的地标物。林奇（Lynch，1971）和格里比（Greenbie，1981）都提起地标物的重要性，比如教堂、老建筑和公园，是地区或城市区域的特征。单独一棵巨大的古树有着同样的表现和声望成为地标。在空间中的位置不同，焦点有着不同的角色和效果。其中一些如下。

对称性的焦点

　　一个静态的空间有着内部的、近乎中心的焦点来终结视线，就称之为"中心式的"（French，1983）。如果焦点靠近对称轴线的交合点，空间的对称性就会被强调。

　　在这样的对称性空间中，动态的力依旧平衡，呈现平静而严格对称的特征。这种布局非常简单，历史上一些广为人知的空间设计案例中可以发现。比如罗马

斜坡形成内向的空间

斜坡形成向外的导向

图4.7　斜坡可以形成向内或向外的引导

一个焦点或地标

细心的定住可以让一个空间拥有自己独有的特征

图4.8　焦点或地标

 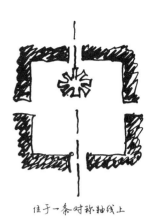

所有对称轴线的中心　　　　　　　　住于一条对称轴线上

图4.9 对称性焦点

的圣彼得广场，西班牙南部的伊斯兰庭院和花园。虽然设计一个规则、中心性的空间很省事，但是依然不容易做到。没有经验的设计者容易将焦点放在空间的中间，结果是笨拙而乏味的。好的中心、对称空间的设计和非对称、不规则的设计一样，需要设计者的天赋和敏锐的洞察力。

非对称性焦点

任何物体被放入一个限定的空间中，在物体和空间的边界之间就有动态的力产生。与边界的距离和空间总的几何形影响着这些力的强度。这些原则被认知和应用在视觉艺术（de Sausmarez，1964）和建筑设计上（Ching，1996）。

如果一个静态空间的焦点远离中心，力的综合就会给空间的组合带来动态的、方向上的特性。另一种来理解的方法是想象这个焦点暗示的空间分隔。一个非对称性的焦点暗示着空间划分为不等的部分，产生了再次划分的过程，通常依序焦点自身的体量关系。

所以，非对称性焦点在空间中引入了运动与静止。这种动态的张力增加了空间的特征，但是独立于焦点自身的特征。无论焦点是方尖碑、咖啡售卖亭或是孤赏树，空间的这种动态性是相同的。

边界上的焦点

空间的焦点可以置于边界上或是围合边界的一部分。围合的框架种植在色彩和形态上特殊，能够在空间中提供主要的视线捕捉和焦点。出入口由于是重要的空间接入点或是可以向外观望，就格外引起注意。实际上，其他焦点缺失时，主入口很可能成为空间的焦点。

位于空间之内或是边界之上的焦点隶属于空间，因为它是空间组合的内在部分，主要是从空间内部可视。这样的内在焦点强调了到达、达到目标、完成的感觉。

一个非对称性焦点

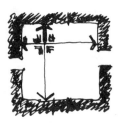

为静态空间增加动态性

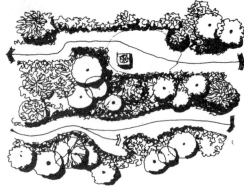

或是增加线性空间的动态性

图4.10 非对称性焦点

照片57和58 有着足够高度的孤赏树可以成为空间的焦点，也可以成为非正式的人群聚集场所（Brugge，比利时；Northcote，奥克兰，新西兰）

位于边界上

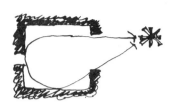

位于空间之外

出入口可以是基本的焦点

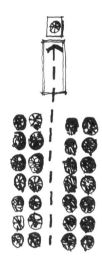

图4.11a　焦点可以位于边界上　　　　　　　　**图4.11b**　焦点可以在边界之外

外在的焦点

　　从空间内可以看到的一个显著的地标物可以成为焦点，即使有一定的距离。沿着视轴给予方向，因为在视觉上将其包含在内，也可以给予空间独有的特征和场地感。

　　一个外部的焦点可以用来强调内在于空间形状、围合或坡度之中的方向性。一个例子就是在街道的远处放置纪念碑来终结一条长长、直直的视景线。

　　截至现在，我们研究了单个空间的组成。但是没有空间单独存在，总是空间序列的一部分，序列中的每一个空间有着相对的意义。在下一个章节我们会探讨空间之间的关系，这影响着总体的景观体验。

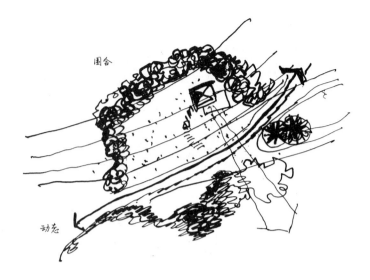

图4.12　任何空间的特征是其围合、动态和焦点的产物

照片59　空间边界之外的焦点能够在特征化空间和产生动力方面起到作用（Hidcote Manor，格洛斯特郡，英国）

第 5 章

复合的景观

　　行为和移动是景观体验的基础。从一个固定的位置欣赏景观是例外而不是准则，不是要去体验画家、摄影者或是旅游者的视野，也不是居住者或是场地使用者的视野。

　　把景观作为风景来欣赏，好像是一幅风景的图画需要有分离于所欣赏场景的视点。这种风景式的欣赏，在某种程度上，抽取于在一个场地中的行为体验，当我们与环境相接触时这种体验不断变化。把景观基本上视为被欣赏的事物是一种倒退。可能导致"眼不见，心不烦"的做法，导致与环境思想内在本质的分离，只是作为生活的装饰。景观可以成为休息室落地玻璃窗中的景致，或是汽车风挡前动态的画面。这反映了景观价值与日常功用性景观的不同。在史蒂文·布拉萨（Steven Bourassa）的著作《景观美学》（The Aesthetics of Landscape，1991）中对景观欣赏的模式有着很好的讨论。

　　实际上，与户外环境的交互作用包含了很多感知活动。包括日常最普通的所见、所闻、所感，以及偶遇的事件。当我们穿过景观，进入和离开空间，我们的感知始终在变化，偶尔停下端详某物，遇到人、动物和植物。这些事件发生在一个时间序列中。景观的体验随时随地的转换，戈登·卡伦（Gordon Cullen，1971）称之为"连续视野"。

　　复合景观是由地形、植被和构筑物形成的空间框架的总和。我们经过空间序列及转换时获得的体验受其控制。在这种复合景观中，空间在序列中之于前后者的关系影响着我们的体验和空间的特征。所以复合的、完善的景观设计涉及在协调而复杂的整体中进行空间的融合。埃德蒙·培根认为这是一种介于建筑与其他艺术之间的联系：

　　　　"生活是一种连续的体验；每种行为或时刻是前一种体验的延续，也是下一体验的开始……如果这样看，建筑就像诗歌和音乐艺术，没有哪一部分可以跳出上下节的关系。"培根（Bacon，1974）

　　培根对于建筑的比照应用在景观设计上同样如此。在设计过程中，我们通过探索空间的质量开始综合想法，这将会增强场地与使用者的关联。下一步是在复合景观中理解每一个空间的场地。这里有两个要点，我们为一组相联系的空间所采用的组织类型和相邻空间转换的实质。

空间的组织

如果我们在经过景观时观察空间，我们就能发现一些完全不同的空间类型。空间的组织仰仗于空间布置上的相对关系，和连接它们的通行方式。建筑师弗朗西斯·青（Francis Ching）在《建筑：形式、空间和秩序》（Architecture：Form，Space and Order，1996）中描述了各种房间、院落、广场和街道的组织形态。我们研究可以发现他所说的三种形态："线性"、"群组式"和"中心式"的组织是基本的方式；它们不能由其他形态构成或是归于其他形态。所有这些基本的组织方式在景观中也可以发现，给予了我们分析和理解复合景观空间的途径。

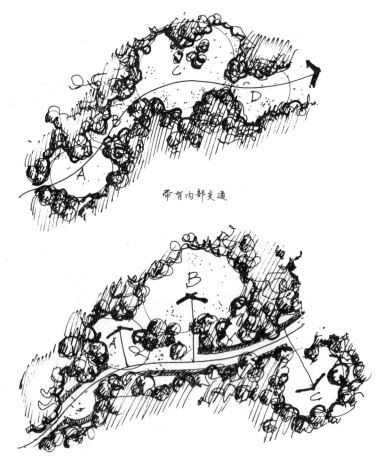

带有内部交通

带有平行交通

图5.1 空间的线性序列

线性组织

线性的组织是一系列的空间过程。与单一交通线相联系，路线或是依次通过每一个空间，或与空间并列，分别进出每个空间。路线可以是通直、有角度或不规则，但是不能被打断，有起点和终点。

序列中的每一个空间可以相似，或者它们的大小、形状和围合有变化。在两端的空间特别重要，因为它们是开始和结束的序列。然而中部空间的重要性在于空间的组合和相对位置。一个线性的空间序列是在限定秩序下体验空间的过程，可以在线中的某个点上有高潮或目标。这种位置经常是，但没有必要在序列的终点。

这种空间组织可以是一种很好的方式去接近一处重要的场所，尤其是象征性的场地。可以仔细地控制设计要素来产生期望、兴奋和抵达的强烈感受。在英国有两个案例显示了植被如何达到这样的目的：一个是密林中的步道前往肯尼迪纪念碑，位于温莎附近的兰尼米德；另一个是沿着史凯尔河谷的空间序列连接斯塔德里庄园（Studley Royal）和泉水修道院（Fountain Abbey），位于北约克。去和回的过程中当然会出现其他的情趣，但是应该支撑而不是与序列的主要目标相竞争。

群组式组织

弗朗西斯·青展示了群组式空间如何形成不同类型的组织形式，主要通过互相靠近来解决彼此联系、通往出入口或是道路的问题。他也描述了对称作为群组组织方式的作用。对称的轴线如果不是实际存在的道路就像是感觉上存在的联系，也能反映出划分的空间。

群组式空间中的交通有多种形式。如果一个空间只与另外一个空间联系，效果就像是压缩在一个中心区域的线性组织方式。也可以是一条主要的道路进入主空间，通过交叠的空间或第二条道路进入余下的空间。另外一种方式是形成一个主要的集散空间，比如城市广场或是表演场地，虽然是静态而非线性的空间，但是由此可以进入周边相邻的各个空间。由于其重要的位置和邻近其他空间，那个聚集的空间经常是最大和最重要的空间。一个历史花园的例子是在希德考特庄园的剧场草坪。

群组式的空间组织方式适合满足一系列需要独立区域的相关活动。比如，一个居住社区中要有私家花园、公共庭院、街道、游戏场所和邻里公园。不同于线性序列只有一条道路、一个体验序列。比如，古典的中国园林中，有着复杂多变的群组式院落空间类型，室内、室外和过渡空间聚合在围合的界墙之中。日本的洄游式花园中有着更为流动的空间过程。然而，部分的兴奋与喜悦来自于穿过景观时体验到的空间变化。

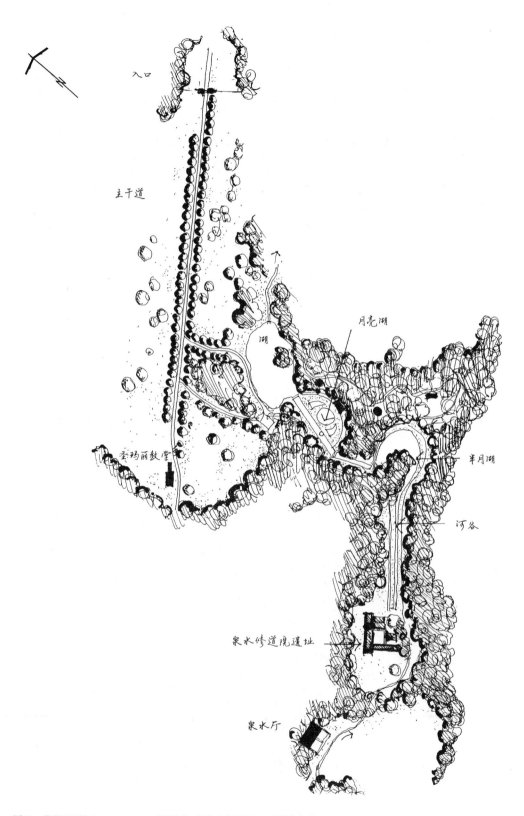

图5.2 塔德里庄园（Studley Royal，北约克）。沿着史凯尔河谷，由林荫大道和林中空地形成了线性空间序列，在泉水修道院达到高潮

照片60　在英国布里斯托的一个公园中，垂枝桦（*Betula pendula*）树丛分隔出的林中空地形成了一个线性的空间序列，由一条内在的蜿蜒道路连接着

照片61　一条弯曲的道路穿过略被调整的线性空间序列，是地形和植被共同起到了作用。道路的巧妙布设、小尺度的地形和种植使得大尺度的周围环境也进入景观的组合之中，或者是经典的术语"借景"（Santa Barbara Botanical Gardens，加利福尼亚州，美国）

照片63　斯托府邸前草坪上看到的感人景色，实习连续越过了三个林带和树丛围合的空间，聚焦在地平线上的科林斯式拱门上（白金汉郡，英国）

照片62　强烈清晰的线性序列形成了希德考特庄园花园（Hidcote Manor Gardens）中的主轴线。修剪的篱和标高变化确立了空间的转换

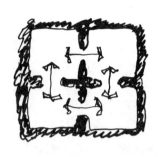

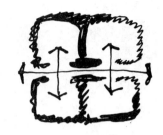

互相连接　　　　　　　　　　连接到一个公用的出入口　　　　　　　　连接一条通道

图5.3　邻接的组群式空间

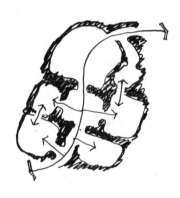
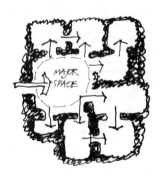

压缩的线性空间　　　　　　　　　　路网　　　　　　　　连接到主要的聚集空间

图5.4　群组式空间的交通

包容式组织

一个或多个空间被包含在更大的、完全包围的围合中。弗朗西斯·青所说的"中心式组织"是包容式组织的一种。包容式空间自己可以完全闭合，与周围的空间相分离，或者只是被分隔、拥有一个不同于较大空间的领域。达廷顿会所（Dartington Hall，德文郡，英国）花园中的坡院（Tilt Yard）就是这样的例子。那个精美比例的空间由草坪、修剪的紫杉篱和灌木限定，但是又在一带林木的围合之下，那些树木整体上限定围合着花园。

一个包容式组织可以是两层、三层、四层等等，虽然实际当中很少发现户外空间有超过三层的组织。空间中的任何一层都构成了另外一个空间。组织方式可以是集中的（一个中心的组织方式），或是依照交通和其他使用上的需求不对称分布。

不像线性和组群式空间，包容式组织依靠空间组成的相对尺寸大小来发挥效

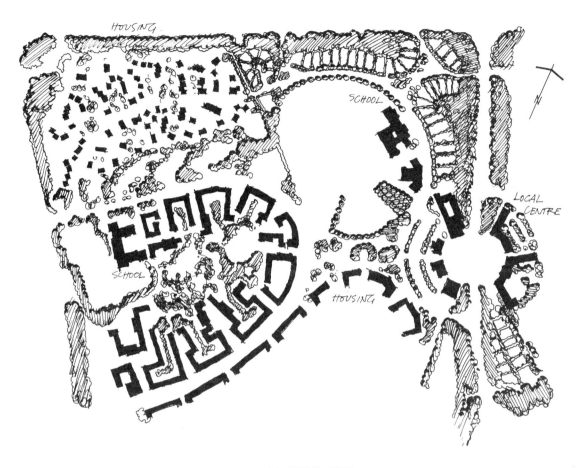

图5.5　中心开放空间周围的公园和花园空间组团（Neath Hill，米尔顿凯恩斯，英国）

能。如果一个被包裹的空间远远小于包裹的空间，就会成为那个较大空间的焦点。从主体空间来看，它就像一个物体，而不是要进入和探索的第二个领域。另一方面讲，如果较小的空间太大，那么较大的、包裹的空间就不具有充分的领域感，会失去它的独立的、主体的空间特征。这样的情况下，要么两层的边界只是强化其中一个，成为一个双层边界，要么在成为环形道路的边界之间产生了一个线性的空间。

包容式空间的体验是逐步加深介入、边界穿越的过程和逐渐抵达中心。借助尺度的相对大小、围合的强度或焦点的影响，构成包容式组织的任何空间可以成为主体。但主体空间常常要么是最大的空间要么是最里面的空间，因为最大的空间有着大的围合范围和高度，最里面的空间是空间组成序列的终点。其他的空间扮演着支撑的角色，增加多样性和变化，进一步划分领域或是作为最内部空间的铺垫。

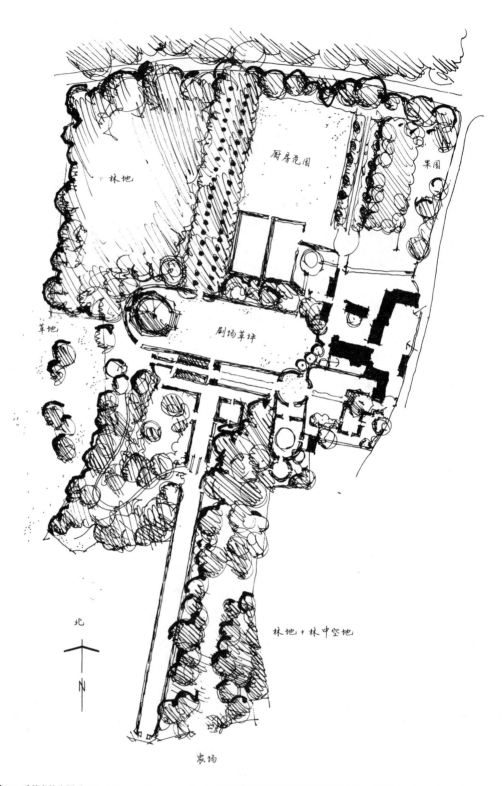

图5.6 希德考特庄园（Hidcote Manor，Gloucestershire）。草坪剧场周围是组群式空间的复合体，并且组织了正交的两条轴线

两层

两层向心式

两层、非对称、多次划分

三层

三层、非对称、多次划分

图5.7　包容式空间组织的类型

空间的等级

　　线性、组群和包容式组织中的空间组成有着一些等级划分。空间的地位和功能上有差别。就像公司组织中的职位等级一样，空间的等级可能是"竖向的"或"水平的"。水平上的层级数量依空间组织的目的和实质而定。

功能上的等级

　　阿什哈拉（Ashihara）在《建筑的外部空间设计》（Exterior Design in Architecture，1970）中描述了一个空间的等级排序。他列举了以下相对的词汇：

外部的·····················内部的

公共的·····················私人的

大组团·····················小组团

文娱活动·····················安静的、艺术的

运动·····················不移动、文化上的

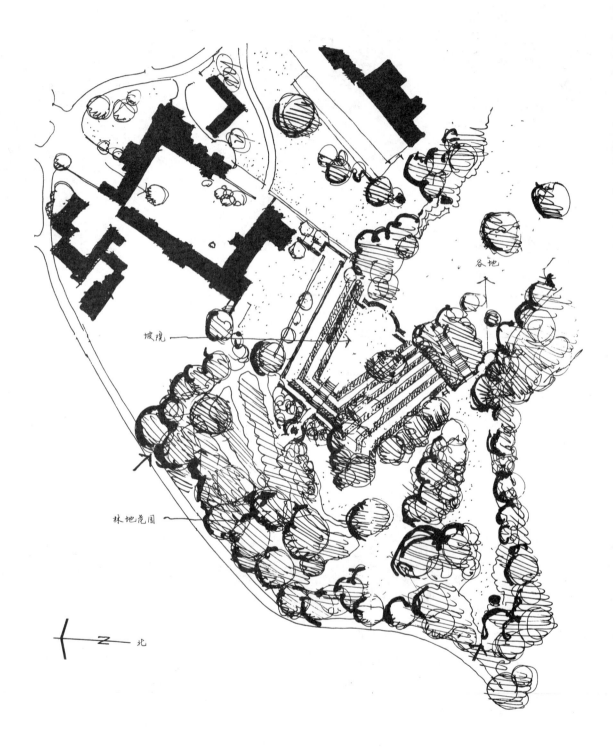

坡院

谷地

林地花园

Ｎ 北

图5.8 达廷顿会所（Dartington Hall）。坡院是林地包裹中的焦点空间

照片64 坡院（Tilt Yard）。树木和绿篱种植强化了古老台地限定的空间。形成了主要的聚集区，周围是一些较小的空间组合。所有的空间处在周围林地的围合之中

照片65 这个公园建在停车场上，是1980年伦敦加那利码头开发的一部分。大量建筑和周围道路构成的大空间之中，形成了防护性的绿色空间。整个组合是两层包裹的组织形式

照片66 米德兰德公园（Midland Park，惠灵顿，新西兰）是CBD中心繁忙的绿色空间。围合三边的一排小树在空间构成中至关重要。它们保证了充分隔离和界定出了一个空间，周围是连续的高层写字楼的围合包裹。尺度上的这种变化对公园的休闲娱乐功能很重要

照片67 布局上很严整的乔木和地被植物提供了一系列的较小就座空间，这些空间被包裹在较大的建筑的区域中。布里斯托千年广场（Millenium Square）

　　任何一个空间都会在这些相对应的和成功的空间组合设计中占据一定的位置，随着对每个部分在等级中的定位而不同。

　　在外部和内部、室外和室内中，空间的等级可以进一步发展，空间序列中的每一个空间较前一个空间可以更为遮掩和封闭。这可以使得我们逐渐适应变化或是选择合适的室内和室外空间特征的组合来满足需求。古典的东方花园和建筑为这类空间等级提供了精彩的案例，阳台、覆顶的走廊、遮蔽的台地、围墙和亭子将较大的室外空间与室内空间相连接。包含有亭子和敞屋之类的构筑物是热带花园和公园一直以来的特征，它们提供的荫凉和避雨为享用室外空间提供了基本保障。种植或是独自或是与建筑元素一起实现了这样的一些功能。

　　另一面，从开敞的、暴露的户外空间转入完全闭合的建筑中从字面上说就是一步之遥。这种最简单的等级只包含两个对应端，孤立在开敞环境中的村舍和其他建筑物就是如此。虽然缺少梯级变化，但是带来了碰撞和戏剧化效果。

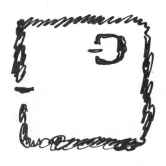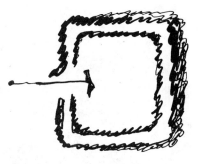

一个被包裹的空间太小，成
为一个物体

被包裹的空间太大，要么产生一个环形的道路，要么形成双道、
加强的边界

图5.9　被包容的空间

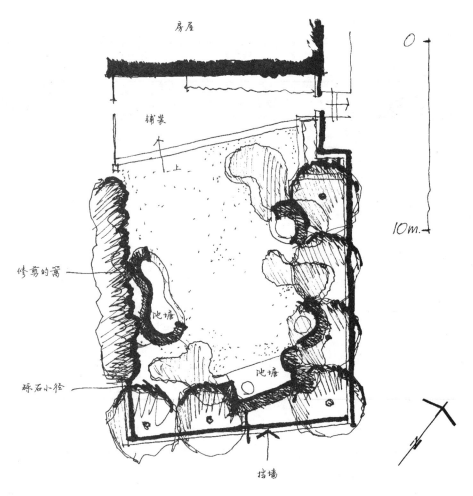

图5.10　克里斯托弗·唐纳德（Christopher Tunnard）1949年设计的纽波特花园（Newport，罗得岛，美国）。修剪的篱围合着草坪，被包容在围墙和树木的种植中

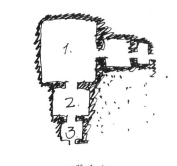

"竖直的"

较高的围合高度强调了包裹空间的主体地位

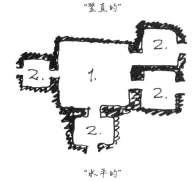

"水平的"

图5.11 空间等级

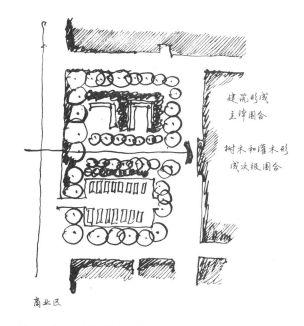

建筑形成
主体围合

树木和灌木形
成次级围合

商业区

图5.13 包含式组合中的空间等级

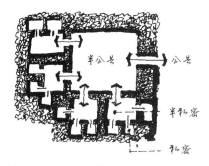

半公共　公共

半私密

私密

图5.12 群组式空间的等级

　　室外–室内空间的等级变化主要由围合的程度和可渗透性来确定。用建筑延伸出的结构围合周围的空间是产生"半户外"空间的有效途径，因为这样的结构与建筑有着明显的联系。在我们的头脑中，植物与户外空间有着更为明显的关联，中间层次的空间中，植物可以将"室外"带入温室或其他种植的室内空间中。它们也能有效地形成遮荫和避风的空间，产生来自室内空间的有效转换。

　　公共—私人空间之间的等级变化是权属上的差别，逐渐归属少数人。在提供综合服务功能的城市空间中，会表达为更为精细的形式，给予空间形态并把巴里·格林比（Barrie Greenbie, 1981）所称"陌生人的社会群体"聚集在一起。城市广场和购物街就是这样的公共空间。居屋紧接的围合庭园是完全的私人空间。奥斯卡·纽曼（Oscar Newman）所著的《防卫性空间》（*Defensible Space*, 1972）

等一些人的著作显示，空间等级差别在公共和私人领域之间形成梯级的转化，促进了积极的社会相互作用和责任。在私人领域与无所属空间之间人们需要防卫性空间。

虽然空间权属上的差别在城市中已经进行了详尽的讨论，但是在其他情况下这种结构也相关，也能由种植形成。正如所见，种植可以形成不同渗透程度的边界，满足空间隔离的需求。比如，绿篱是一种形成领地边界的最古老的方式。

室外-室内和公共-私人空间的差别提供了两种例子说明空间的形态和位置如何厘清和促成设计目的和功能使用。空间之间的转换对于空间差别上的功能性也很重要。

转换

当我们走过环境，我们就穿过一种类型的边界和入口或其他无数种。许多类型我们很熟悉，想当然地知道它们；比如进入自己的住区或花园，转过街道或穿过河上的桥进入社区。其他的边界以更多的力宣示着它们的存在。在穿越之前，我们再次审视，进入的经验或许是戏剧性的。比如经过喧闹的街道之后，发现自己身处安静的合院中，或是穿过树林的遮蔽和阴暗之后暴露在充满阳光的草地上。

一个空间与下一个空间的转换可以采用多种形式，其实质是对我们进入空间的体验产生很多影响。就像对人的第一印象，空间产生的第一感觉是场景。转换的基本形式是由围合分隔空间的界面布置形成。这决定了穿过边界前下一个空间的可见程度，以及全部内容展现的快慢。

重叠的围合形成了最为突然的转换，完全掩藏着空间，直至我们穿越边界，空间的区域突然展现。这产生了间断和惊讶，因为我们不知道会有什么。这产生

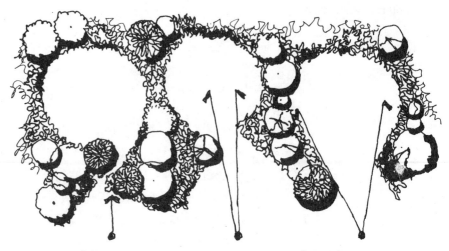

突然 ⟨- " · · · · · · · -⟩ 逐渐

图5.14 转换和进入

照片68　高灌木和中灌木种植之中有一个缺口，在细节繁多的庭院和远处延展的园地之间产生了不规则却精致的转换（Hounslow Civic Centre and Park，伦敦）

照片69　这个精巧的转换中，种植靠得很近。两个空间之间产生了张力（Huntington Botanical Gardens，洛杉矶）

了未知的领域，需要参观者有好奇心和参与性。另一面，一个空间可能轻缓和逐渐地进入下一个空间，大多数的领域在进入前可见。空间之间的边界不会要求严格的界定，进入空间要求的目的性较少。在这两者之间，有着各种转变，或多或少的突然性，但是总体而言，转换得越突然，进入时就会考虑得越多。

依照弗朗西斯·青所言的两个空间之间的"关系"，空间之间的转换也不同。他列出了四种情况：

- 位于一个空间之中的空间
- 互锁的空间
- 邻近（邻接）空间
- 通过一个普通空间连接的空间

第一种情况是一种包含的组织方式，其他三种的空间关系可以理解为一类空间之间的转换。互锁空间的共有区域起着转换区的作用，相邻相接空间之间的入口区会在它们之间"颈项"部分。连接其他两个空间的一个普通空间主要用于转换，类似于建筑的门厅或门廊。我们研究一下这样一些空间关系为创造性设计提供的可能性。

相邻空间的转换

这可以是绿篱中一个简单的缺口，或是分离开的种植。可以通过用种植形成一个"门"或"拱门"来强调或精细化。地面标高上的变化能够进一步强调转换，通过竖向变化来分隔空间。缺口的宽度决定了转换的简练程度。可以增加遮挡，叠加在入口处，避免任何可能看到相邻空间的情况。有一种完全不同的方法分隔相邻的空间，使用具有渗透性的围合，在较宽的交界面上允许视线和游线的穿越，但是仍然要清晰区分不同的区域。

互锁空间的转换

互锁空间的共有区域可以用低矮种植来界定，产生逐渐的转换，两个空间都能被看到。由于两个空间相互叠加，不是一个而是两个边界相交错，我们离开一个空间之前已经进入了另一个空间领域，所以转换呈现阶段式。如果表达着空间完整性的视觉围合和行动围合以连续的方式界定着共有的区域，那么一个相互叠加、遮掩的入口就形成了。如果交叠区域的空间尺度足够大，清晰地分离于母空间，它自己就成为一个转换性空间。

转换性空间

一个中间的、转换性空间是以一定形式的围合分离于其所连接的空间领域，有着自己明显的特征。但是，由于是在一条游线上，并附属于所连接的空间，所以其特征不突出，是进入下一个空间的铺垫，如同连接外在空间一样联系着我们的空间感觉和意识。三个空间一起形成一个线性的空间组织，包含着两个入口或附属的转换。

入口区

一个简洁的转换形成明显的入口，通常是一个空间至关重要的部分，常常是视觉的焦点，人们聚集和会面的场所，与建筑的主入口的功能相同。进入更大空间的入口让人们能够聚集在一处，靠近空间的围合要素。因为这样的空间在抵近观察之下，所以入口区的细节应该格外关注。比起边界种植，尺度设计得更为亲密。入口和转换空间表达着空间之间的关系，以及使用者之间的关系。

在一个特别的场地上，一个景观可能已经有着强烈的空间结构和组织。这种结构需要加强、调整或是增加，以便适应场地使用的变化。许多场地，比如废弃地和残破地，很少或没有已存的空间结构，需要产生和组织新的空间来改变场地。

满足功能上的需求只是设计目标的一部分。场地自身的形式和特征，场所的精神——这些会暗示使用和空间上的类别，适用于场地条件。有着良好视野的地点暗示着外向的空间，相反毫无可观的场地则需要更为内向、向内视野的安排。有着茂盛的现状树和灌丛覆盖的场地暗示着较小尺度的空间组织，利用已有植被特征和荫蔽的结构特点。一个陡峭的斜坡场地则预示着伸长的形状，因为这样不需要大量的土方工程和竖向调整。

现在我们理解了空间的组织，接下来下一章讨论植物个体的特征，探讨植物的视觉特征——形状、叶子、花和果如何影响细节的肌理和色彩，它们包裹着户外空间的框架结构。

交叠的围合会产生十足的惊奇

狭窄的缺口吸引注意力

顶部的围合可以强调重要性

或是增强视觉上的联系

图5.15　入口

照片70 绿篱围合下的一个简单的缺口,旁边树木的树枝悬挂在上部,形成了一个简明的转换。清楚地界定了入口点,也能瞥见空间内部(Mannheim,德国)

照片71 一个叠加的入口,进入空间时能够感受十足的惊奇(Bodnant,北威尔士)

照片72 一个逐渐的转变设立于两个清晰明显的空间之间,动态的张力来自于蜿蜒的草径、先窄后宽的缺口和两侧的树丛(Askham Bryan College约克,英国)

照片73 转换分段呈现。在斯陀园(Stowe Gardens),沿着湖边走时,打开了新的视野,远处的小围场展开于细心控制的序列中。最后,空间的焦点帕拉迪奥桥进入视野

照片75 一个较大的转换空间,由欧洲山毛榉树篱(*Fagus sylvatica*)和编织在一起的椴树(*Tilia*)形成了公园的入口区(Oakwood,Warrington,英国)

照片74 在前部场地和拱券远处的院落之间,乔灌木形成了小而明确的转换空间(Leuven,比利时)

第 6 章

植物的视觉特征

主要起结构作用的种植，在形成空间的同时，也呈现装饰性和视觉的特征。即便叶、干、枝和果在基本的框架结构上不重要，它们的细节也影响着空间的质量和特征。

在结构性框架之中，也可能有其他的种植专门承担着装饰性的角色，提供着审美上的亮点和特别的细节。绿篱围合下的花境和庭院中的盆栽和花坛种植就是这样的例子，这类种植的装饰性和视觉特征是成功的关键。

在我们研究这些细节上的特征之前，应该强调的是装饰性，并不在于过于复杂。就如同一个房间的装饰可以是简单而平实，甚至是极简的。为了效果，户外空间的装饰可以是最为简单的种植。虽然装饰性种植展示着个人的设计灵感和种植技巧，要想取得最好的表达，需要与空间组合的精神和实质相融合。那样就变成了空间的一部分，而不只是妆点。

对植物的主观反映和客观反映

我们对于特别的种植和植物组合都有着个人的喜好。作为专业的设计者，我们需要种植美学来辅助设计，解决设计作品中的人、空间和功能问题。

首先要把我们的主观性反映与植物的客观性品质区分开。唐圭（Tanguy，1985）描述了"客观性植物"和"主观性植物"的区别。人们对植物可能有着不同的理解和趣味，但是或多或少在生长习性、叶型、甚至颜色上取得一致。

相比之下，"主观性植物"是观察者对客观植物的理解。对个人和持有同一文化的人群而言，许多植物有着强烈的联想和象征意义。比如，红色的月季象征爱情。作为部落和政治象征，一些植物有着明显的联系：约克的白色月季；兰卡斯特的红色月季；英国劳动党的粉色月季。这种花也是西方和中东地区栽种的最古老的装饰性植物之一。与人类社会宗教仪式的联系可以追溯到公元前2000年在克里特文明。从考古学家亚瑟·埃文斯（Arthur Evans）在克诺索斯挖掘出的壁画中可以找到证据，上面展现的宗教仪式上，有类似的阿比西尼亚圣洁月季的图形，是大马士革蔷薇（*Rosa damascena*）的一种花型（Thomas，1983）。

在中国古典花园中，植物的一个重要功能是它们的象征性。竹子的韧性，松的品德、干枯老枝上的梅花——被称为"岁寒三友"，但是最具代表性的东方植物或许是莲花。对于道士而言，莲花代表着友谊、友好的结合。对佛教徒而言，莲花是"挣脱物质世界泥潭的精神象征，穿越水层（情感），绽放于水面之上"（Keswick，1986）。甚至于一棵独立的树也有着政治上的含义。一棵辐射松（*Pinus radiate*）命名了新西兰奥克兰的三山之一，具有文化和政治上的含义，正因为如此，为表达政治诉求那棵树惨遭毁坏。

当我们处理审美的象征性或情感表达时，一个有益的做法是把主要表达个人意愿的方面与有着较广泛文化共识的方面区分开。可以探讨一下*个人化的植物*、*文化上的植物*和*生物学上的植物*——心理学家杜威（Dewey）关于景观设计审美体验的三层次理论。*生物学上*的植物就像"客观性"植物，体现识别的那些方面共用于所有背景的人。文化上的联系和植物的含义（文化上的植物）潜在地影响着项目的成功与否，设计者需要知识和敏感性对植物背景下的文化方面做出反应，尤其当设计者不同于使用者的文化类群时，更应如此。

有一个普通月桂树的例子说明了文化上的联想和变化影响着人们对植物的选择。桂樱（Cherry Laurel，*Prunus Laurocerasus*）、葡萄牙月桂（Portugal Laurel，*P. lusitanicus*）和日本月桂（Japanese Laurel，*Aucuba japonica*），以及其他普通的常绿树枸骨叶冬青（Holly，*Ilex aquifolium*）和杜鹃的耐寒变种群为维多利亚时期的人们所钟爱，种植在私人花园和公园中。部分原因是当时喜爱荫蔽和隔离。由于它们的抗性尤其是能够承受空气污染的能力（20世纪50年代工业区普遍出现空气污染），这些植物种类大量存活下来，但是种植在一起的花灌木却消失了。毫无变化的常绿灌丛保持着灰暗的气氛，与维多利亚文化的忧郁情调联系在一起。因而，为了追求开放和阳光，这些植物种现在不经常使用了，远没有反映出它们的生长特点和外在特征所具有的优势。

离开文化上的联想和取向上的偏好不说，让我们回到植物吸引人们的外在特点——风蚀作用下树的歪斜造型，夏天树叶浓浓的绿色，落叶树秋季花果绚烂的色彩。一年中气候的转换和光线的变化、微风轻拂和狂风摇曳下的绿荫翠盖使得整个景观生气勃勃。在花园和装饰性种植中，为了盛花的展示我们会看到气势磅礴的植栽和奢华的植物繁育。装饰的效果得益于美丽的花、浓郁的芳香或是极富装饰性的叶和干。花和果装饰上的亮点可以认作是特殊的效果，因为只是在短时间内可供观赏。更微妙、不乏精彩的是植物摇曳风中的光影与声响，投落于墙面地面上的婆娑树影。这些情趣在人工构筑的环境中特别受欢迎，与建筑和工程构筑的僵死造型形成了鲜活的对比。

个别植物的短暂效果和装饰性上的影响无论多么精彩，不管天气怎样，植物在整体上要设计得全年看起来良好。达到这一点的最好途径是运用叶、干和生长习性的长久特征形成永久的视觉基底。基本要点是除了呈现花、果核其他特殊效果短暂效果外，要依仗自身的特点产生成功的组合。

在种植设计中，要有强烈的视觉意识去形成种植组合，不仅展现出植物个体的最佳特征，在整体上也很好。这种意识部分是直觉，部分是源自植物学知识，但是通过系统性的研究，挖掘植物的优势，在植物组合中有效地利用那些特征，设计直觉会得到加强和进一步发展。

视觉特征的分析

个体植物或植物组团的外在表现可以借助外形、线条、肌理和色彩的视觉语汇进行分析。虽然比起花、果和秋景的特别效果来说更为抽象，但这些特征是理解植物组合的基础，是整体上形成视觉效果的基本要素。我们将会依次研究每一个要素。请注意图解说明不同视觉特征的例子选自不同地区和生态环境中的植物，没有检查地区的适应性不要照搬使用。

外形

植物的外形是三维的形状。可以在不同的方向和距离上观看，不同视点和尺度会影响我们对外形的理解。可以在很近的距离下感知植物的形状，或是相反，可以感知植物形体周围的空间。与坚实的植物外形结合在一起，空间能变得错综复杂。

比如，开放空间下的一棵成年橡树，从大约500米的距离看，呈现为开展的圆顶形，外轮廓有些许不规则，如果较低的树枝被剪除能够看到一部分树干。在中等距离下，比如100米，从主要分支伸出的叶束明显可见，部分打破树冠的轮廓，能够看到几处树冠内的枝干。在这种距离下，橡树的形状呈现为粗糙的圆顶形，波状表面上有着缺口。如果我们接近到几米的距离或是走到树冠下，比起从远处看橡树的形状更为复杂，有着完全不同的形状和特征。弯曲、圆柱形的树干和树枝成为主要的形状，树冠下空间的形态会成为树木特征的重要部分。比起总体轮廓，细节部分，比如叶的形状或干皮的图案，能更为清晰地看到。

形状是植物选择时重要的审美标准。弗洛伦丝·罗宾逊（Florence Robinson）在《种植设计》（Planting Design，1940）一书中深度分析了形状和其他视觉属性。她提醒"形状基于线和方向，被线或轮廓所限定。所以，体量和形状、线和轮廓必须一起考虑。"我们看到的形状与视觉现象相联系，与生长形状和习性的生物学属性相联系。

虽然植物的形状有着丰富多彩的变化，还是可以描述主要的类型，每种类型在种植组合中有着特定的角色。这些类型的描述依照其设计上的潜力，而不是严密的园艺学上的分类。风景园林领域的作者，如弗洛伦丝·罗宾逊（Florence Robinson，1940）和西奥多·沃克（Theodore Walker，1990）就将植物的形状视为视觉上的属性，但是形状在园艺上的角色对植物的搭配也同样重要。植物形状在审美上的潜力和组合在一起生长的影响我们都要强调。

生长习性和形状是植物生态的很大一部分，这影响到设计。紧实、圆顶形、中等大小的灌木形状对于城市中低成本、大规模地被覆盖很有益处，形成了完全不同于城市条件的自然栖息地。在自然中要发现这样的形状，就要去多风的地区，比如海边悬崖或暴露的山边。那里我们可以发现一些灌木，像长阶花（*Hebe*）、岩蔷薇（*Cistus*）、树紫菀（*Olearia*）、银毛旋花（*Convolvulus cneorum*）、小叶栒子（*Cotoneaster microphyllus*）、宽叶栲泼罗斯马（*Coprosma repens*）。但是，低矮、紧实、圆顶形不是唯一植物应对多风的方式。叶长、线形而坚硬的新西兰麻（harakeke，*Phormium tenax*）、山麻兰（wharariki，*Phormium cookianum*），新西兰朱蕉（ti kouka，*Cordyline australis*）和尼克棕（nikau，*Rhopalostylis sapida*）都非常富有弹性，在强劲的风中依然不受损伤。新西兰麻和新西兰朱蕉用于提取纤维就能说明这一点。

最后，我们总是应该记得环境因素可以很大地改变植物遗传来的形状，比如其他的植物，尤其是光线条件和风的侵蚀。对于植物形状的描述，我们总是假定它们有着适中的生长条件，适当的遮蔽并且生长空间不拥挤。

匍地和地被植物

匍地植物　一些灌木和多年生草本植物有着明显的匍匐或平展的形状。包括借助匍匐茎上间断性的根和卷须而趴地蔓延的植物，和极少产生直立干

照片76　在新西兰哈密尔顿的怀卡托大学（Waikato University）圆柏（Juniper，*Juniperus* sp.）开展的形态为桦树（*Betula* sp.）提供了基座

照片78　草本植物的丘状和圆顶形，比如阔叶山麦冬（*Liriope muscari*）和灌木拉凯长阶花（*Hebe rakaiensis*）、川西荚蒾（*Viburnum davidii*）锚固着通道，映照着拱门的曲线，并与直线轮廓相对比（Bodnant，北威尔士）

照片77　低矮匍匐的灌木像匍匐栒子（*Cotoneaster adpressus*）紧抱着地面，追随着覆盖的任何物体的形状（Askham Bryan College，约克，英国）

的植物［比如匍枝倒挂金钟（*Fuchsia procumbens*），戈迪绍银桦（*Grevillea* × *gaudichaudii*），北非旋花（*Convolvulus sabatius*），丛枝竹节蓼（*Muehlenbeckia axillaris*），香长阶花（*Hebe odora*）的匍匐型，常春藤（*Hedera sp.*）］。也有一些灌木有着木质的茎高过地表，但是构成了低平延展的叶团［比如狭叶栲泼罗斯马（*Coprosma* × *kirkii*），绵毛银桦（*Grevillea lanigera* 'Mt. Tamboritha'），平枝圆柏（*Juniperus horizontalis*），平枝枸子（*Cotoneaster Horizontalis*），札拜氏桂樱（*Prunus laurocerasus* 'Zabeliana'）］。老龄的匍地植物常常在叶丛中间有空缺，因为它们主要的生长点分布在冠幅的周边。所以，一些年后，需要回剪或是重新栽植。

　　地被植物　有着高度一致、整齐密集的冠层，贴近地面［比如勋章菊（*Gazania sp.*），顶花板凳果（*Pachysandra terminalis*），紫花野芝麻（*Lamium maculatum*），双花硬萼草（*Scleranthus biflorus*），拟长阶花（*Parahebe catarractae*）］。许多地被植物扩展迅速，通过各种形式的地下茎来增加范围（见第8章）。地被植物的枝条大多数掩藏在叶子中，植物呈现出密集的叶团组片沿地面展开。老龄时，地被植物的生长势头下降，许多可以通过修剪恢复生长活力，或是贴近地表剪除。在欧洲和北美，大萼金丝桃（*Hypericum calycinum*）就通常用这种方式处理。

　　匍地植物，尤其是地被植物，形式上紧贴着地面，表现着而不是掩盖着微地形。可以用来强调细部的地形，低平的高度成为很好的基底，较高的、向上生长的植物可以生长其中，形成视觉强烈的植物形式和样板。

丘状、圆顶和丛状形式

　　许多低矮的植物通过逐渐增长的根茎来扩展，而不是顽强的、搜寻的、匍匐的茎。它们形成扩大的组团，如果只是单一种类，最终连接到一起。这些组丛常常是圆形，生成丛生丘状或圆顶形。

　　丘状　丘状一词用来指丛生形的草本和较小的灌木，圆顶一词用于有着相似形状的较大灌木和乔木。普通丘状的植物有老鹳草（*Geranium*）的品种和法氏荆芥（*Nepeta faassenii*）。许多亚灌木（有着木质的干基，在寒冷的冬天，地上的草本部分会枯死）和矮生灌木是典型的覆盖地面的丘状。它们的扩展依靠主干上横向生长的枝条或一些情况下通过压条繁育出新的植株薰衣草（*Lavandula spica*）、欧石南（*Erica*）和高山杜鹃（*Rhododendron lapponicum*）。

　　圆顶形　这是较大版本的丘状植物。经典的圆顶形灌木或许是灌形婆婆纳（*veronica*）。实际上在新西兰，各种尺寸的乔木和灌木中这种形状很普通，因为在暴露的生境中可以抵抗强风，那是新西兰的典型气候。其他相似的圆顶形，低矮或中等高度的植物有马尔伯勒岩生雏菊（*Pachystegia insignis*）、川西荚蒾（*Viburnum davidii*）、岩蔷薇（*Cistus*）。

　　在体量较大、宽叶的灌木和乔木中，圆顶、圆形的树冠或许最为常见。乔木的圆顶形树冠一般支撑在单一的树干上，横向枝条着生其上。由地表伸出或是贴近地表的多个枝干发展成灌木的冠幅。圆顶形常常是一种植物的成熟形态，幼

照片79 如果在开敞地上，没有环境上的压力，植物不受阻碍的生长，许多树木最终可以长成扩展的圆顶形。图中展示了大叶无花果（*Ficus macrophylla*），冠幅延展超过40米。在尺度上，注意边上的异叶南洋杉（Norfolk Island pines, *Araucaria heterophylla*）（Northland, 新西兰）

照片80 新西兰矛木（lancewood, *Pseudopanax crassifolius*）不寻常的直立形式使得它能够如此靠近宾馆房间种植，以至于穿过阳台栏杆生长（Christchurch, 新西兰）

龄时表现为竖直向上的生长习性。在森林中，圆顶的树冠高高在上，因为低层枝条受抑制。在城市环境中，抬高树冠保证树下通行需求的地方也能看到相似的冠形。不对称树冠的缘由是对光照的竞争或暴露于风吹之下。

　　明显圆顶形树冠的树木有鸡爪槭（*Acer palmatum*）、青皮槭（*Acer cappadocicum*）、白背花楸（*Sorbus aria*）、毛背铁心木（*Metrosideros excelsus*）、新西兰牡荆（*Vitex lucens*），和下垂的树种，如垂柳（*Salix babylonica*）、柳叶梨（*Pyrus salicifolia*）。

　　丛生形　也称束状，常见于单子叶植物中，包括很多草和莎草，比如一些羊茅属植物羊茅（*Festuca ovina*），蓝羊茅（*F. glauca*），考克西羊茅（*F. coxii*），紫色的加州羊茅（needlegrass toetoe, *Stipa pulchra*）、蒲苇（pampas grass, *Cortaderia* sp.）、雪草（snow tussocks, *Chionochloa* sp.）、新西兰风草（rainbow tussock, *Anemanthele lessoniana*）和许多苔草 [*Carex* spp., 如橘红苔草（*C.testacea*），棕红苔草（*C.buchananii*）]。整体形状与丘形相似，圆形，但是叶子呈紧紧的束状从地面长出，向外弯曲。在这方面，与这一章节后面描写的直立而弯曲的形状相似。新西兰麻（harakeke, *Phormium tenax*）和小新西兰亚麻

（wharariki，*Phormium cookianum*）和聚星草（*Astelia*）的品种是这样的情况，比草和苔草的丛生形状要粗壮。

　　丘状和圆顶形有利于视觉稳定。可以用于锚固、平衡和稳定更活泼和引人注目的形状。在花境或种植序列的末端需要包裹或结束时，它们被用作完全的停止。由于紧致的树冠，小些的圆顶形灌木如希德考特薰衣草（Hidcote lavender）、西班牙薰衣草（Spanish lavender）形成很好的边界。丛状更有上升的感觉，在视觉特征上更有活力。在自然的生长组群中，这些形状的植物之间留下许多小的空间，较小的植物填充着这些缺口，也受益于较大植物带来的庇护和遮荫。许多情况下，这些形状形成于暴露的环境下，比如亚高山或海边的环境，植物以紧密的形状应对风蚀。一些植物（比如许多丛生习性的植物）在庇荫处和拥挤的环境下依然能很好地保持形状，而其他一些植物（比如薰衣草）如果与别的植物密植在一起会变成不规则形，所以需要留有充足的生长空间。

直立或上升的形状

　　圆顶、圆形的乔灌木产生较大比例的延展，而直立、上升形状的特征是有着直立或尖锐角度的主干和分枝。直立灌木常为多个主干，边枝短而角度开张。这样的生长习性使得植物的总体形状直立，呈现强烈的上升线条的组合。成年的树冠伸向空中，植物的形状表现得更为坚挺。直立或上升形状显著的植物有长小叶十大功劳（*Mahonia lomariifolia*）、辽东楤木（*Aralia elata*）、朱蕉（*Cordyline terminalis*）、丝带木（*Plagianthus regius*）、小果野蕉（*Musa acuminata*）和很多竹子。不常见的上升生长形状的植物之一是直立单干的幼年新西兰矛木（lancewoods，*Pseudopanax crassifolius*和*P. ferox*）。

照片81　巨大的澳大利亚多年生植物棱叶矛花（*Doryanthes palmeri*）有着大而线形、引人注目的叶子，可以主导任何种植组群

成熟后，直立的灌木趋向于要么保持相对独立，或者如果有根蘖的习性，在大片的区域上形成密集灌丛（比如香蕉和有走茎的竹子）。一些乔木，成年树和幼龄树有很大的不同。矛木（lancewood）和丝带木（*Plagianthus regius*）就是如此。由于向上生长的习性，直立形状在植物组合中是强力的、坚定的元素，如果结合其他吸引眼球的特征（比如大叶子），这种植物可以形成视觉的焦点。

如果大片种植直立形状的灌木，可以形成一小片密集的、干的丛林，随着向上生长获取阳光，树干会变得非常修长而光秃。在这样的条件下，植物失去了很多自身的特征，在叶冠层出现空心，留下光秃的干和裸露的土壤。如果不需要做硬质景观或解决通行问题，即使单株使用，或是小的组团，直立生长的植物也会得益于较低层植物的密集种植，填充干基周围留下的空间。

在一些草本植物和亚灌木中能发现较小尺度的直立和上升形状，最有效果的是大叶子和剑形的植物。例子有鹤望兰（*Strelitzia*）、矛花（*Doryanthes*）、新西兰麻（*Phormium*）、龙舌兰（*Agave*）、丝兰（*Yucca*）、鸢尾（*Iris*）的种或品种。甚至较小的丝兰和新西兰麻的栽培种也能吸引眼球，尽管形体小也能成为植物组群的焦点。

树冠狭窄、枝条上升的树木将在随后的卵圆形或锥形中描述。

拱形

许多灌木生长出直立强健的枝干，快速生长之后长出横向的枝条，弯拱在那个高度上。整个形状像是一捆小麦，根部的茎秆扎在一起，向上抛撒。最初茎干的强健生长让植物争取阳光，而后弯曲，横向分支形成了宽大而抬高的冠层来探寻阳光。这样灌木的例子有华西箭竹（*Arundinaria nitida*）、神农箭竹（*A. murieliae*）和灌丛月季（*Rosa* 'Nevada', *R.* 'Canary Bird'）。

在草本植物中也常见较小尺度的拱形。某种程度上，这种形状与丛生生长习性相交叠，但是更为直立和明显拱曲，有多花黄精（*Polygonatum multiflorum*）、澳洲漏斗花（*Dierama pulcherrimum*）、萱草（*Hemerocallis*）、龙舌百合（*Arthropodium cirratum*）和拱形、花瓶状的王冠蕨（*Blechnum discolor*）、毛耳蕨（*Polystichum vestitum*）和凤梨科植物（bromeliad）比如光萼荷（*Aechmea*）、水塔花（*Billbergia*）。在乔木中，拱形不常见；它们通常生出强壮的枝条，随着生长变得更为坚硬，而不会由于自身重量的增加而倾斜下垂。拱曲习性的一些特征在垂枝的乔木中能看到，比如垂枝桦（*Betula pendula* 'Youngii'）。

由于形态有着相对松散的生长特点，拱形的灌木和草本可以起到与直立灌木相似的、强调的角色，虽然形态的对比上较为弱小。它们可以用于各种规格的孤赏树，或是需要林下空间的地方。结合直立和丛状植物，这类植物的冠下空间不会光秃或杂草丛生，可以进行低层栽植或是置石、铺砌起来寻求别样的视觉效果。

掌形

在某些方面，这种形状类似于上面描述的拱形，但是明显区别的是这种形状有着清晰的主干，可以升起到20多米。几乎是棕榈科植物和树蕨类植物所特有。

高而直的干，所有的叶子都在干顶端的单一生长点簇生。这产生了各种雨伞状的形态，有着显著的雕塑感，引人注目。在温暖地区景观作品中常见的棕榈植物有加那利海枣（*Phoenix canariensis*）、金山葵（*Syagrus romanzoffiana*）、尼克棕（*Rhopalostylis sapida*）。树蕨有蚌壳蕨（*Dicksonia*）、桫椤（*Cyathea*）。佛肚蕉（Ethiopian banana, *Ensete ventricosum*）是有着相似形状的另一科的植物。朱蕉属（*Cordyline*）、旅人蕉科（Strelitziaceae）、丝兰属（*Yucca*）中也能发现类似于掌形的植物。

由于有着雕塑感、吸引注意的形状，掌形生长特点的植物在种植中有着很大的影响。它们形成较小的遮荫，根系紧密、不扩张，对于其他植物而言是很好的邻生植物。另外一些植物，像粗糙蚌壳蕨（*Dicksonia squarrosa*），自然分布成密集的组群，数量、体量上的优势和坚硬的叶子使其部分排斥其他植物。

肉质和雕塑化的形状

非常像棕榈和树蕨，很多肉质植物的类群有着显著的外形。或许可以描绘为"雕塑化的形状"，非凡的三维形体上的力量让它们迅速成为注意力的焦点。最为吸引眼球的一些植物有折扇芦荟（fan aloe, *Aloe plicatilis*）、螺旋芦荟（spiral aloe, *Aloe polyphylla*）、龙血树（*Dracaena draco*），和狐尾龙舌兰（*Agave attenuata*）。

照片83 一些肉质植物展现出雕塑化的形状，比如在加利福尼亚亨廷顿植物园看到的情景（Huntingdon Botanic Gardens）

照片82 不只是在棕榈科（*Palmae*）中能看到掌状形态，蓝朱蕉（*Cordyline indivisa*）也是这样的形状。图中看到的是其自然生境（Te Urewera国家公园，新西兰）

照片·84 红胶木（*Lophostemon confertus*）是椭圆直立形的一个例子。冠幅上的限定使其可以靠近道路种植，尤其是繁忙交通道路旁（Mayoral Drive，奥克兰，新西兰）

照片·85 异叶南洋杉（Norfolk Island pine，*Araucaria heterophylla*）显著的圆锥形与水平的建筑组团和舒缓的地面产生强烈对比（奥克兰机场，新西兰）

孤植和小组团栽植时，像对待雕塑一样把握它们的栽植。大量种植时，它们产生的整体景观明显区别于日常生活环境，带来了原生地干旱恶劣的环境气氛，让人兴奋。

椭圆直立形

一些灌木和乔木有着总体竖直生长的特性，但是树冠也横向扩展，不像直立和拱形，它们贴近地表不断有边枝和叶长出。这种形状最后发展成椭圆形或卵形。常见于选育的品种中，主要是因为在城市和花园中，横向空间受限。树种有'塔形'欧洲鹅耳枥（*Carpinus betulus* 'Fastigiata'）、'柱冠'挪威槭（*Acer platanoides* 'Columnare'），日本海棠（*Malus tschonoskii*），细叶海桐花（*Pittosporum tenuifolium*）、六柱缕带木（*Hoheria sexstylosa*）。这种形状在灌木中少见，主要是因为灌木通常为多干、横向扩展的特性。

椭圆形给植物组合带来了上升的元素。有些直立形状的特征，但是由于其轮廓更圆，所以更为克制，比起锥形的尖塔和柱体，笔直和上冲的感觉要弱。椭圆形能够强调不怎么规则的植物组群，与圆顶形一样，可以清晰地结束一条混合的种植。椭圆直立的乔木或灌木的树冠比起半圆顶形树冠，与地面的联系较弱。所以，视觉上需要在下面种植圆顶形或其他植物进行锚固。

圆锥形

圆锥形在针叶树中常见，但是在一些阔叶树中也能看到。圆锥形树冠通常较高，从根部逐渐变细到锐尖的顶部。这是规则分枝习性的产物。单一直立的干上生出大量一级分枝，以规则的节点间距呈轮状或螺旋状着生。在很多情况下，分枝接近水平，所以锥体由水平层组成，朝向树冠顶部直径逐渐减小。圆锥形树冠的不错的例子有塞尔维亚云杉（*Picea omorika*）、花旗松（*Pseudotsuga menziesii*）、巨杉（*Sequoiadendron giganteum*）、澳大利亚贝壳杉（*Agathis australis*）、新西兰鸡毛松（*Dacrycarpus dacrydioides*）、土耳其榛（*Corylus colurna*）。

照片86 像钻天杨（Lombardy poplar）等树木有着狭窄帚状或柱状的形状，用在旧金山的Pacific Gateway的项目中，种植在高速公路边坡之间窄小的空间中

照片87 毛蕊花（mullein，*Verbascum*）上升的总状花序在小尺度下的效果类似于帚状或柱状树冠（Hagen，德国）

圆锥形的效果类似于椭圆形和直立形。主要的不同之处在于尖锐的冠顶。产生了更为动态、提升的特征，虽然效果可能会古板。突出的锥形在种植组合中能够吸引眼球。如果整个森林由圆锥形、尖塔形树冠构成，视觉效果超乎寻常。在美洲内华达山脉中巨大的巨杉（redwood，*Sequoiadendron giganteum*）和加利福尼亚海岸的生长的古老的北美红杉（redwood，*Sequoia sempervirens*）森林都有着宁静的、教堂般的特征，幼龄树的树冠拔地而起，大量高高的树干，形成了垂直尺度的空间。

锥形和柱形

最窄的竖直形树冠通常是指锥形或柱形。在野生状态下这种形状很少，大多数锥形的乔木和灌木为人工繁育。锥形的树冠通常由很多短小、上升的枝条组成，形成了密集、紧凑的树冠。如果长成了狭窄的圆柱形就成为柱形树冠。顶部多少有些尖，如圆柏'冲天'（*Juniperus* 'Skyrocker'），或是平头，如北美翠柏（*Libocedrus decurrens*），幼龄欧洲红豆杉（*Taxus baccata* 'Fastigiata'）。锥形灌木的例子不常见，但是有欧洲刺柏'爱尔兰'（*Juniperus communis* 'Hibernica'）、圆柏'冲天'（*Juniperus* 'Skyrocket'）。最知名的锥形树有意大利柏（Italian cypress，*Cupressus sempervirens*）、北美翠柏（incense cedar，*Libocedrus decurrens*）和钻天杨'意大利'（Lombardy poplar，*Populus nigra* 'Italica'）

照片88　扁平的形状见于枝条水平伸展的树木，比如这株幼龄的雪松（deodar，*Cedrus deodara*）和鸡爪槭（Japanese maple，*Acer palmatum*），带来宁静的感觉（谢菲尔德植物园，英国）

　　帚状外形有着不融合的视觉特征，易于成为植物组团中的主导性元素。树木，如新西兰（山）龙眼木（rewarewa，*Knightia excelsa*），钻天杨（Lombardy poplar，*Populus nigra* 'Italica'）和意大利柏（Italian cypress，*Cupressus sempervirens*）在其他植被中像感叹号，以显著的方式从植物组团中升起。帚状树形的数量越少，越引人注目，成为景观中的亮点或焦点，它们的数量应有所限制。另一方面，有些景观中帚形树木很多，使得区域景观呈现出显著的特征。地中海地区的一些地方，意大利柏为特征；新西兰东部的干旱山区，尤其是霍克湾附近，连绵种植着钻天杨和其他竖向生长的杨树来稳固土地。

　　钻天杨由于生长迅速、树冠窄小，被完全用于"即时"屏障树种，尤其在横向扩展受限的城市中。但是一排树木不能很好地遮挡，尤其是在冬季，因为树冠叶丛很单薄。无视空间的话，"屏风"式的钻天杨就像一排僵直的哨兵护卫着丑陋的设施，反而引起注意。

　　我们对于帚状外形的讨论，应该包含一些灌木和草本植物，它们有着显著的竖向花序。这样的例子有弯叶丝兰（*Yucca recurvifolia*）、虾膜花（*Acanthus mollis*）、黑喉毛蕊花（*Verbascum nigrum*）。在装饰性种植中它们很好地成为短暂的强调。

平展和水平伸展的形状

　　许多树木和灌木有着叶片水平分布的分枝习性。一些品种和栽培种的这一特点尤为突出，产生了明显水平的叶层。如黎巴嫩雪松（*Cedrus libani*）和日本槭（*Acer japonicum*）。在灌木的平展层上如果有着吸引眼球的花朵，效果会得到强化，比如四照花（*Cornus kousa*）、'玛丽'雪球荚蒾（*Viburnum plicatum* 'Mariesii'）。

一些树和灌木有着明显伸展的枝型和扁平的轮廓，没有枝的分层。合欢（silk tree, *Albizia julibrissin*）和一些热带豆科的树是伸展的伞形。

平展和伸展的形状给予植物稳定感，但是感觉轻盈而不是沉重，因为叶层高高在上，光和空气可以进入枝条中。平展形和锥形树冠的对比格外明显。如果这类植物与其他树木紧挨，形状的显著性会丧失；如果留有充足的空间伸展树冠，形状的效果明显。

开放的不规则形状

以上的一些描述对特殊形状类型做了最为清晰的表达。许多植物，尤其是在野外生长，由于环境因素只能是大概类似这些形状，多少有些不规则。

有一些树种的不规则形状是遗传原因，它们的整体形状不规则、不可预测，树冠没有明确的轮廓，也没有紧密的叶层表面。这类植物最为明显的特征常常是向各个方向伸展的延长枝，带着小小的侧枝和叶丛，叶丛间距离较大。枝条四外生长捕获阳光，枝团间的空隙会被其他植物侵占。所以，开放不规则形状的植物生长呈群团状，能很好地在其他树种间生长，形成合成的树冠。乔木如银白杨（*Populus alba*）、'恩布里'花楸（*Sorbus* 'Embley'）和东京樱花（*Prunus* ×*yedoensis*）。灌木如华南火棘（*Pyracantha rogersiana*）、沙棘（*Hippophae rhamnoides*）、乔木马桑（*Coriaria arborea*）、耀花豆（*Clianthus puniceus*）。

修剪的形状

植物不只是可以随机生长成宽大的形状，许多植物种类可以被塑形，修剪成极不自然的形状。

修剪的篱是最为常见的绿色雕塑。除了功能上的作用，规则的篱带来了控制的元素和视觉组合上的精确性，其他形式下的植物就不能达到这种效果。矩形板状的基本形式可以由一棵树或灌木修成，高和宽度上可以复杂变化。整个板面或修剪的"箱体"可以离开地面，就像传统的编篱，如椴树（lime, *Tilia* sp）、欧洲鹅耳枥（hornbeam, *Carpinus betulus*）。其他的角度和形状也能形成，如城堡或是在轮廓上或平面上的曲线。一个令人难忘的例子是在查斯沃斯花园中弯曲的欧洲山毛榉篱（*Fagus sylvatica*）。

那些造型修剪的形状最为神奇——可以追溯到罗马花园时期。欧洲红豆杉（yew, *Taxus baccata*）、锦熟黄杨（box, *Buxus sempervirens*）或是柏木（cypress, *Cupressus* sp.）塑造的鸟和其他动物，以及抽象的几何造型。传统的造型修剪在历史性花园管理中很重要，在气势恢宏的种植计划中也会偶尔出现，因为有着阔绰的维护经费。

适合的树种要耐修剪，密集的小枝在整个冠层上以相同的速度生长。小叶的植物比较理想，因为叶的损伤不被注意。常绿树是很好的树种，可以周年保持塑形的表面。传统的篱和造型植物有欧洲红豆杉（*Taxus baccata*）、锦熟黄杨（*Buxus sempervirens*）、亮叶忍冬（*Lonicera nitida*）、欧洲山毛榉（*Fagus sylvatica*）、

照片89　植物可以整形和修剪得如同景观中的雕塑。在伦敦泰晤士河坝公园中下沉花园"干船坞"里的紫杉被修剪成绿色的波浪（见彩页）

照片90　利文斯花园（Levens Hall，坎布里郡，英国）中的植物修剪产生了迷人的空间与形状上的互动

枸骨叶冬青（*Ilex aquifolium*）、意大利柏（*Cupressus sempervirens*）、大果柏木（*C. macrocarpa*）、月桂（*Laurus nobilis*）。少见但也很好的树种有桃拓罗汉松（*Podocarpus totara*）、橙果假醉鱼草（*Corokia × virgata*）、宽叶栲泼罗斯马（*Coprosma repens*）、小花栲泼罗斯马（*Coprosma parviflora*）。

其他传统做法包括把果树编织和修剪成饰带、墙树、扇形和棕叶形。商业化种植的藤本作物，像啤酒花（hops）、葡萄（grape）、猕猴桃（kiwi fruit），被整形到线绳和架子上。很多这样的植物可以进行有趣的设计上的阐释，或是就用农用作物种类，或是观赏变种，对不同的植物种类进行整形和骨架上的调整。

整形或修剪的形态由于精确，有着强烈的组合秩序感，相对于植物自由生长呈现出的繁茂和不可预知性，能产生冷冷的秩序性。

线与模式

线与形状紧密联系，呈现二维的边缘效果，是三维实体的抽象。产生线的边缘可以是整个种植组团的边缘，或是枝条、树干、叶子或花瓣，或是不同材料、色彩之间的交界，落在植物表面的光影之间的交界。

线的组合图案形成于实物的表面，虽然这些表面可能弯曲，但是可以从某一视点领会，就像是在二维的表面上一样。一种线的图案借透视的方式可以传递物体三维形状的信息，但是需要在空间体验的基础上阐释二维图案。

线的本质是方向，是空间中点移动的结果。在视觉组合上，线的基本效果是引导视线和注意力。虽然我们不需要忠实地追踪线到终端，但是我们的视野会沿着强烈的线前后移动和追踪虚短线复合的方向。注意力会在线交汇的地方停留。所以，线可以用来导引视觉上的探索。

在不同的图案和植物中可以发现不同方向的线，有着自身内在的美，可以在种植组合中予以探究。

照片91　该植物组合的效果依仗于乔木与灌木的形态。雪球荚蒾（*Viburnum plicatum*'Lanarth'）平展的枝条为亮白色的花头所强调，与暗色、锥形的欧洲红豆杉（*Taxus baccata*'Fastigiata'）和榆叶假山毛榉（*Nothofagus dombeyi*）直立的枝条产生了强烈对比。这种强烈表达的形式处于些微下垂的不规则叶丛中，使得组合免于僵硬（博德南特，威尔士）

照片92　线可以是植物组合中的主导性元素，尤其可以看到枝干的轮廓或是植物的剪影时。这条悬铃木大道位于新西兰的内皮尔，呈现了线和轮廓的组合效果。注意，这是透视视角下的线，给予了大道引人注目的效果

照片93　这些锥形（*Juniperus*'Sky Rocket'）上升的轮廓线强调并约束着轻微起伏的月季的组团下面的草花（Castle Howard，约克郡，英国）

照片94　竖直线条也常见于单子叶植物上升的线性叶子中，诸如鸢尾（*Iris*）和灯芯草（*Juncus*），在这里与水平的石桥形成对比（Wisley，萨里郡，英国）

照片95　在雅芳河上的垂柳（*Salix*'Chrysocoma'）悬挂枝条中可见下垂的线条（Christchurch，新西兰）

上升的线

上升或竖直的线条表现在柱形或锥形的植物中，如欧洲刺柏'爱尔兰'（*Juniperus communis* 'Hibernica'和意大利柏（*Cupressus sempervirens*）；在生长势强的树的树干中，如杨树（*Poplar*）和桦树（*Betula*）、新西兰矛木（*Pseudopanax crassifolius*）和许多棕榈树；在干茎强健的灌木和草本植物中，如滨藜叶分药花（*Perovskia atriplicifolia*）和重度修剪的红瑞木（*Cornus alba*）、华中悬钩子（*Rubus cockburnianus*）；在花葶的形态中，如万年麻（*Furcraea foetida*）、高山普雅凤梨（*Puya alpestris*）、黑喉毛蕊花（*Verbascum nigrum*）、绵毛水苏（*Stachys lanata*）；在一些单子叶植物中，如查塔姆聚星草（*Astelia chathamica*）、澳大利亚香蒲（*Typha australis*）和锥序雄黄兰（*Crocosmia paniculata*）。

上升线的特征明确而强调，如果体量足够大会有庄严而雄伟的感觉。由于与重力方向相反，上升的线很显著。然而，在微弱平衡和微弱侧向移动感的状态下，会放大它在布置上的效果，释放出其潜在的能量。这种微弱平衡的感觉能强烈地表达竖向线条，但是如果没有细加考虑予以组织，会显得杂乱而荒蛮。

下垂线

下垂线或下降线可见于垂柳的枝条中，比如垂柳（*Salix babylonica*）、垂枝柳叶梨（*Pyrus salicifolia* 'Pendula'）和垂枝桦（*Betula pendula* 'Tristis'；于有着蔓延和悬垂枝条的灌木中，如'平卧'迷迭香（*Rosmarinus officinalis* 'Prostratus'）、互叶醉鱼草（*Buddleja alternifolia*），垂枝铁仔（*Myrsine divaricata*）；于有着悬垂叶或花的植物中，如皱叶荚蒾（*Viburnum rhytidophyllum*）、紫藤（*Wisteria* sp.）、丝缨花（*Garrya elliptica*）、垂穗苔草（*Carex pendula*）。

下垂线呈现休止、安静的特征，给予场景宁静的氛围。下垂的枝条以最小的角度悬挂着，暗示放弃与重力的抗争。或许因为在生长特点上没有什么生气，没有什么反抗的感觉，下垂的植物会有悲伤的情调，如果与暗淡、灰暗的色彩相结合会感觉尤为强烈。垂枝桦（*Betula pendula*）纤弱、闪亮的叶子或金垂柳（*Salix* × *sepulcralis chrysochoma*）金黄色小枝和纤小的叶子产生的感觉轻快而柔和。布鲁尔云杉（*Picea breweriana*）会有完全不同的情调；在灰蒙中有着伤悲的感觉，在阳光下会闪烁得如绿色的小瀑布。

下垂叶或枝将注意力引向地面，给予重力感。所以在下垂的乔木或灌木的树冠下，明显对比的轻快活泼的元素会是完美的补充，比如水。在水的特征和下垂树木流动、洒落的形式之间也有着紧密的联系，所以两者之间是传统的组合。

水平线

水平线可见于伸展的枝条和叶中，如合欢（*Albizia julibrissin*）、小花栲泼罗斯马（*Coprosma parviflora*）、黎巴嫩雪松（*Cedrus libani*）、四照花（*Cornus kousa*）、雪球荚蒾'玛丽'（*Viburnum plicatum* 'Mariesii'），修剪的篱的顶部，放牧草场中树冠底部的啃食线，被草和地被植物装饰的水平地表面。

照片96 黎巴嫩雪松（Cedar of Lebanon，*Cedrus libani*）产生了强烈的水平要素，呼应着墙面砖砌的图案和建筑的屋檐（Reigate，萨里郡，英国）

照片97 动态的斜线强烈地表达在新西兰麻（New Zealand flax，*Phormium tenax*）的线性叶子中。与后面的芮木（rimu）的下垂线形成了戏剧化的对比

照片98 在自然中发现的很多线生动而不规则。画面中的干和枝表达了内在生长的特点和外部环境的影响（科依波因特海边，新西兰）马马库树蕨（mamaku tree fern）的竖向线条形成了对比

照片99 线对于组合至关重要：水平线和竖直线的交汇是其中一个视野中最为主要的方面（Bodnant，威尔士）

　　这种线代表了稳定的状态。特征上消极，没有潜在能量，没有运动的暗示。因为视觉上稳定，强烈水平线的种植可以作为基底，支撑组合中更为活跃的要素。实际上，没有这些水平线条的托衬，种植会显得没有特点和生气。这就是为什么当作为繁盛种植的基底或背景时，修剪绿篱恒定的简洁性最为有效，而不是为了自身的几何形呈现出严苛和冷酷。

斜线

　　斜线出现在很多乔木和灌木强烈生长的枝条中，但是在一些种和品种中保持得更为长久，如樱花‘关山’（*Prunus* ‘Kanzan’）、晚绣花楸（*Sorbus sargentiana*）。虽然通常有一系列开张角度的变化，一些单子叶植物尖锐的线性叶子呈强烈的斜线生长，如万年兰（*Furcraea selloa*）、新西兰麻‘歌利亚’（*Phormium tenax* ‘Goliath’）、凤尾丝兰（*Yucca gloriosa*）、新西兰椰（*Rhopalostylis sapida*）。

斜线充满活力、动态和令人兴奋。它表达了张力和较高的潜在能量。它挣脱重力的束缚，向上和向前移动，这种强劲的特征让它成为组合中的力量元素，在与更为稳定的元素对比时会显得更为明显。太多强烈的斜线则会引起组合上的分裂，需要稳固的基底支撑斜线吸引眼球的特征和动态的本质。

线的质量

因为设计的媒介是有生命的植被，除却养护维持的简单的几何形态，种植中极少发现纯粹的线的方向。几何线非常直，即使是弯曲的也被认为是"规则"和有控制。它表达了人为的意图而不是自然的力量。自然中发现的大多数形和线，虽然方向上的特点明晰，但在特征上有着更多的变化和不规则。

一条蜿蜒或不规则的线，不管总的方向是什么，会有着随机和趣味性，在抛洒、交织生长的枝条和小枝中会看到。实际上，一些栽培变种因为它们不寻常的弯曲而美丽的枝条特点而被选育出来，如龙爪柳（*Salix matsudana* 'Tortuosa'）、欧榛'扭枝'（*Corylus avellana* 'Contorta'）。

照片100 在这个简单的种植中，朝圣利氏鸢尾（*Libertia peregrinans*）精细、整齐的肌理很显著，呼应着混凝土墙体表面的精细肌理（坎特伯里大学，新西兰）

照片102 老鼠簕（*Acanthus*）粗大的叶子引起了对台阶和栏杆的关注，与石材工艺相似、粗糙肌理相协调

照片101 草和甘蓝木（ti kouka, Cabbage tree）都有着精细的视觉肌理，在新西兰的这个院落中增加了空灵的感觉

照片104　翠绿龙舌兰（*Agave attenuata*）以粗大的肌理和优美的雕塑化形态挺立在多肉植物的种植中前景中，芦荟在线条上的连续性和竖向花序的强调也很重要（Sunken Garden，Napier，新西兰）

照片103　这个植物组群结合了很多肌理和形式。强壮的叶型、动态的线和肌理上的对比产生了吸引眼球的效果（北约克郡，英国）

肌理

　　植物的肌理可以定义为植物任何一个部分视觉上的粗糙或光滑。有如绘画的肌理、照片的纹理或丝织物、石材、砖、木材等材料的平滑度。肌理是内在于材料的区分尺度。可能是一种线的图案的结果，如果这样，肌理就仅决定于图案的大小而不是线的方向。一种植物通常具有粗糙、精细或中等程度的肌理。

　　肌理像形状一样受视距的影响。从中等距离看，植物视觉上的肌理是叶子和小枝的大小和形状的结果。叶子大、小枝强壮，肌理就更粗糙。叶柄也会影响肌理，因为长而柔软的叶柄会让叶子在微风中有更多的晃动，这会打破叶子的外轮廓，让叶子有更柔软的感觉（比如杨树的很多种）。

　　如果离开的足够远，单个叶子和小枝的视觉效果会丢失，冠层的感觉由叶丛或叶团构成。这种情况下，叶丛或枝团的大小和布置关系决定了肌理。植物的枝团大而清晰分开，感觉就更为粗糙。如果观看的距离远得只能区分整株的植物或乔木、灌木的组团，肌理的感觉依仗于单株或组丛灌木和乔木的间距。松散的组丛和单个树冠会产生更为粗糙的肌理，均匀、互锁的树冠的肌理感觉更为精细。

　　最近距离地观看，不是叶团或枝干的组合产生肌理，而是叶子和树干的表面。一些植物有着粗糙肌理的叶表面［如玫瑰（*Rosa rugosa*）、皱叶荚蒾（*Viburnum rhytidophyllum*）、皱叶楼梯草（*Elatostema rugosum*）］，一些植物有着粗糙的树干［如欧洲栓皮栎（*Quercus suber*）、桃拓罗汉松（*Podocarpus totara*）、北美红杉（*Sequoia sempervirens*）］，而另一些植物有着特别光滑的叶子［如香荫树（*Hymenosporum flavum*）、毛利果（*Corynocarpus laevigatus*）、八角金盘（*Fatsia japonica*））或光滑的干（如欧洲山毛榉（*Fagus sylvatica*）］。

像形状和线一样，肌理有着特别的视觉效果，在植物组合中扮演重要角色。在随后的讨论中，我们着重探讨中等距离下植物肌理的效果（大约2～20米），因为在这样的距离上，能够全面地欣赏大多数观赏性植物的组合。

精细肌理

最精细肌理的植物是那些有着最小的叶子和最精细、最紧致的小枝。包括欧石南属（*Erica*）的大多数种，和小叶的栲泼罗斯马（*Coprosma*）、龙草树（*Dracophyllum*），很多染料木（*Genista*）、金雀花（*Cytisus*）和许多草，如灯心草（rushes）和莎草（sedge）。一些树也有着相对精细的肌理，像浆果红豆杉（*Taxus bacata*）、柏木（*Cupressus* species）、松（*Pinus*），尤其是那些有着柔软针叶的树，像展叶松（*Pinus patula*）、大果松（*P. coulteri*）。精细肌理的阔叶树木有垂枝桦（*Betula pendula*）、细叶海桐花‘银光’（*Pittosporum tenuifolium* 'Sliver Sheen'）和小叶槐（*Sophora microphylla*）。

精细肌理的植物看起来放松而不是兴奋。比起粗糙肌理的植物，精细肌理的植物在较远的距离上就能产生印象，不会退隐到视野的背景中。因而，高比例的精细肌理的植物在围合的空间中会增加空间的感觉，很像小房间中精细肌理或小图案的墙纸产生的效果。它们的观赏特点轻快而优美、开阔而柔和。

在较远距离下，精细肌理枝叶的整体轮廓和植物的形态被强烈地表现和易于追踪。枝叶单体的形状通常从属于植物整体的形状。因而，精细肌理的植物在规则式的组合中有价值，设计的关键在于图案的强烈控制。种植区域的外轮廓、几何图案的种植、篱和修剪植物的形状都用精细肌理的植物进行精确地表达。在古典的规则式花园中，使用浆果红豆杉（yew，*Taxus bacata*）和锦熟黄杨（box，*Buxus sempervirens*），但是有很多更适合的植物，89、90页列出了一些。在规则式景观中另外一个主要的组成部分是草坪。精细、平坦肌理的修剪草坪有着与紫杉和黄杨相似的角色，只是在地面层上。

粗糙肌理

最大的叶子和最粗的小枝有着最为粗糙或粗大的视觉肌理。包括巨大叶子将近2米长的大根乃拉草（*Gunnera manicata*），叶宽而浅裂的亚历山大大黄（*Rheum alexandre*）和雨伞草（*Peltiphyllum peltatum*）。其他有着粗大叶子和粗糙肌理的树木有黄金树（*Catalpa bignonioides*）、心叶澳洲常春木（*Meryta sinclairii*）、大叶槭（*Acer macrophyllum*），灌木有凸尖杜鹃（*Rhododendron sinogrande*）、八角金盘（*Fatsia japonica*）和草本植物查塔姆勿忘草（*Myosotidium hortensia*）、心叶岩白菜（*Bergenia cordifolia*）、大叶菜蓟（*Cynara cardunculus*）。在冬天，

强壮枝条的辽东楤木或有着蓢蓲条的树木梓树（*Catalpa*）、毛泡桐（*Paulownia tomentosa*）在落叶树中提供了粗糙的肌理。

有着粗大叶子和茎干的植物基本上都吸引眼球，或许因为它们叶子的形状和细节在一定的距离上清晰可见，或许只是因为它们的个头大小。实际上单个叶子的形状会打破植物的轮廓，分散总体形状上的注意力。这种情况下，植物线条上的特征产生于叶的边缘和小枝，而不是树冠的总体。

粗糙肌理植物的粗大感让它们在视野中突出。这种效果可以用于增加种植组合的进深感，将粗糙肌理的植物安排在前景而精细肌理的植物主要在后面。但是，在一个限定的区域，太多的粗大突出的叶子会产生幽闭的气氛。所以在小空间里使用粗糙肌理的植物需要多加注意。

粗糙肌理植物的大叶子会投射下大的阴影和产生引人注目的光影图案。如果植物的叶子有光泽——心叶澳洲常春（puka，*Meryta sinclairii*）——深影区与反射的光强烈对比，这会增加粗大叶子的视觉影响，有助于成为良好的观赏树。粗糙肌理的植物在组合中产生强调，尤其是粗大叶子与上升线条结合在一起，如新西兰麻（*Phormium tenax*）和龙舌兰（*Agave* sp.）。这些上升线条的植物有着吸引眼球的特征，会变成视觉目标，在植物的组合中能标记明确主要的位置。

另外粗糙肌理植物的能量感、大叶子和强健的枝干给予它们视觉的重量和稳固感。这能让它们在组合中扮演"锚固"的角色，稳定或"落地"较不紧实、精细肌理的植物。最为有效的锚固方法是将粗糙肌理与半球形、圆丘形或倒伏形的稳定性结合在一起。川西荚蒾（*Viburnum davidii*）、八角金盘（*Fatsia japonica*）就是最好的例子。心叶岩白菜（*Bergenia cordifolia*）有着平展的生长特点，常被用作较低的收边或有时作为较高种植的坚实基础。加那利常春藤（*Hedera canariensis*）、科尔基斯常春藤（*H. colchica*）、大叶蓝珠草（*Brunnera macrophylla*）和许多的玉簪也可以形成粗糙肌理的地被，当这种沉稳的低层种植与高层树冠之间有着肌理上的对比时，效果最好。所以，岩白菜（*Bergenia*）是很好的缀边，用于整合叶子和花境，常春藤（*Hedera*）出色的覆盖地面的特点可以形成坚实的视觉基础，支撑和统一上层多变的种植。

中等肌理

在极端肌理植物之间［如大根乃拉草（*Gunnera manicata*）和树状欧石南（*Erica arborea*）］，有许多植物的特点可以称之为中等肌理。甚或是在它们之中，相对精细和相对粗糙的肌理之间也能达到引人注目的对比。完全的对比并不总是有效，联系弥补最粗糙和最精细叶子之间的差距通常有助于组合。这样的中间肌理能让我们的眼睛更容易吸纳色域的逐渐变化，而不是陡然的改变。

色彩

现代色彩理论的发展开始于歌德《色彩理论》（Theory of Colours，1840年）的系统化方式。某种色彩理论通常会被接受，虽然色彩认知的一些方面依然很神

照片105　希德考特庄园（Hidcote Manor）中的红色花境，展示了红色和橙色强有力的特点。这些色彩在冷凉气候中不常见（格洛斯特郡，英国）（见彩页）

照片106　同样是在希德考特庄园中，将种植中冷的蓝色和绿色的效果与红色花境中的暖色相比较（见彩页）

照片107　商业和工业园中的粉色（San Luis Obispo，加利福尼亚）（见彩页）

秘。我们不会试图解释所有的色彩理论，只是限定在对于种植设计者而言最切实可用的理论上。

米歇尔·兰卡斯特（Michael Lancaster，1984）提醒我们，"色彩即是光"。不同的光量下色彩不同，主要是指波长、波幅和能量的不同。色彩不同的原因是光源自身和反射、到达观察者眼睛之前光的折射和吸收。光的色彩可以描述为3个主要的方面：色相（hue）、明度（value/tone）、和饱和度（saturation）。

色相

色相通常是指色彩，物体表现为红色、蓝色或黄色等等，由光的波长所决定。自然的光谱常被认为有7种色相：红色、橙色、黄色、绿色、蓝色、青色、紫色，近看起来每种颜色通过中间色向临近色渐变。在地球的大气中，光谱的色相纯净得可以观测到，因为色彩产生于太阳光的折射而不是色素的吸收。

植物和其他自然材料的色彩是材料中所含色素吸收的结果。不能吸收的光的波长被物体表面反射，而且总包含着混合的色相。植物的色彩也受到其他两种特征的影响——色调和饱和度。

明度

明度（value）常被称为色调（tone），是从色彩表面反射回的光的量或光度。很容易理解为色彩的明或暗。一张黑白照片显示的只是明度的不同，没有色相或饱和度。大多数最亮的反射表面有着较高的明度，最暗淡或最低反射的表面有着较低的明度。

如果我们注意单一色相的明度变化——比如红色——会发现红色颜料用白色稀释，反射的总光量较大，红色是较浅的色调，它的明度较高。如果加入更多的白色，红色颜料会变得不易辨识，色彩最终近乎纯白色。相反，如果红色颜料与黑色混合，反射的总光量较少，色彩变为较暗的色调，明度较低。继续增加黑色颜料的比例，几乎所有的红色光被吸纳，色彩将变得与黑色无疑。

有趣的是一些色相的明度相比其他原本就浅，有着较高的光度；黄色就是最浅的明度。

景观中的色彩明度既依仗于材料的色素，也有可见光的影响。在阴影区或是夜幕降临时，所有的明度会变暗，不同色调间的差别会降低，因为反射光减少。

饱和度

相同的色相和恒定的明度下，依然可以看出色彩的变化。这是因为色相的"饱和度"存在变化，就是色彩红的程度或是蓝的程度。饱和度让我们衡量色彩艳丽的程度。亮红和暗红可能有着相同的明度，但是亮红因较高的饱和度而突出。光谱上是纯的色相，完全饱和的色彩，但是自然界中看到的大多数色彩或多或少是柔和或暗淡。在这些色彩中，纯的色相与一定比例相同明度的灰度糅合在一起。饱和度上的降低可以描绘为，一张彩色照片中的红色逐渐褪变为同等明度的灰度，可以表达在黑白照片中。

色彩理论中的专用术语有时模糊不清或是令人混淆。饱和度也被称作烈度、纯度和色度。饱和度一词或许恰当，因为它暗示了色彩性质的源起——饱和度是构成色相的反射光的比例。对于彩色的物体，这来自于物体表面色素的饱和程度。

含混也可能产生于词语"色调（tone）"的使用。它曾用于描绘饱和的程度，如"调低色彩"。但是常被理解为亮度或暗度的情况，与色泽和阴影相区分：所以，色调（tone）同义于明度（value）。

色彩的3个参数或维度：色相、明度和饱和度，能让我们描绘任何色彩。比如，深色、阴暗、红色；浅色、明亮、绿色。也能帮助我们理解色彩视觉的效果，并在设计中小心地运用它们。

色彩的感知

实际观察到的色彩是反射于物体的光的特征，依赖于光源，如果是太阳光，有赖于天气。比如，在潮湿、阴冷气候下的柔和浅蓝色光中，浅色和温和的色彩能完全被观察到，而浓重、饱和、响亮的色彩会表现得过艳。相比在低纬度的强光下，尤其是天气晴朗时，柔和阴影的微妙会丧失，饱和、亮丽的色彩看起来最好。另外，没有色彩独立存在。色彩的感知受环境很大的影响。花园设计者（Penelope Hobhouse，1985）认为"色彩的行为是相对的，依赖于相近的色彩和光的质量"。她描绘了同时对比的现象：

> 并置两种色相，有放大两者之间差别的效果，"驱使它们进一步分开"。色彩都会收到邻近补色的影响；成对的补色看起来更靓丽。另两个参数，明度和饱和度在成对的纯色中进一步影响到更为明显的变化。

大多数自然的物体，包括植物，拥有着混合的色相、各种明度和变化的饱和程度。因为色彩的复杂性，试图设立设计中的使用原则很不明智。但是，可以明确一些美学效果，这会影响种植中色彩的选择和组合。

色彩效果

大多数人认为，色相会对观察者产生合理的预期效果（Birren，1978）。实际上，色彩的意义在于足可依赖其成为探索个性的有效手段，如同在Lüscher色彩测试中一样（Scott，trans. 1970）。所以，色相可以理解为审美的材料，就像不同的雕刻材料或不同的铺装材料。下面是它们主要特征的总结。

- 红色是最热烈的色相。活力充沛而强健，常常呈现戏剧化，令人兴奋甚或是警醒。因为满含能量而有提前感，即使是其他色相中的一小块，也会被直接感知。
- 橙色也是温暖和提前感。它富有生气，含有一些红色的活力，但是被所含的黄色缓和。
- 黄色温暖但是没有红色的躁动。令人兴奋但是温和，当与退隐感色彩相搭配时，有提前的趋向。有着清新、欢乐的特征。
- 绿色在很多层面上是中性的色相。既不温暖也不冷凉，不后退也不提前。平静、均衡，但也让人兴奋。绿色光最容易盯视，所以看绿色，眼睛肌肉好不费力。绿色许让轮廓和外形上最清晰的区分。
- 蓝色是最冷的色相，在视觉中最为退后。平静、安详，但也有延展和令人鼓舞的感觉。会有空虚，甚至是缥缈的感觉。
- 青色和紫色都包含蓝色和红色。像蓝色，它们冷凉、退后，但是逊于蓝色。红色的力量给予它们上升的特质，它们非常神秘。
- 白色是光谱中所有色相的均等混合。中立，不倾向任何一个组成部分；它不提前也不退后，不暖也不冷，但是由于纯白的表面反射所有的入射光，所以带有那个入射光的特点。在日出或日落的金色或红色光中，白色的花会有温暖和提前的感觉，但是在蓝色的暮光中呈现冷凉和退后的感觉。

间色和混合色依其组合有着并合的特征，混入白色产生的色彩呈现温和或纯色改良后的特征。

色彩的效果依赖于明度和饱和度以及色相。饱和的色彩和深色的阴影像暖色一样趋向于提前，而阴暗的色彩和单色倾向于退后，与冷色一样。所以，当饱和、温暖和深色展现精彩时，阴暗、浅淡和冷凉的色彩会提供很好的背景。深色的阴影就像粗糙的肌理在特征上相对沉重，所以能锚固或稳固大片的浅淡和冷凉、后退的色彩，否则会轻薄和轻浮。

由于其色彩的强度和能量，温暖饱和的色彩倾向于转移形式或肌理上的注意力，会主导植物组合。例如，普通的罂粟花浓重的红色，尤其是当与互补的绿色叶并置，色彩效果被放大，花朵显得形体不明、形态模糊，仅成为色彩的斑点。在这种条件下，罂粟花的轮廓和尺寸大小以及空间中的落位都很难确定。

视觉能量

我们看到了线、形、肌理和色彩的审美特征都能产生相关联的效果。斜线、锥形、粗大肌理和亮色，某种程度上，都有动态、戏剧化和激发的特征，能产生吸引眼球、振奋的效果。而水平线、平伏或圆顶形、精细肌理和深色的效果都是平静、不引人注目，在植物组合中扮演退后、安静的角色。

纳尔逊的视觉能量概念（Nelson，1985）能够帮助更好地理解这些效果之间的联系。积极的特征比被动的特征有着较高的视觉能量。视觉能量的思想也有助于解释，为什么在一处太多的饱和色彩或太多的粗大肌理和斜线形成的组合会让人感觉混乱和疲倦。这些高能量的元素会竞相引起注意和占据主导。为了让主要植物获得充分的影响，欣赏它独特的品质，它的视觉能量需要与较安静、视觉上轻松的种植做互补。

种植可以设计出整体上高或低的视觉能量，受不同环境和种植目的影响。比如，在一个静思的花园中，或是有着精细构建细节的花境中，要种植更多低视觉能量的植物；而一个公园或是枯燥的城市环境里的展示花园，可能需要高视觉能量的植物进行抬升。

组合植物

一种特别的植物看起来漂亮，易于栽培。但是，如果与其他植物组合时，混乱的视觉主张吞噬了它的美，或是迅速地被周围侵入的植物遮挡，植物的那些优点没什么意义。下面的两个章节探讨植物组合的不同方面。第7章，视觉构图的原则，讨论如何结合形、线和图案、肌理和色彩来获得成功的视觉组合。第8章，种植组合，将研究植物组合方面生长习性的效果和园艺上的需求。我们将会看到植物发枝、生根的习性、土壤和气候、伸展的方式、生长的速度和寿命都将有助于决定一株植物生态上与其他植物的适应性，也就是成为稳定植物组合一部分的能力。

第 7 章

视觉构图的原则

对植物审美特征的分析让我们有了基本的视觉词汇。当用于种植设计时，就会传达一种或另一种视觉信息。所以，构图可以看作种植设计的视觉语法。

视觉组合的五个原则

绘画、摄影、雕塑和其他视觉艺术形式都可以通过构图进行分析，它们有一些普通的原则。在种植中，最重要的原则是协调和对比、均衡、强调、序列和尺度。理解这些能让我们分析任何植物组合的视觉语法，获得设计方法和创造的灵感。

协调与对比

协调是一个相互关联的特质，在相似的植物形状、相似的肌理、相似的线特征和紧邻的色彩中可见。相互联系的植物间，审美特点越接近，就越协调。审美特点进一步接近，就成为统一特征，但是在特征的体现上，会丢失协调，因为要看它对于同时感知相似性和差异性上的审美影响。协调的好坏与否不只是依仗于两者之间的相似性，还有密切联系与差异之间的均衡。在人的心理上，特色和差异的体验很重要。就熟识下的相似或差异而言，我们理解着感知到的每件事物——找出的一些不同于背景的相似性，或相反，一些没有区别中的差异。所以协调和对比同行，它们不只是两极，而且不能离开另一方存在。

对比出现在不同的植物形式、不同的特质和线的方向、肌理和色彩之间。对比不是就意味着冲突——可能是互补下的有吸引力、愉悦的对比，很大不同特征下的多方面的支撑关系。当对比产生压力时会感受到冲突，没有包含秩序和审美原则。实际上，没有约束的、统一的审美目的，对比只会产生混淆。

在种植组合中，我们要达到协调和对比的均衡。如果有着一定的协调，两种植物间的对比会更清晰，有更大的效果。在一种特征上对比，如叶子的肌理，结合着另一种特征上的协调，如叶色，这样的做法很奏效。同样，如果有着形式和肌理的变化，叶色上的协调会看起来更好。

太多的对比会模糊难辨，因为没有什么联系的元素，不能在整体上获得感知。在所有审美特征上有着强烈对比的植物组合会显得杂乱无章，我们很难欣

形式上对比，肌理上协调

肌理上对比，形式上协调

线特征上对比，肌理上协调

图7.1　对比与协调

照片109　岩白菜（*Bergenia*）和虎耳草（*Saxifrage*）叶形和叶色上的协调支持着肌理上的强烈对比（希德考特庄园，格洛斯特郡，英国）

照片108　自然形式中的视觉协调如树木和云彩一样多变（Avon，英国）

照片110　蕨类植物色彩和肌理上的接近强调了大叶子树蕨的形式上的对比（Te Urewera国家公园，新西兰）

照片111　通过与硬质材料对比和协调，植物的视觉质量可以得到提升（见彩页）。此例中几何直线形的篱和砖砌池边与植物的有机形态形成对比，而卵石的肌理和视觉上的"柔和"提供了"硬质"和"软质"材料间的联系

照片112　在维多利亚式意大利台地上，严整布置的草和花床让形状有着绝对控制，精准的中轴线（Tatton Park，柴郡，英国）

赏单个植物和整体组合的品质。实际上，这样组合的杂乱会引起连续的心烦意乱。这就是为什么克制是愈久弥新的设计特质之一。

均衡

均衡来自于植被组群之间的关系，依仗于它们的量级、位置和视觉能量。

视觉均衡的可能性有两点：组构中的各部分有视觉上的力或能量；存在一个力作用的支点或轴线。该支点或轴线具有或给予重要性，以此植物组群和其他要素围绕布置。由于吸聚和组织周围元素的重要角色，轴线可能成为空间或组构的焦点。

均衡最简单的表达是双边对称，轴线一侧的种植安排是对边的镜像重复。在一个组构中，常常有一个或两个对称的轴线，但是也可能是多个（圆有无数个对称的轴线）。

对称联系着设计中严格的规则性。抽象、有组织的图案是理性思想的表达，形的控制是人类技术力量的展示，是景观形成的原材料。对称形引人注目，对比之下是无意识规划下的自然、有机形。然而，纯粹的对称在自然形态中可以看到。那是概括提取于微观世界的基本模式和生物中更为松散对称的要素。

不对称也可以得到均衡。在这一方面，视觉的稳定不是产生于镜像复制，而是基于轴线或支点的不同质量的能量均衡。显著的形状可以均衡粗糙的肌理，明确的线可以均衡强烈的色彩。另外，少量显著表达的特征可以均衡大量没有强烈表达的相同特征。比如，有着引人注目剑形叶的单棵植物可以均衡一丛三五棵、有着相似的上升叶形但肌理精细些的小植物。均衡元素的能量可以是来自于植物组群落位的潜在能量。潜在能量产生于组群自身和其相对的高度或显著性，一个在显著位置的较小植物组团可以均衡在次要位置的较大组团。

不管是对称还是能量的对等，当种植均衡于一个轴线或中心，就获得了视觉稳定的状态。可以包括动态的元素和存在的对比，但是各部分被控制在统一的整体中。这些组团或能量和稳定的、不对称的布局有时有着隐秘的均衡。

重点和强调

重要的物件或场所可以通过种植视觉能量高的种植进行强调。这通常称作强调种植，用于吸引注意入口、台阶、座椅或水体。有时种植自身成为场所的焦点，强调种植是产生视觉节奏划分出可感知部分的基本要素。

重点和强调的种植借助植物内在的显著特质或通过细致的布置和组合让视线落在选定的位置上，就能很好地发挥作用。对比与其紧密相连，因为任何强烈的对比和突然的外在改变都会引起注意。所以与背景形成对比的单株植物就会产生强调。

对称的均衡

不对称均衡

显著的形均衡粗糙的肌理

单个强性的形均衡几个虚弱的形

显著的位置——均衡——较大的组团

图7.2　均衡

照片113　在路两边重复的乔木、灌木和地被的造型中可以看出对称。通过强调建筑产生的对称轴线，种植有助于将视觉注意力集中在入口处（Kingston Dock，格拉斯哥）

照片116　种植在远处山边的树林有着不同树种的片块，尺度上与周围的景观地形和植被模式相配（Snowdonia，威尔士）

照片114　单棵龙舌兰的戏剧性效果强调了高架桥和台阶奇异的砌石（Parc Guel，巴塞罗那，西班牙）

照片115　紫杉篱稳定的节奏呼应了教堂的支撑框架（Ashridge，赫特福德郡，英国）

突出的形

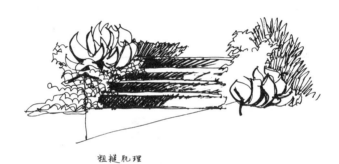

粗糙肌理

细致的组群

图7.3 突出的形、粗糙的肌理或细致的组群可以产生强调

照片117 景观中巨大的结构，比如哈姆贝大桥（Humber Bridge，英国），需要大尺度的树丛来保持总的尺度关系

序列

序列是种植组合在观察者面前改变或展开的方式。序列可以是单一视点可见，就如色彩、肌理或形汇聚于一个视景中，或是当穿过景观时体验一个景观过程。

序列是组合的动态特征的基本点，是变化的表达，将局部与整体联系，不只是一个静态的画面，也随时间而变。视觉组合的序列相似于音乐的节奏或诗的节拍；给予组合时间上的结构。就像音乐的节奏或诗歌的节拍，种植的序列可以简单地组织，有规律的强调，或是更为复杂，有着交叠的重复模式。可以故意混乱或生硬，表达无序的力。

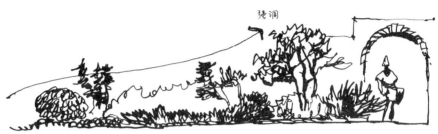

图7.4　序列

尺度

尺度可以最简单地理解为相对的尺寸。青（Ching，1996）将尺度定义为二中之一的"一般"，一般是"……在其背景中相对于其他形"或"人"，是"……相对于人体的尺寸和比例"。在景观设计中，一般尺度是指一个空间中和植物组合中各个部分间的尺寸关系。单棵植物和植物组群的相对尺寸决定了植物组合的一般尺度。另一方面，人体尺度指组合的尺寸和观察者之间的关系。因为我们是为人而设计，就必须考虑景观的人体尺度关系和不同参与模式下的效果。

我们能感知到的细节数量依仗于观察距离。当距离增加，看到的细节变少，更大的区域中，虽然看到的内容改变了，但是我们能消纳的信息量依然相同。靠近观察，叶和花的更细小特征、较小植物的肌理和形抓住了我们的注意力。在大约25米的距离上，这些特征几乎看不见，但是较大单株植物的形、色彩和肌理的团块将主导着组合。如果向后退100米，只有乔木能作为个体被辨认出，较小的植物成为林地、灌丛或草甸组群的一部分。内在于植物组团的不同尺度不可能全被立刻察觉。注意力趋于一次关注一种尺度，所以设计中我们必须了解在不同的视点或区域有不同尺度的主导。

观察的尺度不只是依赖于距离，还有移动。经过一个景观的速度决定了在一定的时间里看到的多少和从中获得的信息量。因为如此，种植的尺度应该反映观察者移动的速度。比起从经过的汽车中匆匆看一眼的种植，较小尺度下和较大多样性的种植更值得从有利的固定位置反复地观看和休闲地品味。

不幸的是，通常看到的种植设计相对于环境要么太复杂要么太简单。在第一种情况下，设计者可能很积极性，但是迷失于在一个限定的区域内形成太多的

在建筑复合体的尺度上，树木的总体为主导

在单体建筑的尺度上，单棵树木和灌丛总体为主导

在亲切的人体尺度上，单棵的灌木和小组群的草本植物为主导

图7.5 植物组群的感知依赖于观看距离

丰富性和多样性。设计者可能试图补偿其他各处种植上的匮乏，或是缓解周围种植的沉闷，但是如果不能从通常的视距和游赏的时期来观赏，那些多样性就是浪费。再者，种植相对于空间、建筑和硬质景观的一般尺度关系有时被忽视，为了种植而种植。种植上太多的丰富性浪费了很多对于组合其他方面的关注和思考。

另一个极端，在步行区域大片单一种植着灌木。表现得单调，甚至是压抑，因为没有什么细节满足近距离观察的需求或行走中的保持视觉兴趣。只有两种尺度的趣味：叶、花或果的微小细节，和总体尺度上对于场地开发的贡献。这种错误常见于设计者过度关注大的概念，忽视材料和设计细节。

这是根本的错误，掩盖了种植有吸引力的其他方面。图上作业时，需要很好的想象来预测尺度关系的效果。

移动和观看角度

设计者也必须考虑种植被看的角度。受到穿过景观时移动的影响，比起静止不动，运动时关注的视觉范围更为严格。移动的速度越快，视觉范围会越窄。比

在悠闲的行走速度下，能看到单棵的乔木和小组团的灌木

照片118　公共或是私人的花园中，种植应是足够小的尺度，便于长时间的观察和欣赏（Stoke，英国）

照片119　汽车以中等速度通过时，能看到形状上更多的变化和小组团的植物（Swindon，英国）

在中等的行车速度下，能看到乔木组团和大凭的灌木

照片120　在快速路上，从快速移动的汽车中可以看到的只是足够尺度的乔木和灌木组群

图7.6　植物组群的尺度应反映观察者移动的速度

照片121　景天的种植（*Astelia chathamica*，*Libertia*）结合铺装和卵石形成的尺度邀你前行，并强化了远处景观的戏剧化效果。一个细致的前景设置不合时宜（Hamilton，新西兰）

照片122　结合肌理和形的协调，克制的种植显示了多方面互补色彩的提升。注意紫色花、灰色叶、墙和路上石材之间的协调（见彩页）

如，有目的行走的注意力范围限定在水平90°的方位内。对于快速路上的摩托车驾驶者，视觉范围进一步缩小到45°，因为需要持续关注较小但是迅速变化的视觉区域。这些观看的角度参照能让头和眼移动的注意力的大致范围。不同于通常引用的60°"视锥"（如Dreyfuss, 1967），那是眼睛旋转于水平视轴各边30°的适宜角度。

我们最常是以锐角的视域看道路边的种植，可见的尺寸被透视缩短。就像画在路面的路标以拉长的形状表现正常的比例关系。所以植物的布置应沿着移动的轴线拉长，才能达到想要的尺度效果。

种植设计的统一和多样性

统一和多样性有时被用作设计的原则。但是，视作支撑上述讨论的原则能更好地被理解。它们是所有设计和表达的根本。对统一的诉求不再赘述。整体、完整是人类心理的基本动机，对外部世界统一的感知是本能的满足。组构的原则可被视作导向设计中的统一和变化。统一生于审美特征的普遍协调；在于各部分结合成为一体的组构上的整体均衡；在于在组构中联系性要素的强调；在于一个有序序列的空间和种植；在于选择种植尺度联系景观背景和人的参与。

多样性比统一更易于产生。植物种和品种的范围可包含所有我们需要的种类和更多。甚至一株植物在不同季节的生长和改变也能展示出很大的变化。在其中获得统一是设计者最大的挑战。

种植思想

在组构的结合特征之上，种植思想或主题的展示和明确可以获得统一。这对于设计者非常有价值，因为一旦选定就会对细节的设计给予灵感和概念的框架。再者，有助于把一堆可用的植物种类减少到可管理的色彩范围之内。

主题可以是历史性的，基于对场地过去特征和事件的阐释，或是自当前的设计中包含有历史的参照；一个主题可以是受启发于人们如何使用景观，或是简单地反映体现在景观所有方面的中心设计概念或思想。重要的是种植设计影响于总体的设计思想和目标，通过空间的设计和表达在细节种植组合上的主题来实现。种植的主题有多种多样，但可划分为基于审美特征、基于分类学关系或生态。

色彩　许多美丽的花园和景观种植将花、果、干和叶的色彩限定在有限的、相联系的范围内。比如，色彩主题的花境，尤其是白色花和灰色、银色叶，非常流行于20世纪早期工艺美术时期的"英国乡村花园"。它们被很好地保护下来或重新生成，这其中有北约克郡的纽比府（Newby Hall），格洛斯特郡的希德考特庄园（Hidcote Bartrim Manor），肯特郡的西辛赫斯特城堡（Sissinghurst Castle）和萨默塞特郡的赫斯特考姆住宅（Hestercombe House）。那些花境中的色彩控制形成了色调渲染的普遍情调。另外，能欣赏到很多微妙的色调、色泽和浓烈变化，而更为多样的色彩组合中这些会丢失。走在希德考特庄园中，能让我们欣赏到那些只存

照片123　英国伦敦泰晤士河坝公园中的这个下沉花园是种植反映中心设计概念的很好例子。港区的历史表达在花园的形式中和波浪形的紫杉篱中。种植包含在篱和狭窄步道的长条形中。这是创新发展以篱为背景的传统混合花境

照片124　纽约城市格网的图示带着一丝的幽默应用在旧金山广场的种植上，来代表几何特征上遍布城市的规划思想

照片125　种植上的灵感很明显。在英国斯托克全国花园节上，一条蓝、白和紫色的三色堇（pansies, *Viola hybrids*）沿人造的山坡跌落。沼生的草类和灯心草不仅强化了溪流的暗示而且它们沉稳的棕色和绿色互补了三色堇的亮色

在于白色、奶油色、灰色和银色中的丰富色彩变化。对比于同一花园中的红色花境产生了戏剧化效果，在那里会看到亚热带迷人的奢华，强壮和柔弱的浓重、丰富的红色融入了叶子的棕色和紫色，整个效果在英国柔和的光线中特别少见。

其他的单色组合也被用于形成显著的效果，黄色在建筑的阴影中带来了活力，很多黄色花和叶的植物喜爱这样地方的低光照。大多蓝色花和银灰色叶植物需要充足的阳光和温暖的条件进行良好生长和形成极具效果的叶色。这是因为灰或银的叶色产生于有毛或绒毛的叶表，这样构造通常为了适应原生地区水分稀少或阳光强烈的自然条件。

单色组合的问题，画家和种植设计师格特鲁德·杰基尔（Gertrude Jekyll）很谨慎：

> 匪夷所思，人们有时候偏爱某些花园仅仅是因为一个词。比如说，蓝色园，为了更漂亮，可能更需要一组白色的百合，或是一些很淡的柠檬黄色的花。但是就因为称其为蓝色花园，所以除了蓝色的花就不能有其他的色彩。我觉得这没有道理，在我看来这是愚蠢的自我束缚。诚然，蓝色花园尽可能地呈现蓝色才会美。但我的想法是它首先要美，然后才是尽可能地展现蓝色。另外，任何有经验的色彩画家都知道直接并置补色能让蓝色更加生动，也就是更纯净。（Jekyll，1908）

均衡的双色主题也能统一在一个种植组合中。将色相限定在狭窄的范围内时，互补的色彩能有力地展示对比和多方面的提升。黄色和紫色色相上呈显著的互补，也有着明度上的对比，因为在相似的亮度下黄色比紫色更亮和清新。蓝色和橙色则不易成功，或许是因为明度上的对比较少，两种颜色在互补的呈现中表现得色很重。很难说清原因，是体验和感知的问题。色彩的组合可以基于明度和浓度而不只是色相。比如，淡的花色和灰色或银色叶产生统一感，因为灰色和白色可以统一各种色相。淡粉色和淡蓝紫色可以形成特别出效果的淡雅色彩组合。

一些色彩的结合有着不好的印象。传统上认为粉色和橙色有冲突，但这是因为光线条件和文化背景的原因。在热带地区的国家，如印度，这两种颜色普遍结合在丝织物和其他设计中，所以为什么不能用在种植上？

很多限定的色彩主题取得了成功，其中一个重要原因是一定的程度的变化和对比不可避免地来自于叶色。这种对比在红色主题的植物组合中最为强烈，花的色相与叶子的绿色互补，但在其他的色彩主题中，叶色依然能充分地在整体上为组合增加趣味。一定比例的深绿色叶特别有助于锚固浅淡和柔和的色彩。

肌理、线和形　肌理可以呈现组合的审美主题，但是需要小心均衡协调和对比。大量包含粗大肌理植物的组合会显得很专横，除非其他要素能产生缓和。在足够大的空间中，粗大肌理能提供精彩的主题，也提供线、形和色彩上的对比，以免感觉幽闭。"亚热带花园"和观叶花园就以这样的方式产生雨林植被的繁茂氛围，而使用的只是温带的植物。

粗大肌理的使用传统上也与现代建筑联系在一起，有时称作"建筑上的种植"，或许因为使用的植物种类有着粗大的形和相一致的生长习性呼应现代建筑形的粗犷。另一方面，精细的植物肌理会有表现虚弱、空洞的危险，除非强壮的形、图案或色彩弥补了植物肌理产生的激情缺失。在规则的历史性景观中，常使用精细的肌理，尤其是花坛、篱、编织和修剪的植物中。

季节性主题 当谈到季节性的变化，我们可以明确具体对比方法。第一种称作"建筑上的方法"。在这里，审美的目标是抽象而规则的：旨在将规划的视觉质量细心地保持在持久不变的状态，近乎种植好像由建筑材料制成。通常依靠常绿的植物，目的在于周年保持相同的肌理和形，避免植物在某个特别的季节看起来凌乱或无趣味。经典的例子是企业绿化中常见的地被和强调性种植。

另一个是"园艺的方法"，尽可能地在一年当中努力获得丰富性和亮点。这种方法强调了季节性的变化，应对某种特别的植物"倒下"时种植另一种植物填充审美上的缺陷。这种方法的一个好例子是家庭花园中，人们的种植寻求周年的色彩。园艺的方法也应用在专业化景观设计中一些地方，设计者像奥道夫（Piet Outdolf）和斯威登（James van Sweden）应用草本植物在大尺度的公共项目和企业项目中呈现宏大的效果。一些新的城市公园，像东伦敦的泰晤士河坝公园（Thames Barrier Park）重新阐释了传统园艺方法的使用，既延展了园艺趣味的观赏期，也表达了当下整体发展的主题。

第三种方法将园艺上的观赏资源集中在一个季节，由此产生一个热烈而短暂，但值得怀念的季节性"事件"。在这样的种植中，使用的大多数植物在既定的月份中是最佳观赏期。很多这种季节性的方法应用在大的私家花园中，尤其是工艺美术时期的花园，如奈茨海斯庭院（Knightshayes Court）、达廷顿府（Dartington Hall）、希德考特庄园（Hidcote Manor）。假如使用的强度很小，容许一些地方在某个时节表现不佳，也可应用在现在的公共和企业景观中。最成功季节性展示的时节是早春（球根和早花灌木）、春末夏初（乔木和花灌木）、盛夏

照片126 通过呼应热带雨林中植物叶大的特点，运用粗大叶的植物能在温带地区形成热带丛林的特征（Newby Hall，约克郡，英国）

照片127 春季花园是常见的季节主题。这个林地步道（Dartington Hall，德文郡，英国）设计春季为最佳观赏期，以自然生长的林地花卉和灌木为地被，如山茶（*Camellia*）、玉兰（*Magnolia*）

（多年生草本和不耐寒植物）、秋天（观果和观叶，一些气候条件下有二次花）和冬天（彩色树干和冬花植物），各具特色。

植物分类主题 在很多植物园和园艺收集中，依照属、科和目安排。分类的主题也可以纯粹为了观赏的目的；最简单的例子就是月季园，但是其他属和相邻属的植物有时展示在自己独立的花园、花床或散布在整个区域。常见以玉兰或杜鹃为特色的林地花园，还有山茶花的收集。其他的例子有鸢尾（*Iris*）、芦荟（*Aloe*）、海神花（*Protea*）、岩蔷薇（*Cistus*）、倒挂金钟（*Fuchsia*）。植物间相近的分类关系给予种植统一和个色。单科植物的收集通常也会由爱好的人收集在一起。例子有兰花（orchid）、凤梨（bromeliad）、菊科（*Asteraceae*）、山龙眼（*Proteaceae*）、石南（heather）。草园、多肉植物园、松柏园和蕨类园收集了更大范围的植物，但依然有着联系，这在形成强烈、突出植物特征方面很有效。

分类上的联系能形成主题，有助于赋予灵感和统一一个种植设计，最适用于环境条件特别满足于一个属或科的植物，一类的植物都能适合场地的生境条件。岩蔷薇（*Cistus*）园只有在炎热、干燥、向阳的坡地上才能成功。鸢尾的收集展示场地最好是有干有湿，有很多旱生和湿生的种类要种植。

分类上紧密联系的植物在种植上有一个重大的危险就是病虫害。不只是很大一部分植物易于遭受同一种病虫害，而且比起主要的植物广泛散布在抗病植物之中的种植方式，受害传播的速度更快。蔷薇科的火疫病（fireblight）和金丝桃锈病就是这些植物种植时需要多加注意的事情。

生境的主题 自然的生态习性在种植设计上是常见的组织方式。岩石和碎石园、高山植物园、干河床、墙体种植、野花草甸、林地花园、灌木园、水生和滨水种植都是展示各种被认为属于一类植物的方式。这是因为相似环境条件下的共同适应性造成了相似的形态学特征，或者是因为我们根据对野生和半自然景观的了解将这些植物聚合在一起。

特殊生境对植物种类产生的限制，尤其是对植物生长造成困难的因素，让设计者不丢失植物间自然近缘关系的情况下，引入审美特征上的对比和变化。植物

照片128 月季园是以分类主题种植的传统例子。纽比府（Newby Hall, 约克郡，英国）的这个月季园以灌丛和品种月季为特色

照片129 在格拉斯哥花园展上，一个人造的土壤贫瘠的卵石坡提供种植设计的生境。帚石南（heather, *Calluna vulgaris*）、欧石南（heath, *Erica* sp.）、桦木（birch, *Betula* sp.）不只是生长得很好，而且在这样的地形上看起来像原生地

照片130 这是干石挡土墙种植的经典的例子，位于复原的赫斯特考姆花园（萨默赛特郡，英国），由杰基尔和路特恩斯设计

照片131 野花草甸是常见的生境主题。这个例子靠近瓦卡塔尼（Whakatani，新西兰），大多数花和草是引种的品种，但是在这乡村的背景中并不缺少魅力

照片132 一处宾馆和会议中心的开发位于德国哈根（Hagen）的老采石场，为自然的种植提供了机会，强化了场地的氛围（见彩页）

照片134 林地生境非常适合装饰性种植，而且在很多大的花园和公园中可以形成一个收集喜荫和需遮护植物的主题，比如鸡爪槭（*Acer palmatum*）。位于博德南特（Bodnant，威尔士）

照片133 即使土壤没有直接与水接触，依然可以采用水边种植的主题。种植如柔毛羽衣草（*Alchemilla mollis*）、龙爪柳（*Salix matsudana* 'Tortuosa'），能让我们联系到水，但是不需要永久的湿润土壤（Lincoln County Hospital，英国）

照片135 坎特伯雷大学（University of Canterbury, 新西兰）的这个植物组群包括新西兰风草（gossamer grass, *Anemanthele lessoniana*）和假山毛榉（tawhai）或是山毛榉（beech），形成的植物特征代表了典型的坎特伯雷山地森林的边缘群落

间的近缘关系和独特的生境特征有助于产生强烈的场所感和自然的逻辑去选择和布置植物。

没有完全独立的单一而独特的生境。森林逐渐变为灌木丛或草甸或亚高山植物群落；开放的水体连接着水边植物或沼泽，等等。同样，当创造种植的人工生境或是建立特殊的群落时，我们可以建造一系列相关联的生长条件和生态区，种植主题的涵盖更丰富些。我们可以进一步体现小生态系统的整个景观，从多石的山顶、滚落的小溪到安静的湖面和平静的草原。

与生境为主题有关的种植思想是"植物特征性"（Robinson, N., 1993）。就是使用细心选择的植物类群，是指或意味着一个特殊的植物组合或群落。特征性类群常见于植物群落，因此可以用于指认或识别植物群落。这让我们有机会做两件事情：将自然群落的装饰性特征放入种植设计中（没必要创造和管理新的生境）；第二，参照特殊的场地。注意这是植物群落的鲜明特征而非设计者自己的签章。

灵感

组合的原则包括序列的视觉现象。这些视觉效果能被所有人领会，不分文化和个人经历的差别。区分协调与对比、体验序列变化和对尺度做出反应，都是人与环境交互作用的根本。

视觉现象的了解不能自动地引导我们操控环境，去创造和再创造我们周围的文化景观。设计需要诱因和灵感。诱因可以是功能上的需求，比如需要食物或遮风挡雨；或是更为高级的审美需求。什么产生审美需求？什么激发人们带着审美目的的操控组合要素？

设计的灵感产生于三个主要的渠道。第一，特殊时期和地点的精神对支撑个人作品有着不可避免的影响。比如文化上的影响可能无意识，就如很多流行设计的情况一样，但是受过训练的设计师都学习和深入了解过不同文化和历史时期的设计哲学。这类文化上的灵感标记了所有大的景观设计潮流和类型。英国18世纪的景观运动受到新自然欣赏的启发和绘画的影响，比如意大利、俄罗斯的画家，普辛（Poussin）和克劳德·洛林（Claude Lorrain）的绘画。这些描绘了人类行为和自然力之间的和谐和温煦、乡村化的景观，栖居着欧洲人文主义文化的建筑符号。在19世纪中期的花园式景观受到那时大批外来植物引入的启发，也受到井然有序的维多利亚式嗜好的影响。现代主义受到机械时代的启发。景观汇聚和反映了时代的状况和情调。

个人在传播新的设计思想上至关重要，我们现在将他们确定为那个时代的文化。但是，设计者如布朗（Lancelot Brown，1715～1783），劳顿（John Claudius Loudon，1783～1843），丘奇（Thomas Church，1902～1978）和施瓦茨（Martha Schwartz，1950至今），他们不仅搭载了诞生的新思想，也将个人的体验和灵感带入了设计。他们各自的特色印记在作品中。

对个人价值的尊崇珍藏于西方的人文主义之中，个人自由和价值的表达成为20世纪设计上特别有力的动机。或许这已结束，无论我们认为内涵丰富还是流于表面，可以认为个人主义是显著的时代启示。虽然可能非常引人注目，但比起深层的文化上风格的创造，个体特征的印记更流于表面。虽然设计者个人的主动性和思想可以赋予设计强烈的个性，但是会太过虚假、矫揉造作，而不能负载真正的意图。如果设计者试图将自己的意愿强加在场地上，就会如此，结果就会"过度设计"。

这就引入了第三种灵感的渠道——场地自身。"genius loci"一词，或称为"场地的精神"被认为是应该在设计中深入理解的事情。该词最初是1731年由作家和造园家波普（Alexander Pope）打造，建议大多数景观花园要选址在乡村环境中。但是，场地的精神在城市景观或小的私家花园中就可以很强烈地表达。如果我们寻求表达场地的基本特征，那么最终的设计可能不会过于做作。设计可以只是建立在已存的最好的因素和特征上，对于未受训练的观察者可能很难觉察设计者的所作所为。实际上，一些最好的景观设计师不是通过精妙的掩饰去隐匿设计者自身的影响，而是认为自作的主张和个人的染指实无必要。这时，有人会称之为"场地的自我设计"。通过场地产生设计的风险在于可能会有不可避免的枯燥性，会缺少新奇。如果我们足够深入地研究场地和它的自然、人文历史，就会常常获得转化设计思想的源泉。在当地图书馆的收藏、民间故事和潜意识的感知，以及外在景观的自身中都能找到"genius loci"。

第 8 章

种植组合

本章将研究一些关键的、决定植物组合成败的、生态和园艺上的因素。了解了这些技术上的问题就能确保种植的生长发展符合我们的需求，不需要过多的管护就能保持。

植物群落

"自然"或"半自然的植物"的植物群落中，每种植物依靠自己的能力获得需要的阳光、水分和养分。每种植物适于生长在特定的生态位，但是直接或间接与群落中的其他成员交互作用。

让我们以森林为例，发现一种显著植物群落特征是它们占据地上空间的方式。存在的植物以两种方式分布——它们占据不同的地面区域（水平分布），树冠占据地上不同的层（竖直分布）。水平分布主要决定于地面条件——尤其是土壤的养分和水分，和大气条件——风侵、光照和降水。竖向分布主要决定于内在的生长方式和大气条件。

森林结构

带着设计的目的而非生态的目的去比较两种森林类型结构上的不同会很有趣。了解一下不同的冠层结构如何满足不同的设计目标。不同气候带的森林有着特征性的分层和生长形态，特定的植物种类表现各不相同，体现了地区特征。我们想象一下自己同时悬浮于新西兰低地雨林和英格兰低地森林的上空，下降穿过林冠的不同层。如果这样做，我们来解释一下两种森林的不同和它们如何提示不同的设计方法。新西兰雨林与英国森林有着有趣的对比，虽然都是温带气候条件，新西兰的树林有着很多热带雨林的相似之处。

新西兰雨林是一种罗汉松阔叶林，特征是罗汉松偶尔出现在阔叶林冠上。在没有被砍伐、火烧而转为草原之前，这种林地结构常见于低地和低山区。地上30~40米的高度，我们处于这种森林最高树木的顶部。这是不连续的层包括各种罗汉松，如芮木泪柏（rimu, *Dacrydium cupressinum*）、马泰松（matai, *Prumnopitys taxifolia*）、弥洛松（miro, *Prumnopitys ferruginea*）、桃拓罗汉松（totara, *Podocarpus totara*）、新西兰鸡毛松（kahikatea, *Dacrycarpus dacrydioides*），结合着附生巨大植物粗壮铁心木（Northern rata, *Metrosideros robusta*）。它们出现在密集的冠层之上，是很多附生植物的寄主，可以获得很高的光照水平。

直到降低到离地面20~30米，会遇到完全的树冠层。在新西兰和英国落叶林都是这样。后者中，形成林冠层的最高树木是欧洲白栎（pedunculate oak, *Quercus robur*），可能混有欧洲白蜡（ash, *Fraxinus excelsior*）、欧亚槭（sycamore, *Acer pseudoplatanus*）或者欧洲桤木（alder, *Alnus glutinosa*）。树种混合的方式视当地的土地条件而变，在极端的条件下（水淹或盐碱）其他的树种可能会一起替代橡树而形成特殊的群落。这些树木能形成一个紧紧交织的树冠，只被倒下树木留下的空缺所打破。林冠上表面常是轻微波浪形或丘状，反映着单棵树木的形状，或是在一些地方（尤其是有强风侵蚀）是平滑的，好像被刨过。

在新西兰的森林，阔叶的树冠是常绿的，不是落叶，包含的树木有塔瓦琼楠（tawa, *Beilschmiedia tawa*）、齿杜英（hinau, *Elaeocarpus dentatus*）、总花万灵木（kamahi, *Weinmannia racemosa*）和新西兰龙眼木（rewarewa, *Knightia excelsa*）。这些冠层的树木也支撑着很多藤本植物和栖居的附生植物。藤本植物有野生的四蕊西番莲（passion flower, *Passiflora tetrandra*）、锥花铁线莲（puawhananga, *Clematis paniculata*），附生植物包括草本植物，如芳香草科的植物（*Collospermum hastatum*, *Astelia solandri*）在树杈间形成"鸟巢"，还有附生的树木如格里斯木（puka, *Griselinia lucida*）和粗壮铁心木（northern rata, *Metrosideros robusta*）。

高大林木的混合形成了主要的冠层，第一个完整的叶层来截获阳光。密集的森林中，这一层只有几米深，虽然常常占据地上20~30米间的范围。在这之下，较小的树木形成了一个间断的、亚优势树层，那里的光照条件足以支持这些树木生长，树木达不到主导冠层的高度。在橡树林地中，亚冠层的树木有栓皮槭（field maple, *Acer campestre*）、欧洲花楸（rowan, *Sorbus aucuparia*）、枸骨叶冬青（holly, *Ilex aquifolium*）。它们大多是落叶树，枸骨冬青是唯一的常绿树。在罗汉松—阔叶林中，正如名字所示，主要是阔叶树而不是针叶树形成亚冠层。几乎全是常绿树，包括海桐花属（*Pittosporum*）、梁王茶属（*Pseudopanax*）、栲泼罗斯马属（*Coprosma*）很多树种，还有树蕨，以及蜜罐花（mahoe, *Melicytus ramiflorus*）、快快木（kohekohe, *Dysoxylum spectabile*）、尼考棕（nikau palm, *Rhopalostylis sapida*）。

在这之下，我们会发现一个"下层"或"灌木层"，在两种森林中，密度上变化很大。从上部叶层中穿过的光线充足的地方，这一层就密集而繁茂，场地很难穿越。但是在黑暗的区域这一层就稀薄，或是整个消失。两种森林主要的不同是，罗汉松—宽叶林从不打开和有很好的光线。因为气候条件很适合植物生长，出现的任何空缺会很快被占据。我们发现打开的区域大多非常暗，常是树干密集，藤本向上攀爬获取阳光。在橡树林中，夏季树冠密集得足以限制灌木层的生长，森林内部变得像个房间，远远的柱子支撑着屋顶。在秋季、冬季和春季，当树叶还没有完全生长时，这个空间中阳光四溢。

下层树种包括耐阴植物，在橡树林中如欧洲榛（hazel, *Corylus avellana*）、锐刺山楂（mildlland hawthorn, *Crataegus oxyacantha*）、西洋接骨木（elder, *Sambucus nigra*）。在罗汉松–阔叶林中有栲泼罗斯马属（*Coprosma*）、拉尼树紫菀（*Olearia rani*）、树蕨和乔木的幼树。攀根藤本如铁心木的藤和攀爬蕨类也很常见。

接下来一层是"草本层"。由草本和木本植物组成，虽然很低，但通常会长到1米高。像下层植物一样，草本层的深度和密度依照穿过上层的光线情况而变化。乔木和灌木也通过其他方式影响植物的生长，比如根的竞争和落叶（详见Sydes, Grime, 1979）。

在橡树林中，草本层包括耐荫的匍匐植物和攀爬植物，如洋常春藤（ivy, *Hedera helix*）、欧洲忍冬（honeysuchkle, *Lonicera periclymenum*）和欧洲黑莓（bramble, *Rubus fruticosus*）；草本植物如狗山靛（dog's mercury, *Mercurialis perennis*）、斑叶海芋（lords and ladies, *Arum maculatum*）、欧活血丹（ground ivy, *Glechoma hederacea*）；和高大木本植物的幼苗。由于林冠是落叶的，而且橡树在春天展叶相对晚一些，有机会让草本层植物在春天完成大部分生活周期。这些植物被称作春生草本。它们在三月到六月间开花和生长，乔木和灌木还没有达到最密集的程度。橡树林中花卉的例子有丛林银莲花（wood anemone, *Anemone nemorosa*）、欧洲蓝铃花（blue bell, *Endymion non-scriptus*）、欧洲报春（primrose, *Primula vulgaris*），它们充分利用季节性的"机遇期"。春季草本植物在山毛榉树林中常常生长不好，因为树冠在春天很早就展叶，投下了浓重的阴影。在白蜡树林中，透过林冠的光线总量大，生长了更为密实的灌丛，限制了草本层的生长。

在罗汉松—阔叶林中，草本层有很多蕨类结合着一些莎草和其他开花植物。更多的组成部分是蕨类，反映了贴近地面处全年的低光线水平。常见的种类有冠蕨（crown fern, *Blechnum discolor*）、异叶瘤蕨（hound's tongue, *Phymatosorus diversifolius*）和芽孢铁角蕨（hen and chicken fern, *Asplenium bulbiferum*）。也常见在地面趴伏的一些植物的茎，白铁心木（rata, *Metrosideros perforata*）和线蕨（thread fern, *Blechnum filiforme*）。

两个原则

我们最简单地勾画了森林的结构，但是足以显现两个用于各种种植组合上的设计原则。

第一种是地面覆盖的原则：一层或更多层上的完全覆盖是适宜条件下充分生长的植物群落的迹象。地面周年被活的植被或厚厚的枯枝落叶所覆盖。而裸露的土壤则说明生长环境上高度的压力。表现为低水平的水、土壤含氧量、可用养分、有毒、过于紧实或常被干扰。

第二是复杂性原则：在适宜条件下的植物群落随着时间的生长会变得复杂。一种或另一种的自然或人为因素介入会降低这种复杂性，生长的过程会倒退或重新开始。复杂性可以通过三个主要的标准评价：

1. 植物种类多样性的体现：物种上的丰富性（等同于当地的生物多样性）；
2. 冠层数量的体现：结构上的丰富性；
3. 不同季节的变化：季节上的丰富性。

植物种类和结构上的丰富性是应对环境压力的缓冲，比如气候或小气候的变化，以及疾病、啃食和人为干预等各种生物因素。丰富的植物种类具有适应环境变化的潜力，良好的外在组合结构可以减轻气候和土壤因素的威胁程度。

结合冠层设计

太多的种植设计只关注平面。没有注意植物在竖向、空间上的布置，只关注平面上种在哪里。毕竟我们经常看到的是植物组合的立面。远高于正常视线的角度观看植物很少见，大多数人从来没有从上空看过。对于创造人类使用空间的设计者而言很重要，要理解植物群落空间结构的效果，将有助于实现植物这一独特设计媒介的更多潜力。为了说明这一点，我们比较一下徒步穿过两种对比的森林类型。

照片136　新西兰的罗汉松–阔叶林（Kaitoke，靠近惠灵顿），密集的常绿阔叶林冠上偶尔出现巨大的粗壮铁心木，下部是一些灌丛和树蕨

照片137　春季里典型的英国橡树林，显示了下层再生的树木，一些小树和灌木。有些地方草本层为主，光线较亮的地方杂草丛生（谢菲尔德，英国）

在新西兰低地雨林中，有着强烈的繁茂感和生长力。实际上优势的树冠层在生长最为繁盛的阶段，很少有植物能在下部微弱的光线下生长。有更多阳光透下的地方，幼苗迅速萌发；或是耐荫灌木和蕨类繁茂地生长在阳光斑驳和潮湿的地方。即使有一点下层植物，灌丛内部杂乱着树干、藤本和掉落的枯枝败叶，视觉和通行上都有障碍。所以，如可能就需要绕行或保持在走过的小路上行走。如果冒险进入昏暗的内部，是一片陌生的世界，感觉行动不便和容易迷失方向。在有光束投下的地方，灌木和蕨类的叶子被照亮，看起来像是在黑暗中如宝石般发光。

在新西兰山区山毛榉林中，特征非常不同：安静而神秘。头上是羽毛般、平平的叶冠层，树干轻微地挂着些地衣。在地面铺展着大片苔藓、蕨类、芳香草和其他一些低矮生长的植物。在较亮的地方蓬勃生长的山毛榉灌丛主要组成了"灌木层"，没有特别的灌木种类。另外的地方，空间相对开放，能看到周围的森林，有充足的光线进入，在树干和林地上产生各种美丽的光影。那是可以进入探索的地方。

对设计者而言，这些空间结构可以提供不同的方式表达情调和满足使用功能。山地山毛榉林的相对开阔性和可达性产生了空间，满足人的使用，尤其是休闲活动。如果有简单的设施和体贴入微的管理，这样的空间里人们可以行走、玩耍、骑车、停车、就座和吃午餐。另一方面，低地灌丛的密实阻止进入，能有效地分隔和围合。如果需要最大化的遮挡、坚实的屏蔽或细致的边界限定，这样的种植结构可以实现目的。

以上所刻画的那种复杂的成熟林地结构是设计上一种的可能。但是，需要记住在空地或草地上建立这样的结构很困难，也很慢。技术上的全面阐释，读者可以查阅建立森林群落和植物生境的文献，如B·伊万斯（B. Evans）的《植被再生手册》（Revegetation Manual, 1983）和G·P·巴克利（G. P. Buckley）的《生物栖息地重构》（Biological Habitat Reconstruction, 1990）。长远来看，成熟的森林结构可能是目标，但是对于很多项目，简单的冠层结构会是早期目标的现实选择。

一些典型的冠层结构

在下面的例子中，基于一些熟悉的植物群落，列出了温带地区自然或修正过的冠层结构。不是植物群落的划分，只是描述了潜在的可用于景观设计的冠层结构。

分两个部分：第一个描述了寒温带气候条件下落叶林植物群落结构，常见于英国、欧洲和北美部分地区；第二个描述了温带到暖温带条件下常绿林结构，比如新西兰。在描述中，层的名字用 / 分隔，生长较弱的层用括号表示。

寒温带落叶林群落（欧洲和北美）

三层冠层结构

乔冠层/（亚冠层）/灌木层/草本层　这种多层结构生长的地方能够提供充分的水分、养分和根系生长，光量和温度条件允许。欧洲原生的大森林荡然无存，但是种植和管护下的林地中有相关的类型，处于自然的次级生长中。比起大面积的森林，这样林地中一些小的地块常是杂灌林，因为它们能占据零碎的没有经济利用价值或是不适于生长的地方。这样的林地可能是自然产生的，受到人类干预后次生演替的结果，或是故意栽植。

这为装饰性、异域植物的相关冠层结构提供了参照模型，可发现于林地花园、异域植物的种植床，种植在市容性景观中的灌木和草本层。这些小块的装饰性林地—"异域的树丛"—出现在公园、花园和其他城市种植中，但它们大多是缩小版的原生群落结构，分散种植8~12米高的乔木而不是森林冠层中看到的20~25米的树。像是放弃优势树种而种植亚冠层的乔木。有的地方可以小到100平方米，但依然显示出明显的三层或更多叠加的冠层结构，然而没有必要更多的分层。

多层的森林或林地结构有多种价值，庇护、野生生物、改进视觉效果、环境教育和野游闲逛。自然原生或是装饰性都提供了植物的多样性和审美的丰富性。产生了单位面积上的最佳植物量，充分利用了地上空间，灌木生长在多年生植物、球根和地被植物的上方，乔木生长在灌木上方。

不幸的是很多这种种植方式不被重视。这有多种原因；最常见的是如何种植和展示装饰性植物的传统思想。这些思想部分来自于劳顿的花园式风格，鼓励植物栽植成分离的观赏目标，而不是组合中的一部分。寻求种植更为丰富、更为复杂组合的机会需要想象力和园艺经验。

乔冠层/亚冠层/灌木层/草本层：边界或边缘　林地的边界和森林的边缘在冠层高度上常有逐级变化的特征，从高的林地冠层经过较小的乔木和灌木、密集的高大草本结合低矮或匍匐的灌木，向下是草地、开敞地。这样的边界地带会因气候、地形或邻近土地的管理而有所不同。当林地或森林进占开阔地时，这样的边界组构会向前逼近；而受到人类破坏自然行为的损害时，这样的边界组构会退缩。但是无论怎样，冠层结构和组成树种回应着高于内部的光照水平和暴露程度。

林缘的冠层结构是林地内部结构的延伸，但是因为遮荫较少，通常生长很密集。很多植物种类在林缘和林内相同，但在光线充足和温暖的林缘处开花结果更繁茂，尤其是向阳的地方。另外，林缘会包含一些更为喜光的植物。植物种类的丰富性和它们的布置自然而然成为生物栖息地，因而林缘有保护自然的价值。林缘也具有防护的功能，产生了内部特有的遮荫和庇护条件，为喜阴的林地地被植物所需求。没有密集的林缘，这些植物只会限定在较小的区域。

这种林缘结构在人工种植中也是常见的模式。可以用于形成高大人工林地或林地花园的边缘，或是独立存在，成为线性的植物群落，与林地完全分离。这样种植时，林地边缘还能提供重要的生态、空间和视觉上的多样性。当种植宽度不足以形成高大的林地时，这种冠层结构能用来形成屏蔽和庇护带。林地的边缘需要至少5米宽，才能有效地让每一层植物占有空间。

林地边缘的冠层结构可以使用外来和装饰性植物种类，梯次构建高度，从前

优势和亚优势
树种层

灌木层

草本层

成年开阔林地中的分层

乔木层

灌木层

草本层

自然主义种植或外来植物种植的内部情况

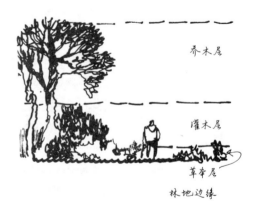

乔木层

灌木层

草本层

林地边缘

图8.1　三层树冠结构

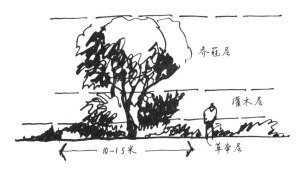

乔冠层

灌木层

草本层

10~15米

林地的边缘结构后退形成林带或宽的灌篱

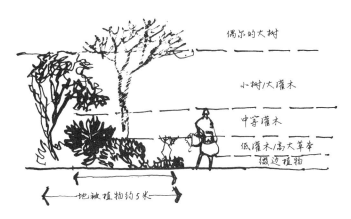

偶尔的大树

小树/大灌木

中等灌木

低灌木/高大草本
镶边植物

地被植物约5米

最大的边缘结构常用来展现装饰性种植

中灌木/高大草本

匍匐/低灌木/草本

2米

最小的边界结构需要2米

图8.2 边缘结构

往后让每一层植物逐一展现。在装饰性植物组合中，我们经常想要安置更多的层，或许有各种规格的球根花卉和草本植物，较高的植物下还有亚灌木和矮灌木。这将需要设立更多渐变的高度和更宽的栽植区。一个典型的高度逐渐变化的装饰性林缘结构包括：

1. 前缘和匍匐灌木或低矮草本的地被，或有春季和秋季球根和各个季节出现的小草本植物；

2. 低矮灌木、亚灌木和高大多年生草本；

3. 中等高度的灌木，其后和上方有：

4. 高灌木；

5. 小乔木；

6. 中乔木到高乔木。

小树和中等高度的树木可以成组或分散在各个层中，注意朝向和阳光的方向，避免产生浓重的阴影阻止下层生长。高的林木限定在后方，减少伸展的树冠投下阴影。

1、2和3层设计成地被覆盖，贴近体面形成连续厚实的冠层，避免大多数杂草的生长。第4层的高灌木直立生长的习性更强，贴近地面没有什么叶子，但是前面低矮的冠层有效掩藏了它们光秃的树干和下部的地面。

每层的宽度可以沿着种植区的长度有变化，一些层可以断断续续或是完全没有。我们可以更多地控制装饰植物组合中外来植物的高度和布置的范围，将边缘种植带的宽度降低到只有2米。但是，这样只能容下两层，前部边缘的地被（或低灌木）结合后部的中灌木（或高灌木）。

高度逐渐变化的结构被广泛地认识和使用在种植设计中，尤其是装饰性灌丛、草本植物和混合花境中。米歇尔（Michael Haworth Booth，1983）较早地提及私家花园中使用这种类型的种植。那时大多数花园不再拥有充足的空间或资源维持费时费力的草本花境。像多层的林地内部结构一样，林缘种植通过不同的冠层最大化地利用了有限空间。林地或林缘多层的结构很好地满足了多种种植主题的结构和装饰上的趣味。但是有时因为功能或审美的原因，需要形成一种简单的结构，只有一层或两层的树冠。

两层冠层结构

乔冠层/灌丛　这种组合通常发生在树冠足够开敞的地方，可以生长密实、连续的灌丛形成下层结构。灌丛常有植物自己扩繁形成的密实下层群落，避免草本层的生长。

栽植的植物组合可以使用黑刺李（blackthorn，*Prunus spinosa*）、黑茶藨子（blackcurrant，*Ribes nigrum*）、欧洲黑莓（bramble，*Rubus fruticosus*）、雪果（snowberry，*Symphoricarpos albus*），上部散布着乔木层植物欧洲白栎（Oak，*Quercus robur*）、欧洲花楸（rowan，*Sorbus aucuparia*）或者欧洲白蜡（ash，*Fraxinus excelsior*）、欧洲山毛榉（beech, *Fagus sylvatica*）、欧洲七叶树（horse chestnut, *Aesculus hippocastanum*）等一些树木的树荫较重，只能生长最耐荫的下层植物，如锦熟黄杨（box, *Buxus sempervirens*）、欧洲紫杉（yew, *Taxus baccata*）、枸骨叶冬青（holly, *Ilex aquifolium*）、高山茶藨子（mountain currant, *Ribes alpinum*）。

　　装饰性的此类结构常用在大尺度的公共绿化和企业单位绿化中。它的普及主要是因为低成本：少量茂盛的丛生灌木就能有效覆盖地面，建植后只需要最简单的管护。灌生植物需要一定的耐阴性，但也能在开放的光线条件下生长，这样的植物有：红瑞木（dogwood, *Cornus alba*）和偃伏棶木（*C. stolonifera*）及其栽培变种，枸子如大果枸子（*Cotoneaster conspicuus*）、小叶枸子（*C. microphyllus*），小檗如单花小檗（*Berberis candidula*）、疣枝小檗（*B. verruculosa*），小的'札柏氏'桂樱（*Prunus laurocerasus* 'Zabeliana'）、'奥托·洛肯'桂樱（*P. l.* 'Otto Luyken'）和黄杨（*Buxus*）的种和品种。乔木呈条带、组群或单棵散布在灌丛中，最终在密实的下层植物上方形成连续或间断的树冠层。

　　乔冠层/草本层　这种结构自然发生在上层树冠密集的区域，阻止了灌木层的生长，但是可以生长耐荫的草本层，可能会有"躲阴凉"春季花卉。干旱气候条件下也能发现这种结构，树木和灌木的生长受到抑制，发展了非洲稀树草原的植被类型。但是，这种结构在半自然的植物组合中很常见。林地草原也会出现在草本和灌木受到畜牧啃食的地方，那里林地幼苗的建植受到影响，林地变得稀疏，适宜草本生长。公园中的稀疏林地具有相似的结构，这是由于大间距的树木种植形成的植物组合特征，不像非洲稀树草原的林地。

　　当需要开放特征的时候，这种布置在人工组合中很有用。树冠限定了上方的空间，地面披裹着草本层。组合内部开敞，视野可以穿过边界，也可以通行。树冠可能密集、没有间断，产生了连续的顶板，或是更为分散些，内部光线条件更亮、更多样，但依然有明显的冠层。草本层可能是简单的耐荫地被植物，如常春藤（ivy, *Hedera sp.*）、顶花板凳果（*Pachysandra terminalis*）或大萼金丝桃（rose of Sharon, *Hypericum calycinum*）。如果遮阴不是太密集，会构成含有野花和多年生植物的草甸，或是简单的修剪草坪。这后一种情况装饰上的效果等同于草场和稀树草原。

　　树木分散在修剪草坪上的模式很常见，很容易让人认为是标准的方式种植风景树。当我们需要自由的通行和建设费用有限的情况下，这是有效的配置方式。但是形成效果很慢，视觉质量和生态效益低。它的广泛传播与一种特别的景观设计风格有联系，就是"英国式大草坪"，早在18世纪英国景观运动中流行。大片的草地和分散的参天大树在18世纪可以理解，但是不适用于城市中的小尺度场地，在那里较小的遮荫、视觉上的掩蔽和审美上的多样性等因素都是要考虑的主要设计要素。

　　灌木层/草本层　在自然中，海边和亚高山群落中会发现这样的结构，由于气候的原因树木层缺失。在灌丛林地中，由于啃食或人为干预，自然演替不能进行到树木阶段。

乔冠层—灌丛

乔冠层—草本层

灌木层—草本

图8.3　两层树冠结构

　　由于尺度、空间、光照或视野的原因，不适合栽植乔木时，类似这样的结构适合在人工植物组合中采用。灌木形成主要的冠层，高度1.5~3米，下面种植低矮的地被植物。灌木层或多或少有些分散，但是这种冠层结构需要的灌木有更为开张或直立的习性，不同于防止杂草生长的紧密灌丛。灌木层必须留有足够的空间和光线能让草本层的植物生长。

　　这种灌木和地被的组合常见于公园、花园和庭院中小的装饰性地块里，以及贴近建筑的种植和那些由于上空和地下的原因不能有高树或深根系的地方。因为不需要紧密地种植较高的灌木，这成为单棵或成组展示观赏灌木的好方法。甚至是生长缓慢的观赏植物如裂叶的日本枫树（*Acer palmatum*，*A. japonicum*）都有机会生长成全冠幅和成熟的形态，同时地面的覆盖阻止了杂草竞争。外来灌木作为观赏植物种植在修剪的草坪里，虽然不具有园艺上的优势，却体现了另外一种人工组合灌木/草本层次的方式。传统种植在草坪上的树木诸如玉兰（magnolia）、小花七叶树（bucheye, *Aesculus parviflora*）和丁香（lilac, *Syringa* sp.）种植在一片地被植物上要比草坪上生长得更茂盛，更好地展现花和形态。草类与灌木对土壤水分和养分的竞争比地被植物更强。

单冠层结构

只有乔木层没有搭配的灌木或草本层在自然中不常见，但不是没有。在瘠薄、干旱的土地上，恐怕只有旱生植物可以探寻到土壤深层的水分。在这种极度缺水的情况下，树木的间距很大，可用水分的量决定了分布的密度。另一个例子是碎石和卵石滩上最早建植起来的树木。它们幼苗阶段生长迅速，石缝间少量的土和水分就能让幼苗生长，伸出石缝获取阳光。

很少见树木单独种植在光秃的土地上，除非在大片树木栽植的早期阶段，或是满是铺砌的城市中。在这两种情况下，是人的因素而非气候导致草本层不能生长。在铺装区域种植乔木是常见而有效的方法将植被引入街道、广场、商业区和

在光秃地面或铺装上的树冠层

高或中等高度的灌木丛，或覆盖地面的草本层

开敞的草本层

图8.4 单层结构

停车区，这些地方的地面空间有限，行人和交通密集。这种方式的空间结构与草地上种植树木相似，但是地面能够承担繁重的交通。效果是上空形成了树冠层，部分地覆盖了空间，但是不会限定视野或地面交通。

灌丛 灌丛是连续的灌木层，足够的密集而压制了草本层的生长。这种群落在景观种植中很常见，易于建植和维护。本质上，灌丛通常是开阔地上林地植物早期茂盛的阶段，还没有发育出不同的树龄差别和高度层次结构。

在风景种植或装饰性种植中，灌丛被用在需要地被覆盖和高度需要统一的地方。这种结构最好是密集种植有茂密枝叶贴近地面的开展或圆顶形灌木。常用的植物有地中海荚蒾（*Viburnum tinus*）、小叶栒子（*Cotoneaster microphyllus*）和很多小檗（如疣枝小檗*Berberis verruculosa*，达尔文小檗 *B. darwinii*）。当然要选用更为喜光的灌木，而不是生长在树冠下的种类。包括海边和亚高山的植物（长阶花，很多的小榄叶菊）的种类，常春菊（*Brachyglottis*, syn. *Senecio*[*]），岩蔷薇（rock rose, *Cistus* sp.）和灌生金露梅（cinquefoil, *Potentilla fruticosa*）。

灌丛的宽度不需超过3米。这个宽度足以产生足够的隔离和围合。因为其密度和高度，限制了视线进入和穿过灌丛，超过2~3米的种植会大大超出视野，对这种植物组合方式没有用处。

最后，应该注意单层、宽间距的灌木种植，植物之间裸露土壤。虽然在传统的花园式装饰性景观中很常见，但维护费力，缺少吸引力。因为有着良好的光线，裸露的地面为植物大片生长提供了理想的条件。需要不断地压制自然萌发的草本层。长期使用除草剂不是一个解决方法，远不是一个恰当的种植设计。地面覆盖物如树皮和木屑更适合作为防草布放在树下，能阻止杂草穿过覆盖物。粗糙的树皮或鹅卵石经常被使用，但是应注意任何覆盖物的视觉效果，如同地被植物一样。当然，这样的方式也阻止了一些中意的植物通过种子和营养繁殖的方式繁殖。

草本层 草本层的植物不高于匍匐或低矮灌木，自然中见于冻原、高山和沙漠植物的群落中，这些地方植物的高度受到严酷环境条件的遏制。有些地方，啃食、火烧、土壤退化或其他生物因素限制了树木和灌木的建植，也能见到单独的草本层，比如草甸、荒野和荒原。当气候或生物方面的压力到达地被层植物忍受的极限，植物之间就会变得开敞和裸露地表。

散布着低矮灌木和草本的植物群落视野开放，在传统方法保持的公园、花园和城市种植中常看到这种景象。在这样的情况下，阻碍冠层闭合的环境压力是地面的经常性干扰，修剪和踩踏。

在景观种植中大片不受干扰的低矮地被出现在能见度要求高的地方（如高速公路）或要获得简单而吸引人的空间效果。修剪的草坪是畜牧草地的装饰性版本。它的统一性有着审美上的益处，行人踩踏下的耐久性让其能够承担通行表面的重要功能性角色。低矮灌木的草本层需要的地被类植物的形状和习性类似于乔冠层/地被层结构中的植物，但可以在全光照的条件下生长，因为没有

---

* 英文原文如此，可能分类学上有异议。——译者注

乔木和灌木的树冠遮挡阳光。这样的植物有苔草（*Carex* species）、沙生栲泼罗斯马（*Coprosma acerosa*）的变种和品种，欧石南（*Erica species*）、矮生枸子（*Cotoneaster dammeri*）大萼金丝桃（*Hypericum calycinum*）、加那利常春藤（*Hedera canariensis*）、蔓马缨丹（*Lantana montevidensis*）。

如果想要保持低矮地被不受较高灌木和乔木的侵扰，比起保持其他组合的冠层结构需要更多的管护。即使最密集的地被覆盖如常春藤（ivy, *Hedera* sp.）、三色莓（*Rubus tricolor*）也会很快被西洋接骨木（elder, *Sambucus nigra*）、欧亚槭（sycamore, *Acer pseudoplatanus*）、欧洲白蜡（ash, *Fraxinus excelsior*）和其他种子丰产的乔木和灌木侵入，而后开始生长灌木和乔木层。

常绿温带群落（新西兰）

露生乔木/乔冠层/亚冠层/灌木层/草本层

已经讨论过的罗汉松阔叶林就是这种5层结构的例子。类似于热带雨林的结构，有着很高的露生乔木突出在或密或疏的主要由阔叶树组成的冠层之上。亚冠层、灌木层和草本层强烈地表达在有阳光充分投射下来的地方，其他地方就生长得比较弱。

这种结构有潜力用在大尺度框架性种植中，能完全遮挡、防护、界定边界和容许一定的进入。建植一般要分阶段，因为很多最终的树种需要培育期，先锋树种和灌木可以提供保护和部分遮阳的环境。罗汉松的出现只是一个长期的目标，但这是维护、辅助高层罗汉松建植的上好缘由。在植被再生项目中，早期种植的罗汉松进入成熟期时就是这样的例子。20世纪早期，在威灵顿的奥塔里和威尔顿树木保护区中，种植了桃拓罗汉松（totara）、弥洛松（miro）、马泰松（matai）、新西兰贝壳杉（kauri）也是一个例子。

乔冠层/灌木和幼树层/草本层

低地的混生山毛榉林是一个例子。各种假山毛榉（*Nothofagus*），和搭配的林木形成了高的冠层，通常比阔叶树冠层要稀疏，能让较低层植物有较充分的生长，尤其是林中空地和边界处。这种结构类似于北半球温带落叶林，能用在大尺度框架种植中，提供遮挡、庇护和边界界定；在内部可以有简易道路、停车区、宿营，或小建筑。灌木层较为开放的这样一条窄带能部分遮挡，产生有效的隔离。

树丛冠层/（灌木和幼树层）/（草本层）

低地次生林在生长的早期阶段要经过灌丛时期，场地很密集不能穿越。乔木和灌木已经升起树冠或间距较大的地方能够进入。下层和草本层出现在有充足阳光透过乔冠层的地方。在组合上这类似于第一种林层结构，但是更为密集些。可能包含一些主要树木的附属植物如树蕨和尼考棕（nikau palm），在形态和空间质量上产生了显著变化。

露生树/树丛

乔木/灌木/草本层

低的林地

图8.5　常绿温带植物群落

这种结构能迅速建立起中等或大尺度的框架种植，遮挡和防护的水平低，用于边界界定，路边种植，商业区边缘地带的林地种植，学校场地和城市公园的自然学习和野生生物区、和保护地。

低乔木层/灌木和幼树层/草本层

这是一种先锋植物群落，比如卡奴卡（kanuka）林地在成熟阶段树冠开敞，中等至密集程度的低层灌丛和林木树种层就能够生长。一旦卡奴卡树的树冠变得更高、更薄，它们就会继而代之，耐荫的草本层也会形成。

这种类型的群落能很快地建植起中等和大尺度的框架性种植；防护和遮蔽；边界界定；学校、公园、保护地的自然研究和野生生物区；路边种植和商业区边缘的林地种植；安置停车和宿营；为建植阶段的树木、林地花园和其他喜阴蔽的装饰性种植提供环境保护；为建筑遮阳和视觉装饰。

灌木群落

灌丛/草本层　亚高山灌木依不同的海拔和暴露程度能产生从头部高度到膝盖高度的灌木丛。更为开展的灌木树冠庇护着低层分散的苔草、草、蕨类、苔藓、地衣和小草本，以及一些匍匐的亚灌木。另一个例子是海边的灌木丛，由于有很多攀爬的植物如藤露兜树（kiekie）、竹节蓼（pohuehue）能变得特别密集。

这种类型种植的使用方法有：中等和小尺度的框架种植来进行局部遮挡、庇护、围合、界定边界和次级划分住宅区、公园和花园中的空间；学校和城市公园中自然和野生环境种植、保护地；路边种植、商业区边缘的林地种植；观赏和装饰性种植的背景；装饰建筑环境。低矮和中等高度的灌丛可以使用在城市景观中，如停车场和街道，这些地方的场地有限。在公共或私人景观的美化和装饰性种植中，更为开敞的灌木树冠能为更小的灌木和草本植物提供庇护和部分遮阳的小环境。

草本主导的群落

草本层/地面层　丛生草地阐释了这种结构。丛生形的草和苔草为主导，也包括一些小的草本和灌木植物。也可能出现地面层的苔藓、地衣和其他低矮匍匐植物。

这种类型的种植可以用在小、中等规模的景观开发中，进行不阻挡视线的划分空间和场地；学校和城市公园中自然和野生环境种植、保护地；路边种植、商业区边缘的林地种植；公园、花园和城市空间中，装饰性草地、混合草和草本植物的种植。

灌丛

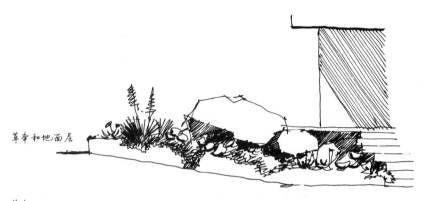

草本区

图8.6　灌丛和草本区

设计阐释

　　上述例子中描述和建议只是组合的冠层结构，而不是建成自然栖息地的准确树种。可以用适合的野生和外来灌木种类形成一种低的灌丛结构，能在不同的场地条件下很好地生长，依然形成了一个典型的冠层结构。我们可以只有草本层或地面层，做成本土化的设计模式。

　　举另外一个例子，丛生草地群落是新西兰和加利福尼亚一些地区的强烈特征（叫作丛生禾草），在所有类型的景观项目中喜爱大面积地种植野生、丛生形的草和苔草，主要是因为其与当地特征有联系。如果看到紧密的丛生草地，会发现很多亚灌木和草本植物，比如在新西兰有稻花（pimelea）、寒菀（Celmesia）、凤尾百合（bulbinella）、蓝花参（wahlenbergia）。在合适的土壤和气候条件下这些自然组合在一起的开花植物可以与丛生草和苔草一起用在种植项目中。也可以在城市中使用丛生草地结构，但是换用一些外来草本植物和低矮灌木。勋章菊（*Gazania rigens*）、花菱草（*Eschscholzia californica*）、爪瓣鸢尾（*Iris unguicularis*）、朱巧花（*Zauschneria californica*）、费利菊（*Felicia amelloides*）、红花吊钟柳（*Penstemon barbatus*），这些草本植物有着与新西兰丛生草地相似结构的自然生长习性，可以种植在草丛之间。这样的草本组合和亚灌木在一片草丛之中自由的伸展，在园艺上阐释了自然的丛生草地或丛生禾草草甸的冠层结构，可用于城市的种植场地。

"装饰性草甸"是生态上均衡的外来花卉与草类相结合的植物群落，由德国风景园林设计师汉森（Richard Hansen）探索出的设计思想。他在已建植的草甸中种植多年生草本，发现一些植物不需要多么管理就能扩展（Ward，1989；Hansen 和 Stahl，1993）。新西兰丛生草地和类似的加利福尼亚丛生禾草的群落表现得尤其适合这种组合——或许实际上比汉森使用地被草的欧洲草甸更适合。

这些例子和思想是要说明自然植物群落的空间特征可以为种植设计提供显著而本土化的特色。无论只使用本地植物还是包含外来植物，种植结构都有助于实现这样的特征。因为这样的种植结构基于本土和熟悉的植被，它们提供了结合土地特征产生真正内在于景观的种植设计方法。

种植组合中的园艺因素

种植设计的范畴包括从植被恢复，到产生自然植物群落，到使用选育和外来植物的密集花园种植。植被恢复的目的是再生场地的原有植被。自然主义种植与其相关，但方法不同：使用的植物种类能很好地适应现有条件，而且通过故意增加小气候条件的变化来增加生物多样性。而另一面，设施园艺改造土壤和小气候条件适合植物生长。这种方法最终会逐渐改变多样性的土壤为园艺上的理想土壤，呈中性或微酸性，湿润而排水良好，表层土深厚肥沃。

选择植物适合场地和调整场地适合植物之间的差异没必要等同于本土植物和外来植物的区别。外来植物可以种植或自然化在自然主式种植主题中。在英国，比如，落叶松（larch，*Larix* sp.）和洋槐（acacia，*Robinia pseudoacacia*）成功地生长在很多自然式林地种植中，外来的草本植物像菟葵（winter aconite，*Eranthis hyemalis*）可以自然化种植在林地花园中。相反，本地植物如果种在不同的土壤或小气候条件下，可能需要和外来植物一样多的园艺措施——注意整个英国花园中过分养护的帚石南（heather，*Calluna vulgaris*）、欧石南（heath，*Erica* sp.），它们的种植无视土壤类型。在新西兰，许多本地植物的生长条件很不同于普通的花园或围场，在生长的早期阶段比起很多外来植物也需要相当多的格外管护。

种植设计者必须在设计初期认识到场地准备的类型和后期养护水平，这关系到建成和保持预期的植物搭配效果。在大多数情况下，目标是最小的资源投入获得最大的功能和审美上的收益。要做到这一点，需要选择植物能够在一起生长和形成可持续性的植物群落。一种植物是否可用，有一些因素的影响——生长需求、相对竞争性、传播的方式、习性和寿命。

生长需求

种植计划中的每一种植物必须很好地适应场地条件，生长强壮和保持良好水平。在一些情况下，植物能够传播会是一种优势，通过散落和传播可发育的种子，或是通过更为常见的营养繁殖的方式。不用管理的混合的野生化植物种类会令人满意，但是在很多种植计划中，如果组合的植物能够在种植的地方强壮地生长和很快地建植起来就足够了。植物因为种植在耐受环境的极限而苟延残喘地活着，那就是浪费。更好的做法是选择植物适应环境。在种植的需求方面有很多参考，除非设计者很熟悉植物，应该经常咨询来做判断。另外，以自己的观察来补充和证实他人的建议。

相对竞争性

对于一个强健而吸引力的种植设计而言，生长旺盛、健康很重要，但是密植植物之间的竞争必须细心地处理，避免侵犯性更强的植物压制其他植物。这样的乔木、灌木和草本能够迅速地扩展枝叶——它们"觅食"着阳光，四处寻找，荫蔽和压制着邻近的植物；所以它们需要定位以确保不影响较慢生长的邻近植物。

一些草本植物在短时期内显示了较快的生长速度，在春末的时候叶冠生长达到顶峰。这可能是由于在前一个生长季它们收集了大量的营养在多年生的器官中储存，度过潜伏期，为下一个生长季做准备。荨麻（Nettle, *Urtica sp.*）、大星芹（*Astrantia major*）、老鹳草（*Geranium ibericum*）和多种草类，都是熟知的强势竞争者。

灌木中树冠生长迅速的植物有裂叶茄（Poroporo, *Solanum laciniatum*）、乔木马桑（tutu, *Coriaria arborea*）、西洋接骨木（elder, *Sambucus Nigra*）、黄花柳（*Salix caprea*）、灰柳（*Salix cinerea*）和旺盛的攀爬植物如紫藤（wisteria）、铁线莲（clematis）、忍冬（honeysuckle, *Lonicera sp.*）和很多悬钩子（*Rubus*）。这些非常强盛、投下阴影的灌木必须像草本植物竞争者一样细心地落位或管理。最好搭配相似活力的植物，或是种植的地方有足够的空间让其树冠扩展，而不影响邻近的植物。需要注意，如果它们在种植区传播，可能会变为侵害周围环境的杂草。

虽然遮阳是取得主导的最常见途径，但是在建植的阶段对水和养分的竞争也很重要。比如很多草生长了广阔的根系，能有效地吸取土壤水分，严重减少了生长在一起的其他植物的可用水。草地或草坪上的乔木或灌木生长不良就是这种现象。它们的建植和生长比种植在覆盖或裸露土壤上的同种植物要慢很多。有趣的是，试验表明修剪草坪对树木生长的减缓要甚于不修剪的草坪。常用的这种方法是保持树木周围没有草坪和杂草。

一旦乔木和灌木在下面的草地上开始投下阴影和掉落枯枝败叶，对它们的监护就可以减少。在这个阶段，树木开始自己形成主导。成熟的乔木和灌木开始压制下面植物的生长，通过遮阳、枯叶覆盖和竞争土壤水分和养分。只有能适合这种生态位的灌木或草本植物可以存活。

传播的方式

一株植物与群落中的其他植物搭配的成功与否，不只是看生长的速度和搜集土壤水分和养分的能力，还有传播的速度。一旦成长起来，适合当地条件的植物开始通过种子或营养器官繁育。

借助种子增加数量

本地和很多外来植物都可以通过成活树木的种子自己繁育。欧亚槭（sycamore，*Acer pseudoplatanus*）、挪威槭（Norway maple，*Acer platanoides*）、大叶醉鱼草（*Buddleja davidii*）、鹰爪豆（Spanish broom，*Spartium junceum*）、箭羽楹（plume albizia，*Albizia lophantha*）、达尔文小檗（Darwin's barberry，*Berberis darwinii*）、枸子（*Cotoneaster* sp.），都是通过栽植植物生产的种子自然繁化的例子。对不同的场地和设计目标，这既可能是好处也可能有问题。欧亚槭和箭羽楹就是不受欢迎的繁殖者，有着多产的种子传播，通过快速的生长和遮荫排斥其他大多数植物。自播繁衍的灌木，如长阶花（*Hebe*）、栲泼罗斯马（*Coprosma*）、醉鱼草（*Buddleja*）、鹰爪豆可用在相同的景观中，有着野生的优点、吸引人的花和进占不良场地的能力，比如在毁坏的场地和废弃地上生长，这样的场地很难用传统的方式种植。

借助营养繁殖增加数量

在大多数外来植物中，营养繁殖的方式和速度不尽相同，极易影响搭配的组合方式。常见的方式是通过匍匐茎、走茎、根状茎、根蘖和地下茎。

匍匐茎 很多常见的地被植物能有效地迅速扩展，产生低密度的冠层排斥杂草。最快扩张的植物包括三色莓（*Rubus tricolor*）、巴氏悬钩子（*Rubus* × *barkeri*）、常春藤'海德妮卡'（*Hedera* 'Hibernica'）、矮生枸子（*Cotoneaster dammeri*）、长春花（*Vinca* sp.），它们通过在接触地面的地方发出旺盛的长根来繁殖。这些爬行茎或是真正的匍匐茎（拱伏的茎弯曲到地面并生根），比如，枸子'斯科格霍尔姆'（*Cotoneaster* 'Skogholm'）和蔓长春花（*Vinca major*），或是藤蔓上间断性地生根，如常春藤（*Hedera*）。

两种情况下，植物都能迅速生长到新的地方。在早期，新的根和萌条由母本植物供养，能迅速地建植起来，即便是在竞争性的植被中。所以，匍匐茎扩繁的植物通过在竞争中爬行和"蛙跳"入侵其他的草本植物。如果目标是战胜顽固的地被或是想要植物的混搭效果，这是非常有用的习性。从另一方面讲，如果想保持两种植物之间清晰恒定的边界，这样疯狂的入侵者需要定期的缩减，保持在布置的区域之内。

走茎 通过走茎扩展的植物显示了相似的能力建立密集和广阔的叶冠。走茎是一种特殊形式的匍匐茎，由末端生根的气生枝或萌条形成新的植物。走茎的主要功能是孕育新的植物，而不是"供给"生长。走茎是一些草本植物的特征，如野草莓（*Fragaria vesca*）和心叶黄水枝（*Tiarella cordifolia*）。

根状茎 兼有多年生和繁殖作用的地下茎。它们通常水平生长，可能很短而肉质，如常见的德国鸢尾（flag iris，*Iris germanica*）和多花黄精（Solomon's seal，*Polygonatum multiflorum*），逐渐向外扩展形成大的组丛。一些草本植物和灌木产生旺盛的根状长茎，迅速地扩展到相邻的区域。这些根状茎常与真正的根相混淆，可以通过有无节和节间来区分。根状茎在节上长出枝条。地面出现新的萌条，伴有新的根系。匍匐冰草（couch grass，*Agropyron repens*）和问荆（horsetail，*Equisetum arvense*）就是常见的例子，因为有根状茎的存在，是很难清除的杂草。

根状茎的灌木有大萼金丝桃（rose of Sharon，*Hypericum calycinum*）和一些竹类如（*Arundinaria pygmea*，*A. anceps*）。植物的这种习性能形成密的一团植被，迅速扩展到新的区域，有着与匍匐茎植物相似的好处和问题。根状茎的植物甚至更难约束，因为拔起它们时地下留下的根状茎片段都能迅速长成新的植物。

根蘖 离开母株一定距离窜出萌条的能力。根蘖是由木本植物根上的不定芽长出的萌条。李属植物（*Prunus* sp.）、普通的欧丁香（*Syringa vulgaris*）、雪果（snowberry，*Symphoricarpos albus*）欧洲山杨（aspen，*Populus tremula*）、火炬树（stag's horn sumach，*Rhus typhina*），园丁们都知道它们有根生萌条，很难清除。实际上清除萌蘖时扰动根部更刺激了根蘖的萌发，所以效果相反。当选择和组合植物时，要记住旺盛根萌的灌木如雪果在混合种植中很难管护，也很难维持根萌灌木（如火炬树或欧丁香）的单棵赏景树为紧密的植丛，它们没有附属的茎干。

地下茎 常见于草本植物中，有着短而直立的地下茎部分，随着生长在空中生出新的茎叶。植物扩展的速度相对较慢，表现为紧密的组丛。这种习性的植物有老鹳草（crane's bill，*Geranium* sp.）、大缕杯花（fringe cup，*Tellima grandiflora*）、翠雀（delphinium）和番杏科的植物（ice plants）。有着地下茎的地被植物需要密植一些，用旺盛的叶子压制杂草。但是它们的组丛紧致和扩展缓慢的特点在很多种植设计中反而是优势，因为不需要肆意蔓延的地被。

球根和球茎 一些草本植物休眠期间将营养储存在球根和球茎中。这些植物可以通过从母株上产生小的分体（珠芽和小球茎）繁育自己。常见的例子有雄黄兰（corms of montbretia，*Crocosmia* × *crocosmiiflora*）和番红花（crocus），水仙（narcissi）和郁金香（tulip）的球根。

生长习性

乔木和灌木展示出不同的生长习性。我们从美学的视角进行研究，但是植物的生长习性也影响它与其他植物结合时的生长能力。树冠的生长习性就是植物生长的形状和对空间的占据。可以首先按照生活型来划分；就是乔木、灌木和草本。不同生活型植物的冠占据地表面上不同的层，能在同一个地方共同存在，上下互相错落。另外，每种生活型的植物有着完全不同的规格、形状和密度。有的冠形紧密，表面密集交织；而有的冠形开放，枝条间距大，之间的空缺大。形状有的狭窄而直立、拱曲、圆形或伸展。

树冠的生长习性越开张，就能更好地与其他植物搭配。因为投下的阴影较轻，在大片的树冠下为同一层其他植物的枝条留有生长的较多空间。有着树冠开张习性的乔木和灌木有桦树（birch, *Betula sp.*）、白蜡（ash, *Fraxinus sp.*）、华南火棘（firethorn, *Pyracantha rogersiana*）和克兰顿莸（*Caryopteris × clandonensis*）。

树冠紧凑、密集的灌木有长阶花（koromiko, *Hebe sp.*）、地中海荚蒾（laurustinus, *Viburnum tinus*）、密丛常春菊（*Brachyglottis compacta*）、帚石南（heather, *Calluna vulgaris*），它们很好能在自己的树冠中与其他植物分享空间，它们的下面只能有非常稀疏的生长。由于这个原因，低矮和中等高度、有着密集树冠的灌木或草本植物能有效地形成单一树种的地面覆盖。

寿命和生命周期

不同的植物有着不同的生命长度，从几个月到数千年不等（见第2章的讨论）。甚至是在种植组合内，不同灌木的生命周期有很大的变化，这清楚地影响到一定的时期内种植的稳定和组成。短寿命的植物像拟长阶花（*Parahebe*）、稻花（*Pimelea*）、薰衣草（*Lavandula*）死亡或移除留下了空缺必须依靠邻近植物的伸展或新的种植来填充。

另外，在不同的生命阶段，大多数植物的生长势、规格和形态变化很大。这意味着竞争力、传播的速度和生长习性会因植物的年龄，以及种类和环境条件而变化。

植物通常在建植的后期和半成熟阶段的生长势最大，但是这个时期多快到来不一而同。很多草本植物建植起来非常快，尤其是寿命短的多年生和一年生植物。快速生长植物的早期生长在种植计划中非常重要，在早些年产生活力、叶团和部分的成形的表现。这样的地被植物有狭叶栲泼罗斯马（*Coprosma × Kirkii*）、大根老鹳草（*Geranium macrorrhizum*）、大花聚合草（*Symphytum grandiflorum*）、紫花野芝麻（*Lamium maculatum*），它们能在两个生长季或更短的时间内形成完整的地被，而移植的乔木和灌木可以利用这段时间生长好根系。

如果种植在乔木和灌木树冠下的地被层很快建植起来，将会在头几年中形成有效的地被。当上层的根系和树冠达到最大生长势时，它们就要强烈竞争光照和水分，如果不能忍受遮荫和干旱就会死亡，就要种植更适合的植物来替代。

在乔木中种植较高的灌木也能看到相似的情况。灌木在早期阶段要忍受开放的关照条件，接下来是荫蔽和干燥，那么当过于成熟的时候就只能更新和再生。很多的植物显示了这样的能力，比如枸子（*Cotoneaster*）、较高的栲泼罗斯马（*Coprosma*）、梁王茶（*Pseudopanax*）、小檗（*Berberis*）。也是这类植物在公共景观和商业景观中广泛应用的一个主要原因。

一条有用的经验法则是，寿命越短的植物最大生长势的时期来得越早。这不仅应用在比较生命预期有着巨大差异的不同生活型植物之间（如橡树和一年生植物），也用于乔木和灌木之间。在头几年中生长迅速的植物生命相对要短，比如柳树（*Salix* sp.）、桦树（*Betula* sp.）、海桐花属（*Pittosporum*）、授带木（*Hoheria*）。同样，生长最快的灌木经常最短命，比如薰衣草、金雀花（broom,

Cytisus sp.）和荆豆（gorse，*Ulex europaeus*）。

虽然这是一个管理问题，也应该在设计阶段考虑能让植物之间在整个设计周期内和谐相处。在不同的时期需要替换和再生的不同组合部分预先要做最好的了解和计划。在这方面，可能称作种植的动态变化，设计者需要很好地理解植物组合的生长和管理。

植物知识

充分的例子说明，糟糕的种植设计显现的问题来自于植物知识的缺乏。很多情况下，种植的组合只是接近设计者的意图，而且是园艺工人费尽周折才能达到的程度。最常见的问题是很多选用的植物因为生长习性或生长速度和需求的问题而不能相容。可以通过间伐、修剪和土壤改良予以维持这类植物组合的均衡，但是不能表现良好，浪费了能得到更好利用的资源。应创造性和有效地使用管理手段，以求获得种植设计的所有部分取得最大化的收益。如果浪费在维护半死不活的植物或是限制过旺生长、侵害四邻的植物，那就是糟糕的设计。

如果设计时我们完全了解植物的生长需求、竞争力、传播的方式、生长习性和生命周期，就能创造有效、可持续的种植方案。这是良好园艺的本质。对植物的广泛了解需要场地调查和观察，不能只从书本或数据库中调取。设计师必须结合植物进行设计，观察在不同条件下和不同组合中的生长情况。没有过硬的园艺上的知识就不可能成为好的种植设计师。

第二部分

过程

第9章

种植设计的方法

所有的设计者都有一些工作方法。可以通过训练获得，或是通过多年的实践得来。可能是非正统的方法，或是得出的结果不可预知；但是随着帮助解决问题和充分地发挥想象来使用它们，那么看起来那就是设计方法。当设计师被海量的设计任务困扰、挫折或慑服时，这样的方法会特别有用。

在设计过程中，我们会经历很多不同的需求；看到场地潜力时的兴奋，被不可避免的困难和障碍阻挠，看到我们的想象变为现实时的满足。整个过程，要意识到需要为业主提供专业的服务，没有他们不可能有机会接触项目。所以设计不是一个简单的艺术上的事情，也不是简单的解决问题的技术任务，是创造性和技术技能的结合，想彰显创造力需要一些知识和一定的想象力。

设计过程是理论上有趣的方面——"如何"设计。首先，认识到没有绝对的答案很重要——适合自己的就是正确的套路。其次，好的工作方法不是枷锁，产生于创造性的思维。相对的就是有助于从犹豫不决中放飞想象。

该书意在帮助那些专业从事种植设计的人，因而会基于专业的程序和正式呈报阶段的要求，描述相对复杂项目中的一种设计方法。我们可以区分，一方面是项目的设计方法，包括咨询的过程和与业主专业上的关系；另一方面，是"如何"设计创造。第一方面是理性的目标，第二方面非常个人化。

这里描述的逻辑方法既是来自于设计上创造性的要求也是对业主要求的回应，无论是设计所有的景观要素还是专注于种植都可以应用相同的程序和方法。在两种情况下，思考的过程和汇总想法的方式非常相似，而单是种植设计的媒介更受束缚。通常的设计过程反映了景观综合的本质，如何种植是设计的基本组成部分。

存在一些明显的设计阶段。在一些项目中，需要严格遵循顺序，最终绘图或撰写报告呈交业主、规划者和其他相关专业（如工程师、景观科学家、施工技术人员和建筑师）。

虽然设计过程描述为线性序列，当设计时经常会发现跳跃式向前进行，探索转换和返回早期阶段。所以设计过程不可以想象为笔直、狭窄的道路，而是一个导向。这里线性表述的实质原因部分归结于书中的表述方式。将言语讨论中的序列思考方式与视觉思维方式和图形表达相比较很有趣，这样容易领会同时存在的很多元素，先于局部理解整体。设计过程的不同部分受益于不同的方法；比如，设计分析的方面需要序列和汇合的方法，使用语言和数学的逻辑。创造和综合的过程需要戏谑、探索性的方法，用图形思考和视觉想象来辅助。

总观专业设计程序揭示了四个主要的阶段：

1. 起始——确立设计要求和工作关系；
2. 了解——研究和分析项目的文化和自然因素；
3. 综合——探索和建议创造性的思想和解决方法；
4. 实现——提炼和实现建议。

每个时期中的一些阶段，用绘画或撰写报告的方式呈现，而在每个阶段内确定出几个包含明显程序的步骤将十分有帮助。设计方法的具体内容可能对学生和设计生手十分有用。实践中，开展项目各个阶段的工作会更容易，最终能近乎本能地抓住所需。有一点很重要，不同的项目受益于不同的设计阶段，或许只有很少的项目需要下面列出的所有内容。有的阶段被省略，因为可以顺畅地从程序中较前的点跳到后面的位置。跳过也可能经历相同的过程，在我们的思考或粗粗的工作中发生，没有形式化为单独的绘图。最终设计过程变得流畅、灵活变化，能适合各种场地和业主。

起始

与业主最初的联系

每个设计项目开始于业主和园林设计师之间一些形式的联系。常常是业主发起，或是信函或是电话询问设计者可以提供的服务。

讨论一个设计任务最好的方式是面对面，尤其是与一位新的业主洽谈。所以常常安排一个会议，业主和设计者，还有其他专业人士讨论设计的范围和目标。会议可能就在基址现场，或是安排单独的场地踏勘，设计者能对场地呈现的机遇和问题形成自己的第一印象，或许是最初的设计思想。

第一次会议的主要目标是要厘清项目的实质，讨论设计咨询的费用问题。设计者的委托和参考的条目应该以书面的形式确定下来。英国景观学会、美国风景园林学会、新西兰风景园林学会和其他国家大多数专业代表机构有标准的合作条约，通常情况下能很好地为设计者和业主采用。这些条款有助于避免设计者和业主责任的模糊性，保护双方利益。一旦达成委托，设计者就可以放心地进行最初的工作。

如果场地为私人所有，业主可能是个人，比如住宅地块。但是在大多数景观项目中，业主可能是组织机构，比如公司、政府当局或社会组织。在后一种情况下，设计者通常要向一位主要人物汇报，他有权代表业主单位做出项目进行中的很多决定。小项目中可能只有景观设计师，但是在大项目中，通常是一个设计团队，包括业主、园林设计师和其他咨询人员如市政和结构设计师、建筑师、施工技术人员和生态学家。除了专业人员，当地社团或其他使用者有可能参与设计过程，经常性的咨询和参加设计会议。项目的领导者或管理者被指定为单位负责，和协调设计团队的工作。项目的领导者可以是专家咨询人员，经常是建筑师或施工技术人员，或是在大项目中可能雇用项目管理的专家。

一个成功的项目需要一个好的业主。没有清楚的说明和必要信息的及时提供，设计者的工作可能难于开展和受阻，但是如果业主对自己想要的质量和景观特征有强烈的想法，对设计者会有很大的帮助，甚至是启发。

设计委托

业主的设计要求是给设计者的一系列目标和说明。涵盖的范围和细节变化不一，可以是模糊的景观定义；或是业主有相当多与园林设计师工作的经验，很了解环境设计的潜在问题，会细心编写和给出十分明确的要求。

在大多数情况下，设计要求中会有缺漏，设计师需要征得业主的同意做出补充。设计委托的完善是项目进展的重要部分，设计者必须与业主紧密联系，达到对项目要求和场地潜力的多方面了解。在这个阶段，确立出设计目标充分一致的意见和清楚表述，将会打下坚实的基础和确保项目的顺利运行。

种植的设计委托可能包含当地特色、生境保护、视觉质量提升、企业形象和社区参与等要求。这样的目标是概念性地表达，不具体和详细。可能伴随着对设施的要求，比如建筑、通行、专题花园等等。如何阐释和完善设计委托需要首先了解和分析场地和周围环境。

了解：收集和组织信息

调查

调查工作是设计过程的主要阶段。需要理性、系统的方法，由于这个原因，将多种多样的场地特征划分为大的类别会很有帮助，如下所示：

外在调查　　　　　　地理

地形

气候

小气候

水文和排水

现存的结构设施和服务

污染

生物上的调查　　　　土壤

植被

动物

现有的动植物管护

人类活动调查	现在的使用
	传统的使用
	进出和通行
	公众的场地感知
	场地文化上的重要性
	历史性的结构、事件和遗迹
	对场地感兴趣的特殊群体和个体
视觉上的调查	场地内窥和外望的视野
	场地内外的景观标志和焦点
	场地的视觉质量和特征及其周边

景观调查的详细方法超出了本书讨论的范畴，但是完整的处理方法可以找到（Beer，1990. Lynch and Hack，1985）。我们限定在如何呈现调查信息及其种植设计过程中的角色。

无论是呈交给业主或只是内部使用，将数据记录和收集在条理和可读的表格中是基本的工作。文字和表格都有用。平面和图表可以十分有效地记录和表达视觉和空间信息，比如视点和视域。用文字表述位置和视觉信息会是繁琐的工作，而草图、照片和平面图可以轻松做到。但是，生物和文化方面经常需要广泛的描述和无数的数据，可以汇总在调查报告或记录中。

表达上，基于上述四类将调查数据分类，一张平面图包含所有的外在和气候的细节，一张绘有生物特征，另一张表达社会和文化信息，等等。调查就会表达成一系列的抽象信息的"层"，每一层描绘了场地相关的一个方面。如有必要，绘画和表格用文字材料支撑。分析的层数可以增加，每层的信息可以减少，以此强调非常特殊的场地特征。有时称作层分析。但是，需要均衡一个方面问题表达的清晰程度和与其他方面的联系程度。过度分离场地特征或体系存在风险——会成为一种简化的自身"解剖式"分析。

如果数据的总量不是特别大，可以总结在一张平面图上，或是一系列透明的叠加附着在外在调查上。这种方法需要更多图文表达上的巧妙和技巧，但是有利于帮助我们一眼看出场地上各个部分受影响的所有环境和社会因素。实际上，这些因素的交叠决定了下面的设计选择。是否在一处特殊的土地上种植受到诸多因素的影响，比如视野、场地历史和现存的地面植物——比如，一个种类丰富的草地群落不会在建植起的种植下面存活，因为遮阴逐渐增多，管理要求不同。

在收集和组织调查信息的整个过程中，我们要进行判断，什么需要记录、什么可以忽略、需要多少细节和有多可靠。实际上，我们在判断每个场地特征和因素对设计的可能影响。随着我们设计经验的积累更容易理解这一点，能帮助我们避免收集太多的信息。所以，我们需要知道调查什么，比如不同场地条件的指标，或受污染的可能来源。但是，很多的调查可以由经验较少的设计者在基本的

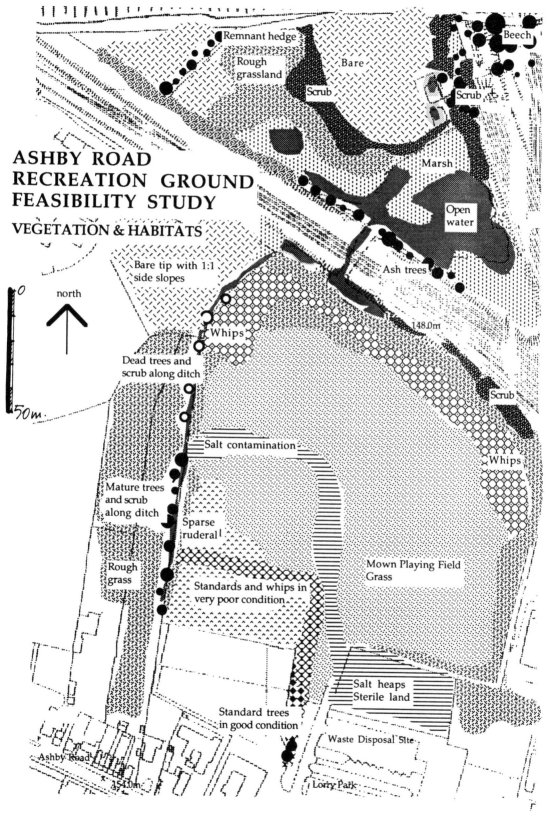

图9.1 一张调查平面图显示了这块要开发成公园的场地上现存植被的大类和生境（环境咨询，谢菲尔德大学）

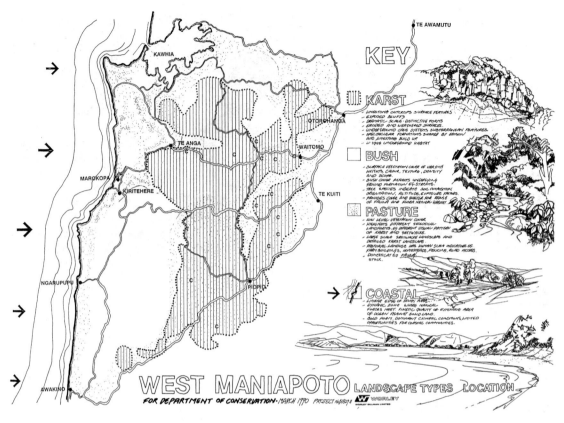

图9.2   场地植被的调查显示了景观特征的类型

引导下实现。

虽然在收集数据时产生了一些解释，但是有着单独的数据评估和评价的程序，这形成了下面的阶段。

景观评价

评价信息   如果我们想要理解和在设计中使用调查数据，就必须分析和评价。景观评价的目的是揭示场地的所有潜力，确立设计上的优先考虑。当面对各种利益冲突或经费缩减，需要捍卫我们的提案时，这种优先次序就变得很重要。

所有景观分析需要选择。必须缩窄关注的范围，这样能集中于根本的问题上。这是减法的过程，我们拆分融合为整体的场地，以便于进行理解和做出改变。比如，视觉评价需要甄别，标示在平面图上和阐明主要的视野、地标和可能成为显著视觉特征的区域。如果我们要论证场地特征的保护和利用，这种评价就很重要。但最好的分析是评价了场地不同方面的价值，而没有丢失之间的关系。当地气候条件会修正土壤类型在植物选择上的影响；视觉质量最终会与生态多样性联系在一起，等等。

分析中产生的一些结论和建议会牢牢地扎根于科学的证据上，难于反驳。其他一些会是带有主观性判断的结果。如果这些判断很好地贯穿了我们的知识和经

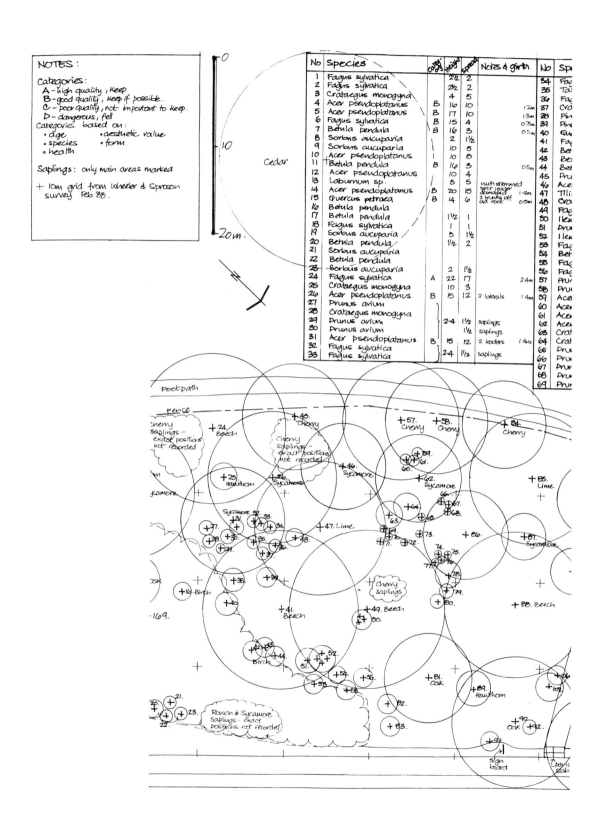

图9.3　部分树木调查的绘图，显示了除幼苗外每棵树的树干位置、冠幅。按照景观的价值将每棵树分级为A、B和C
（设计绘图：Weddle Landscape Architects）

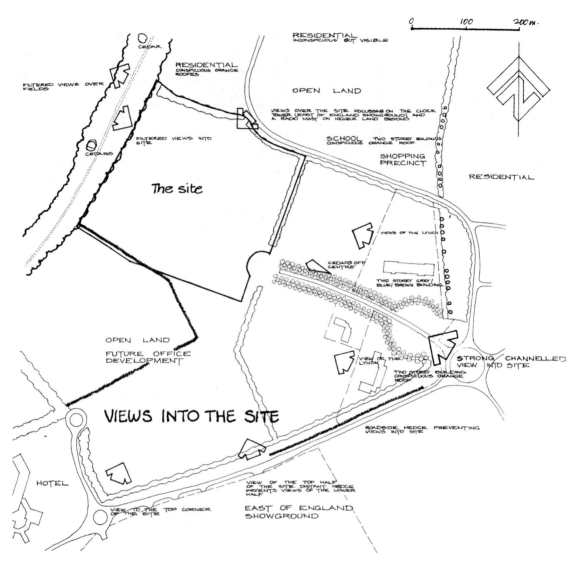

图9.4 部分视觉调查的绘图，显示了主要的视野和描绘了视觉特征（设计绘图：Weddle Landscape Architects）

验，就能够引起业主和同事的足够重视。景观设计的很多方面达不到科学，因为不能被量化。尤其是任何想评价场地美学价值的企图，将不可避免包含一定的文化和个人的主观性。不同人和不同的文化对野生、对围合和开放、甚至是对特别植物种类的反映变化不一。作为专业的设计者我们有时候需要培养一定程度的冷静，以便做更好的判断，并帮助我们理解场地的真正特征和精神，但是应该将专业化的冷静思考与对场地的个人情感意识相结合。这些个人的反映会产生有价值的信息，有助于设计思想的形成。

　　机遇和问题　整合分析结果的最好途径之一是总结场地和设计委托中表现出的主要机遇和问题。这些总结可能会打破外部形态、生物、文化和视觉方面的边界，所以有助于形成综合的场地评价。如果富于想象力地去认知，问题常常可以看作是机遇。比如，营养匮乏、干燥的土壤对于建植密集的园艺化种植可能有问题，但也是鼓励使用种类丰富的抗性野生花卉的机遇，不存在竞争性杂草的生长。

很多种植设计的成功依仗将不同功能融合在一起的技巧。设计质量低下常常是因为想以分离的方式逐一解决问题（"分离思维"），而不是利用机会同时达到不同的目标。例如，一列松柏篱只是遮挡别无其他，但是一个屏挡也可以是有吸引力、多样组合的乔木和灌木，提供重要的野生生物栖息地，只需极少的维护。

设计目的和种植功能的表述是有价值的信息，应充分予以利用，向设计团队和使用者表述我们的意图。也是检查单，参照和确保没有需求被忽略，没有机会被浪费。

综合——生成和组织设计思想

种植策略

目标是我们的追求，政策是实现目标的必要方式。例如，目标可以是改善生物多样性，这方面的政策可以包括在一系列不同生境中建植典型的本土植物群落。随着提出设计策略，我们为场地做出了最初的建议。策略本质上是必要的概括，表述设计目的，需要进一步解释为实际的设计方法。策略要表达场地的机遇和问题。

究竟怎样做才能达到设计策略？一些情况下，明显来自于设计功能的考虑。例如，如果场地上有陡峭的斜坡，易受侵蚀，硬质工程措施耗资太大或丧失场地特征，生物工程措施解决的策略就恰到好处。其他策略的指定可能需要更富想象力的洞察，从更广泛设计对策的经验中提取思想。设计策略常由初始的设计思想伴随——可称作雏形的设计概念。

在较大的项目中，呈现种植策略和初始设计思想是商讨的重要阶段。这是业主必须要考虑设计范围和本质要求的第一个时刻，在下一步展开设计策略和思想之前我们要据此判断甲方的反应。一旦甲方同意设计策略，就为下一步设计工作的开展建立了良好的基础。

设计概念

设计概念是面对很多人的多方面事情。可能是开启设计过程的中心思想，或是在做决定的过程中可以用来描绘抽象层面提议的术语。根本上讲，概念是一个或一组思想，可以理解为综合才智的整体，而非一堆事实。

不管来源于什么，设计概念要展开策略，应该探索各种场地使用和设计功能之间的空间关系。概念的空间组织可以表达为"泡泡图"，展示空间的序列、联系和等级，但没必要精确落位或成比例。实际上是场地的功能地图和设计委托在空间上的阐释。可能存在很多种不同的解决方法，泡泡图是研究多种空间关系的有用工具，而且能快速、准确的向他人进行解释。

一种设计概念提供了一种总的看法，是概念的整体，联系着设计思想，本质上依然抽象。在这个阶段，抽象性有价值，因为可以同时掌握大量的信息和复杂的思想，促进快速考量不同的解决方法，没必要费劲地思考布局和材料的细节。

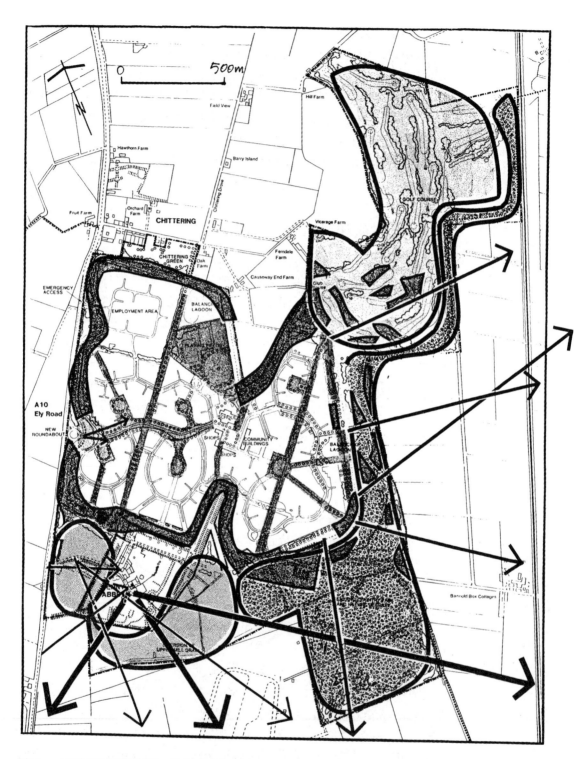

图9.5 一个新住区的景观设计概念，绘画表达了主要要素。显示了林地结构、沼泽地乡村公园和自然保护区、主要开放空间的结构、英国遗产保护管理下的田地、高尔夫球道和主要视野

示意性种植设计

一旦设计概念形成，并且能很好地满足不同功能，就进入到下一步，更为准确地表达设计要素、空间形态和种植特征的分区。要做到这一点，在保持空间组织的同时推敲场地外观上的细节。实践中，进行空间上的组织和示意性的种植常常并肩而行，因为各种抽象的空间关系能在场地的底图上以示意性的方式进行检验。那么设计想法就建立在功能与场地，以及功能与功能相匹配的基础上。

通过示意性的种植布局落位不同的种植类型（比如装饰性、自然主义、生境、防护性、遮蔽性的等等），并决定主要种植结构元素的位置（如林地、绿篱、树丛和林荫道）。场地的真正画面开始出现，解释了种植特征的分布，界定了主要空间生成的位置和大小。采用适于场地规模的比例绘图。对于较大的场地，比例尺为1：1000或1：500，对于较小的场地，比例尺为1：500或1：200。为了避免显示过多的细节，示意性方案采用的比例尺比下面所述的总平面图或草图设计要小。

总平面图

如果场地大（大于1公顷），尤其是包含多种土地利用、建筑或显著的植被类型，通常需要景观总平面图。总平面图的表达比示意性方案更进一步，但仍然是策略层面的设计（而不是细节上的设计）。比例尺随场地大小和复杂性而变，但是1：500或1：1000为常见比例。

示意性设计和总平面图的主要区别在于后者要更准确地做出实际的种植布局。细节的量和细化的程度受绘图尺度的限制，但依然是设计的早期阶段，明智之举是避免过多的细节。结构性种植、林荫道和赏景树可以落位，但是装饰性种植的布局只是大概地表达，即便是在1：500的比例尺下也是如此。这些限制实际上是非常有用的约束，在详细制定空间的特征和内容之前，先要做出景观的空间结构。在较大比例尺（1：100或1：50）的总平面图上常看到表达了很多细节，那是为了说明种植的特征。

总平面图正如名称所示，是正式的设计文件。要与业主和设计团队讨论并取得一致，经常是呈报当地规划部门获得批准的关键图纸。这种正式的程序是设计过程中很有用的条令，让设计者在设计的早期阶段确立最终的图案和种植，通过这一步获得设计内容的肯定和至少是主要种植区域的落位。

草绘种植方案

草绘方案以较大的比例绘制（结构性种植1：500，总体的美化种植1：200，细节装饰性种植1：50），聚焦于细节的组合和空间的特征。在这种较大的尺度下，需要一次关注场地的一个部分。这样的话，选择限定清楚的场地部分是很好的做法。

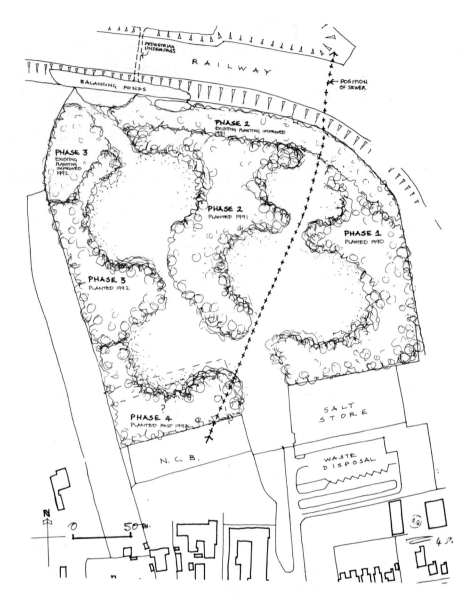

图9.6　新的林地公园的示意性种植结构，位于填埋场地上。显示了种植区域的可能范围。这块场地的调查显示在图9.1中

　　在草绘方案中，可以详化围合的程度、形状和空间的比例、几何图形、图案和焦点要素的落位。这个阶段也开始想象美学的特征和种植的图案。例如，一个给定比例的围合可以呈现为方形或曲线的僵硬图案、柔和的外表；其中的种植可以是极简的现代风格、密集的"亚热带"式、松散的"乡村"式或简单的规则形。

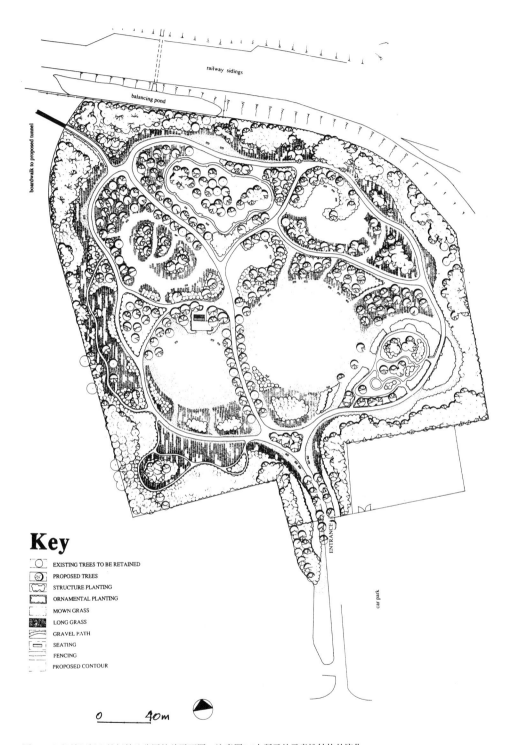

图9.7　垃圾填埋场上的新林地公园的总平面图。注意图9.6中所示的示意性结构的演化

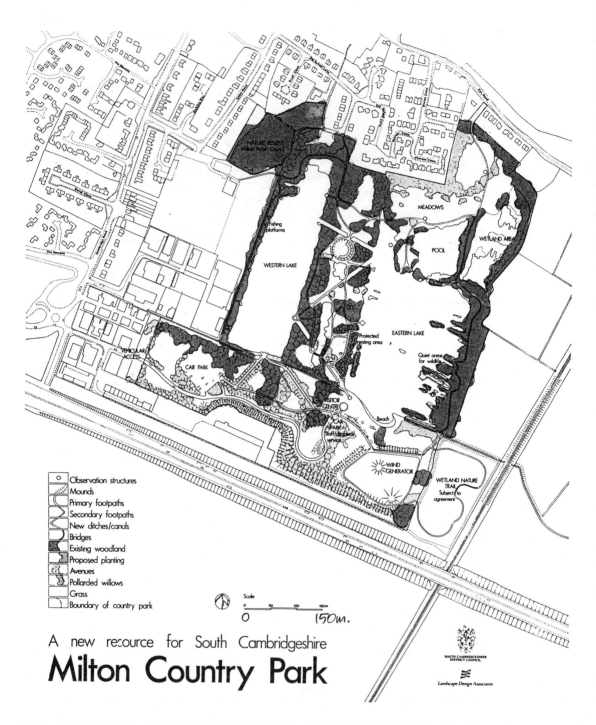

图9.8　乡村公园的总平面图，显示了现有的林地和建议的结构性种植，试图形成强烈的自然形的结构用于休闲活动和环境保护

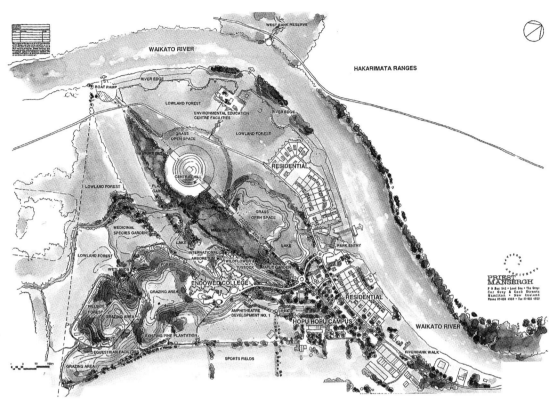

图9.9　地区公园的总平面图。显示了不同的种植功能和类型如何对场地的景观结构产生重要作用（设计绘图：Priest Mansergh Graham Landscape Architects）

为了确定空间的三维结构，要决定种植的高度和生境类型。灌木种植应定义如下：

- "高灌木"，生长高于人的视线（大约2米以上，产生身体上和视觉上的围合）；或
- "中灌木"，生长高于膝盖（大约0.5～2米）；或
- "低灌木"，大多处于膝盖以下（不高于0.5米）。

这种区分非常有用，因为中灌木种植控制了人的移动，比低灌木分隔空间更为肯定。低灌木只是用于地被或空间底面的边缘。进行如下区分也很有帮助

- 灌木丛（产生密实的围合）与
- 开放性灌木种植（允许透过一些视线）；和
- 大面积种植的草本植物（将会影响植被的季节特征和管理上的需求）。

要展示乔木的高度和形状。可用如下分类：

- "高乔木"（成熟时大约20米或更高），如果自然生长需要大量的空间，能成为景观中的结构性元素；
- "中乔木"（成熟高度大约10～20米），在城市景观中更容易安置，但尺度上与很多建筑和其他结构不可比；和

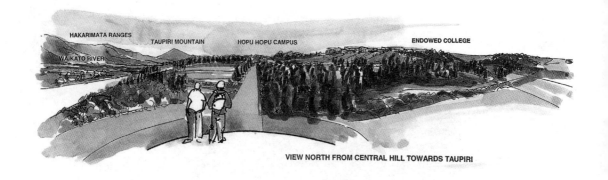

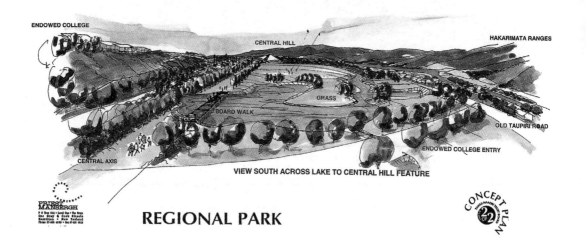

图9.10 上一张图中区域性公园局部结构性种植的效果图

- "小乔木"（大约5～10米），在较小的空间中，如花园和庭院中，起着重要的装饰性和结构性角色，但是通常从属于城市环境的建成结构。

参照人体和城市环境的尺度，与普通的自然植物群落的高度分布相比对很有趣。"高乔木"大致对应森林中乔冠层的林木，"中乔木"对应亚冠层的林木，"小乔木"对应灌木层和小乔层。"高灌木"也对应林地中的灌木层，或一些次级灌木林地，如地中海地区的马基灌木丛（maquis），或是充分生长的亚高山矮树丛；"中灌木"最常见于亚高山植被区的上部，"北美艾丛（sage brush）"或石南（heath）；"小灌木"对应高山的"矮灌木"，暴露的石南（heath）、荒野和海岸的植被。所以当种植设计中要寻找一种小的灌木时，最好选自亚高山植物或旱地矮生树。

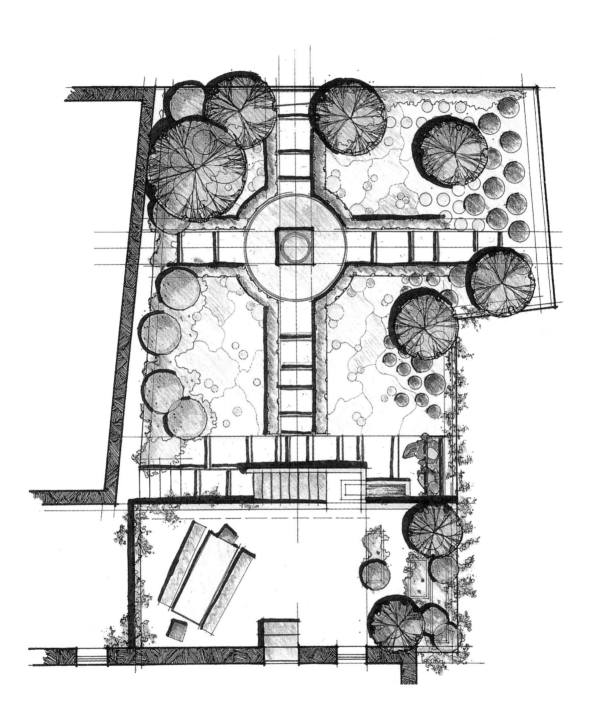

图9.11　居住区庭院的草图设计。注意表示地被植物布置的色彩使用

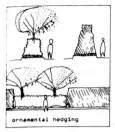    

图9.12 酒店开发项目的种植建议草图，显示了种植结构上的角色

主要高度划分的总结如下所示。这些分类在大多数项目中只会使用其中适合项目和工作尺度的一部分，或者如果是特别重要的设计焦点，会进一步细化某些尺度。

- 高树（20米以上）；
- 中树（10～20米）；
- 小树（5～10米）；
- 高灌木（2～5米）；
- 中灌木和较高草本植物（0.5～2.0米）
- 低灌木和草本植物，包括地被植物（不高于0.5米）；
- 修剪草坪和其他地被植物。

通常绘图时最好不要将建议树种的高度精确到米，因为很难多么准确地预测高度，设计中的不同植物达到成熟的时间不同。那么，绘制的草图平面和其他表现图展示植物栽植后10年的样子。这是比较现实的时段，常是业主规划设想的时期。

大片种植明显区别于单棵或组群、林荫道栽植。由于一些原因这一点很重要。首先，种植的模式与功能相关，例如，大片种植在需要遮挡和庇护的地方最有效，小组团或孤植赏景树的地方在视觉上的要求更重要。第二，会影响到单棵树木和整体组合种植的生长习性和外观。比如，大片的灌木丛生长迅速但是结果造成数树组内部或树冠低层的叶子稀少。最后一点，单棵树木和灌木作为赏景树栽植，而非造林的组成部分，建植成本会高出许多，因为苗木和后期各种管护需要花费。

树木的管理也会影响它们在空间组合中的角色，所以要清楚是否修剪成干净的树干带着树冠，还是编织或造型、修枝或组丛，或任其自由生长。

如果在相近高度的范围内突出强调性种植或焦点组群的乔灌草、球根花卉区的落位和较大地块的大部分装饰性种植，就有助于清晰表达设计。主要包括如下：

- 赏景树；
- 编织的林荫道；
- 矮林与灌木；
- 观赏灌木；

图9.13　草绘图表现了位于陡坡上的私家花园。很好地表达了种植上的特征和规模

- 焦点树组；
- 装饰性灌木和草本种植；
- 春季球根条带。

很多这样的信息能在平面图和立面图上进行图绘上的推敲，但是注释会有帮助。迅速地用铅笔或绘图笔做出徒手画，进行尽可能多地探讨。三维的草图、立面、剖面和平面能视觉化不同类型的围合种植、不同的布局构图、和不同的种植类型。

注意种植结构和特征主要方面的决定不需要选择特别的植物种类，草绘种植图的表达上常不具体指定植物，但可以用主要视野和典型特征的生动草图说明平面图。

虽然不必要，早期阶段就要想到一些主要的植物和组合。在草图设计阶段，指定一些植物很有帮助，尤其是那些有着主要结构作用的植物，如行道树、视觉焦点的赏景树或森林、林地的优势树。这能产生方案更为细节上的印象，有助于让业主了解适合场地的树木种类。最好限定这个阶段指定的植物种类数量，但是，有一定的灵活性，又要避免陷入太多的细节和"见树不见林"。进一步讲，选定树种很耗费时间，大多数工作最好留在种植布局、结构和总体特征确定后进行。

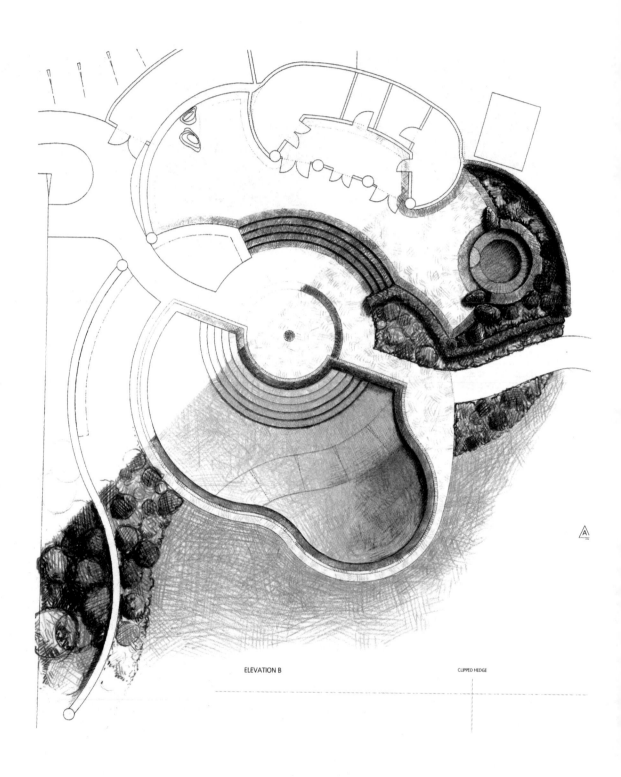

ELEVATION B   CLIPPED HEDGE

图9.14   私家花园的草绘方案。使用阴影帮助解释种植的高度和空间形式。大树的树冠被画成透明，显示下部的庭院

细节的种植设计

现在可以集中精力选择和布置植物的种类和品种，整合植物群落的细节和特征，如色彩、肌理、形和气味。富于想象而认真地做这件事情是一项工作量很大的任务，最好分几步进行。

比例尺的选择　细节种植设计所用的比例尺要足够大，易于规划植物细节上的组合。对于框架、林地和外围的种植，通常是1∶500或1∶250；对于总体装饰性种植是1∶250或1∶200；对于细节的装饰性种植，为1∶100或1∶50。这可以就是草图方案的比例尺，如果与最终图绘的比例尺相同最便于操作。正确选择了比例尺，能让设计者在与种植类型相匹配的水平上规划植物的位置。

空间/高度结构　如果种植空间上的组合是设计的主要问题，接下来的步骤在草图设计的基础上进一步细化空间的形和围合。可以做出草坪、铺装和种植的形状、比例和几何形，这里面有种植和其他结构性要素的塑造。可以在平面图、立面图和剖面图中做这种工作。轴测图和其他三维透视图能有助于很好地感知方案的尺度和比例。

种植的特征和主题　现在可以考虑场地各个部分种植的特征和主题。与种植概念紧密联系，现在可以探索之前设计思想的更多细节。比如，如果种植概念是历史性的，现在是合适的时机详细研究特定历史时期栽植的植物种和变种，调查目前苗源情况。也可以深化种植的情调：色彩与戏剧性、缓和与安静、或神秘与异域，等等。搞清楚是要求植物强健、适应性强？还是精细、有着园艺上的需求？可以形成基于美学特征的特别种植主题，像色彩或香味，或是季节性特征，比如秋色叶或冬色，或是满足一种功能像遮阳或生境创造。

植物选用　清楚了植物的生长条件和种植的特色或主题，就把可用的植物范围缩窄到了可控的部分之中。这是很好的阶段浏览苗圃的目录、参考书和数据库，列出细节设计中要使用的植物名单。选择植物的基本标准总结如下：

生长习性和生活型
- 一年生/多年生
- 木本/草本
- 落叶/常绿

生长条件
- 适合的气候
- 降水、地表水和浇灌
- 坡度和坡向
- 风向
- 防护（例如构筑物、地形和其他植物产生）
- 光照和阴影（也是构筑物、地形和其他植物产生）
- 土壤类型（比如壤土、黏土、沙土、白垩土、石灰岩、泥炭土）

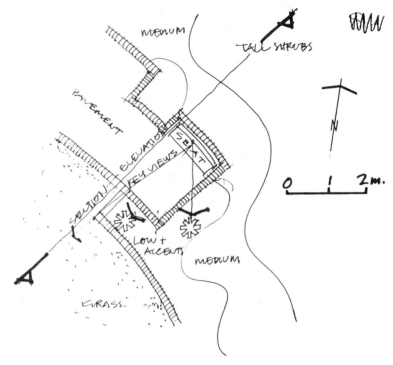

1. 平面图上标注了高度范围及重点强调的位置

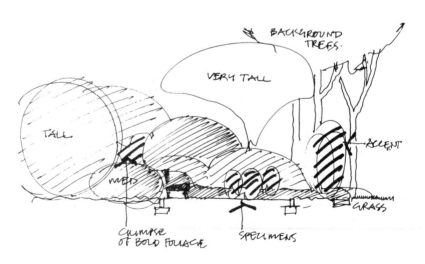

2. 剖面图中抽象高度、形式和结构的研究

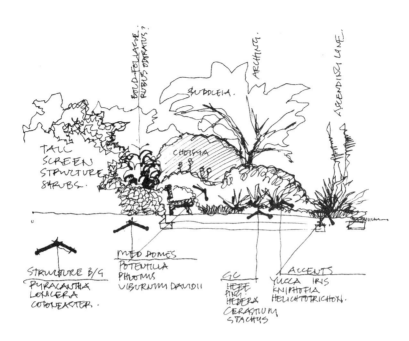

3. 典型的剖面构成研究，注释了可能的种属类型

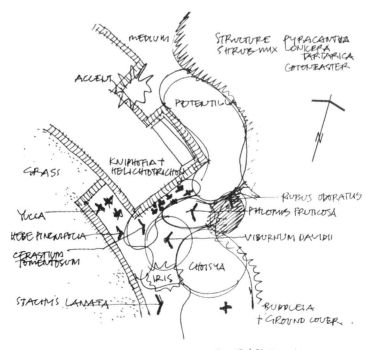

4. 平面图中种属区域

图9.15　种植组合研究的案例

- 土壤养分水平、排水和图层厚度
- 土壤反映（酸性或碱性）

种植功能

- 防护
- 遮挡
- 生物工程
- 再生植被
- 野生生物栖息地
- 装饰

特征

- 本土化
- 自然化
- 人工化
- 规则式
- 非规则式
- 花色、叶和果
- 芳香的叶和气味
- 装饰性干皮
- 季节性展示

不同生长条件、功能和审美特征的植物示例可以在很多植物数据库中找到，比如《Helios》，（2002）和《乔木和灌木》（Trees and Shrubs, 2001），和一些参考书，有《乔木、灌木、藤木手册》（Manual of Trees, Shrubs and Climbers）（Palmer, 1994）针对暖温带地区，《乔木和灌木的希利尔手册》《The Hillier Manual of Trees and Shrubs》（1991）针对寒温带地区，和《新西兰乔木和灌木的栽培》（The Cultivation of New Zealand Trees and Shrubs）（Laurie Metcalf, 1991）。

在细化种植设计前列出植物种和品种的名单，可以加速设计进程，避免每次选用新植物时都要查询参考资料。也有助于在开始布置植物之前，建立起植物材料特色和设计可能的图表。列出选用植物的简便方法是通过高度、场地区域和种植功能。这样需要查询时，就参照相应的名单，比如，符合特殊生长条件的目的的小树或地被。

组合植物　成功的种植设计需要熟悉植物的形和生长习性，如果种植的装饰性功能很高，也必须熟悉植物的审美特征。想象出所有可能的组合和排列并不容易。解决植物组丛视觉和空间问题的一种方法是进行植物组合上的研究。

组合研究　快速的手绘立面、剖面或人视高度的透视图，大致按比例尺绘制。有助于在常见而重要视点下视觉化设想的组合。也有助于想象可选择性的植物组合，并避免尺度上、边缘处理和植物定位与建筑立面的关系等问题。这能让我们在绘画时进行设计，之后精制为效果图辅助说明平面图。

组合研究分阶段进行。首先从高度结构的大致布局中选择一个完整部分的种植，以1：100或1：50的大致比例将植物的高度分类转化为立面图，非常细节的组群用1：20的比例尺。开始可以用图解的方法画出高度，接着细化和进一步显示植物形状和组团的轮廓。

对于装饰性种植，下一步是考虑肌理和色彩。如果色彩是组合中的主要因素，就要先于肌理进行研究。可以用图解的方式画肌理，使用各种密度和色调填充；或是用更为真实的枝叶渲染表现线的特征和茎叶的细节。在任何一种情况下，肌理的渲染可以叠加在形的轮廓线上。

色彩可以单独绘成草案，或是加在形和肌理研究的图上。可以用彩色铅笔或蜡笔绘画，或是在图中解。对很多人而言，色彩是最难提前规划的审美特征。花、果和叶的自然色彩非常微妙而多变，它们并置的视觉效果令人惊讶，运用植物色彩的唯一可靠方式是凭借经验或是直接参照景观自身。盆栽植物开花时布置它们是最保险的方法。但是，不能总这样做，可以搜寻很好的色彩组合，在自己的设计中重复或重新布置这些组合。

立面和透视草图毫无疑问掩藏了一些种植。如果种植区域很宽，或者其内在的组合非常重要，应该勾画穿过重要点的剖面图。这将展示前视图中不能够看到的种植组群和层，对于理解林地的不同冠层和较大尺度的结构性种植很重要。组合的研究不需要每个种植区都画，但它是处理最重要和可视植物组群的有用设计工具。

选择植物种类　绘图时，植物名单中合适的植物种类开始进入脑海，可以标在图上。但是，对于植物知识不强的设计者，最好绘画时不要明确所有的植物种类。当勾画得植物配置满意了，通常比较容易从选用表中选择植物。这样的顺序也能让设计者通过思量可选择植物的效果进一步细化植物组合，在最终选择一种植物之前，可以返回重画不同植物的草图效果。这是一种试验的过程，直至得出满意的结果。

不是所有的植物都能在立面或剖面中确定种类和落位；植物的选择只能在平面图中完善，带比例的平面图是进行交流沟通的基本条件。只有在平面中才能看全整个场地，所以组合的研究需要转回平面中，成为整体设计的一部分。

一些设计者喜欢细节设计开始时就在平面图上工作，或许认为可以省时间。要想获得好的结果，这样的方式需要很好的植物学知识和三维相像的能力，所以通常建议使用立面或剖面图。

季相表　组合研究帮助我们在三维尺度下设计形式和空间。我们也需要在时间维度上设计。植物的表现随季节而变，一些植物只是在较短的时间里表现最好。比如，一些彩叶植物，像金色欧亚械（sycamore，*Acer pseudoplatanus* 'Worleei'）和金色洋槐（locusts，*Robinia pseudoacacia* 'Frisia'）春天刚出现时看起来很壮观，但是到了仲夏色彩衰退得不明显。我们能够将种植规划得有吸引力、特色同步以及有连续的观赏趣味。一种方法是如下所列的季节表，显示了花、果、叶色、春天叶色或冬季树干颜色的时间：

表9.1 观赏期（北半球）

种类	1月	2月	3月	4月	5月	6月	7月	8月	9月	10月	11月	12月
Cornus 'Elegantissima'	干------------x------------叶--------------------x----秋叶											
Pyracantha 'Mojave'	--------浆果				-花			--------------------浆果------				
Betula pendula	--------暗色---秋叶---------											
Vinca minor				-------花--------------------------花--------------								
Buddleja davidii						-------花-------						

看表格中的栏目能知道任何月份发生的事情，并能查验观赏趣味没有长时间的平淡

如果花期是组合的关键因素并需要细节的设计，可以画出一个只有花期的相似表格：

表9.2 花期（北半球）

种类	1月	2月	3月	4月	5月	6月	7月	8月	9月	10月	11月	12月
Mahonia× 'Charity'	------										----	
Crocus tomasinianus		---										
Scilla sibirica			---									
Muscari armeniacum			----									
Viburnum×*burkwoodi*				------								
Ajuga reptans				----								
Abutilon×*suntense*				------								
Clematis montana rubens				-----								
Syringa velutina				----								
Cistus 'Sunset'					------							
Thymus drucei					------							
Dianthus deltoides					-----							
Lavatera 'Barnsley'					---------							
Rosa 'Iceberg'					---------------							
Caryopteris×*clandonensis*						-----						
Nerine bowdenii						----						

每种植物的花色可以用彩色铅笔或蜡笔标注或显示

细节种植方案的表现 一个细节的种植设计方案，包括平面和草绘表现图，呈现给业主、使用者，或是规划管理部门。如果业主或使用者对园艺细节有兴趣，这是重要的咨询讨论阶段，用于解释设计的精细之处。可以画成半真实的风格，生动展示种植的表现。较为明显的植物如甘蓝木（cabbage tree）、棕榈（palm）、树蕨（tree fern）、玉簪（hosta）等诸如此类应在画中可以辨认。虽然业主或使用者常常没有充足的植物知识认知很多种类，只能相信设计者的判断，但是细节的种植方案中可以有一些植物的名字。当地管理部门对项目负责，但可能需要详细的植物种类、规格和间距来确定方案的通过。

如果业主和使用者对园艺细节没有什么兴趣，其他单位和企业常常也会如此，设计者就可以直接从草图阶段进入施工图绘制。业主会依赖设计者确保实现商定的目标和设计想法，将种植组合的细节问题留给设计者。

如果规划管理者或业主需要，场地选定部分的施工图草案可以包含草绘的设计方案。举例说明植物的种类、种植的密度和设计的风格，但是应该说明那只是示例，在最终种植图纸出来之前可以修改。

施工图

种植设计的完成需要施工图的绘制（常称作种植平面图），包括了场地放样和种植的所有信息。因而，场地平面图要显示：

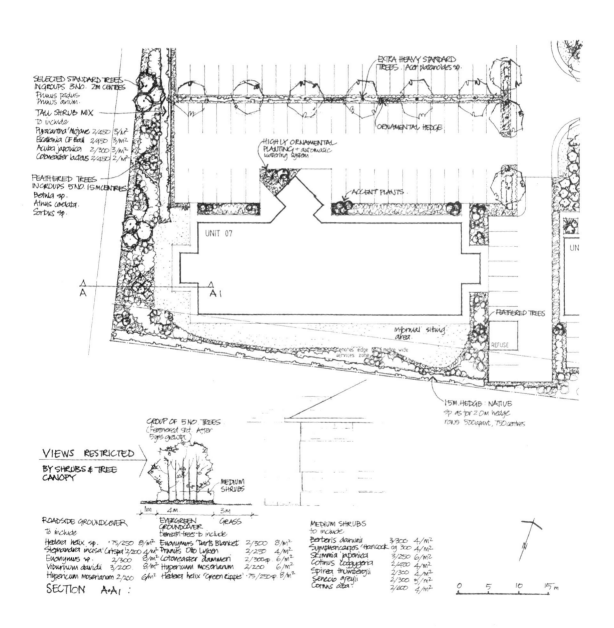

图9.16　部分平面图显示了一个商业园区的细节种植方案。给出了植物的种类、出圃规格和种植密度，但是没有标注数量和位置（设计绘图：Nick Robinson）

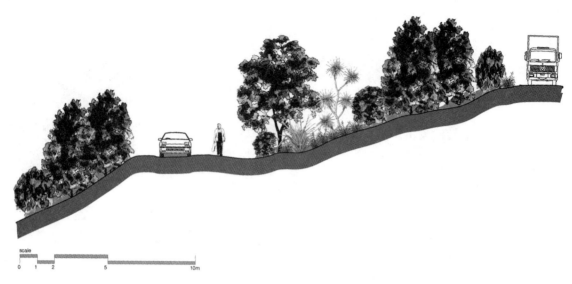

图9.17 工业场区的部分细节种植方案的剖面展示

1. 建筑的外轮廓和硬质、软质景观，能充分地落位种植区；
2. 放样种植床本身的重要尺寸；
3. 靠近建筑或服务设施树木的定位尺寸；
4. 所有植物的完整科学名和落位；
5. 每种植物的密度或间距、和数量；
6. 如果任何一种植物有变化，需要标注出圃苗木的规格或树龄，否则在植物清单中明确。

其他的信息通常表述成文字材料和植物清单，如果很短就可以包含在图中。但是最好将平面图上的文字信息与图绘部分相对应，因为在室内作业和场地施工时都易于识读。设计说明和清单放在图上的方式只适合小而简单的种植项目。

施工图/种植平面图的功能是指导庭院设计者，至少在商业和公共项目中是如此，而不是表达已确立项目的视觉效果。实际上，是一系列技术上的说明，一张种植平面图应该清晰、准确，没有多余的信息或浮华的表达（那些应该是设计表现图的事情）。最好的施工图常是那些标注信息被缩减到极致图纸——有时称作"裸图"。另一种观点认为种植平面图不只是起到施工图的作用，它们的表达方式还可以随情况变化。比如，私人住宅项目中，图纸的完成常需要有种植细节的解释。在这种情况下，就有必要运用图绘技巧说明植物的规格、特征，以及落位。这类图画似的种植平面图需要在较大的比例尺下进行。一个缺点是由于画有植物的冠幅，不能显示交叠的植被分层。例如，地被和球根花卉都铺展在乔木和较高的灌木下，同时要说明所有这些植物的位置时，很难在平面图中表达。这导致了只表达一层植物的设计。

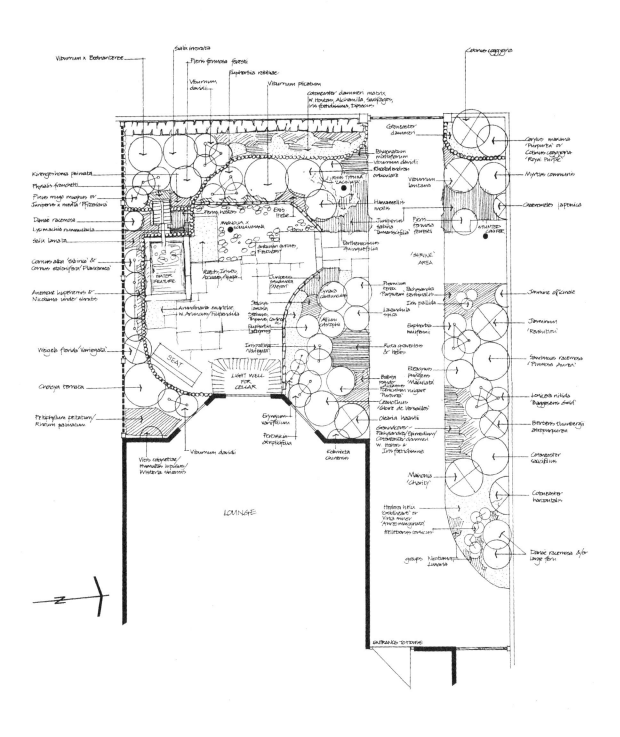

图9.18　私家花园的细节种植设计图，显示了所有的植物、地被所占区域，以及中灌木和高灌木的大致冠幅
（设计绘图：Kris Burrows, Landscape Designer）

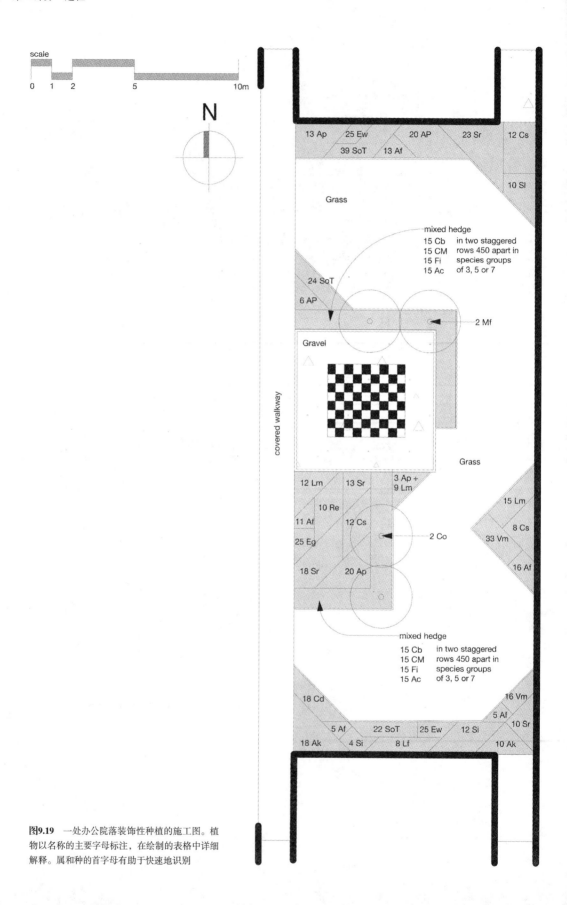

图9.19 一处办公院落装饰性种植的施工图。植物以名称的主要字母标注，在绘制的表格中详细解释。属和种的首字母有助于快速地识别

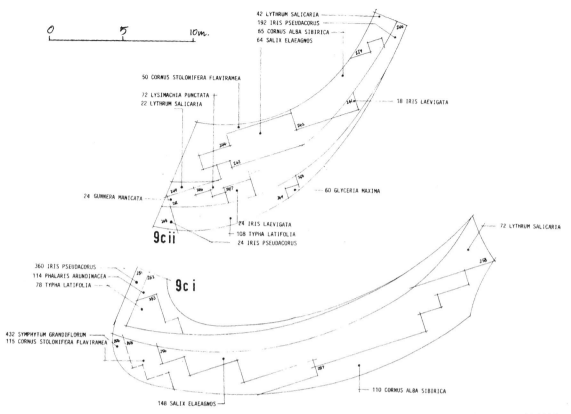

图9.20 花园节的场地中装饰性种植的部分施工图，包括边缘的水生植物。植床被嵌入到了位置平面中。注意条带的直线形，可以辅助计算植物的数量和放样。拐角的形状在地面上不会很明显，随着植物的生长会很快消失

种植平面图形 在施工图绘制中，表达种植的最好方式依种植的类型和尺度而不同。有三种基本的技术。

1. 独立定位

用点、十字线或其他符号落位单棵植物。

2. 条带

勾画一个区域，以指定的间距（c/s或c/c）或是密度（/m²或m⁻²）填充指定数量的同一种植物。

3. 混合

勾画一个区域以指定的间距混合填充指定数量的植物。描述不同植物分布的方式。

没有必要和繁琐地显示条带和混合种植区中所有单棵植物的位置，即使在最大尺度的平面图中也无必要；植物布置的方式可以描述成文字或图示案例。种植区边缘的分布对于设计方案的表达很重要，常需要细加解释。可以用文字描述，

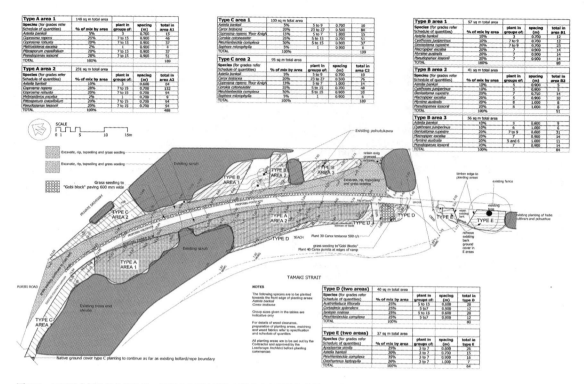

图9.21　运用混合树种的外围种植。明细表中列出了各个混合中每种植物的数量、树龄和出圃规格

或是如果需要，在平面图上标示尺寸。实践中最好的方法是在平面图上直接而完全地标出所有的植物，而不是用需要参照的代码或符号，那很难读图，尤其是在施工现场。大多数施工人员会在放线前把使用符号和图例的植物部分完全标示在复制的平面图上，以便减少产生错误的可能，更易于工作。如果设计者做出标注就会更好。

上面列出的三种方式给出了我们需要准确描述大多数植物布置的所有可能性。还有更为详尽的方法介绍大比例尺的种植混合，将在第三部分探讨，关注一下植被再生、林地和外围种植的问题。

装饰性种植　对于装饰性种植的绘图，通常主要显示单棵植物的位置和临时植物混合的条带，因为太过详尽或复杂。最为细节的装饰性种植，比如花园和庭院中，要求平面图的比例尺为1∶50；其他装饰性种植用1∶100的比例尺能得到充分的展示。

外围种植　外围种植是指森林的恢复、林地、防护篱、杂树林和防风带，是较大的尺度，通常细部的平面图比例尺为1∶250、1∶500或偶尔1∶1000。这些比例尺足够使用，因为大多数单棵乔木或灌木、甚至树群的确切落位对于组合的构成并不严格。为了时间和打印成本上的经济性，多数使用混合的表达方式。可以在平面图上标注，或画出种植单元样本，然后在大片的区域上复制。这种标准图案的重复有时称作种植模型。模型单元的绘制可以针对干、湿和排水不良的区域，或林地边缘和林地内部等等。用这种方式设计出种植风格，按照场地条件和功能布置在场地上。

另外，可以在混合种植或种植单元模型内部或邻近的地方，通过显示单棵树木或重要的组群，提出一些更为精细和控制性的地方。种植混合和模型的设计及其详细说明会在第10章的结构性种植中详细探讨。

城市装饰性种植　有必要区分出一类种植，尺度和特征上介于装饰性更强的种植和外围结构性种植之间。可见于街道、广场、公园和企业场地园区中，通常有高比例的外来植物，常被称作城市装饰性种植。通常充分详细地表达在1：250或1：200的平面图上，运用的图绘技巧类似装饰性种植，但更多地依赖灌木的混植。如果种植覆盖了较大面积的场地，这些混植的方法是经济而恰当的方式在外延性种植中引入变化，不需要持续不断地关注细节上的组合。

详细说明

在大多数项目中，种植平面图有着文字说明的支撑，限定了植物和其他园艺材料的质量，以及场地准备和种植的操作要求。这些说明形成了与私人景观承包商订立合同的部分内容，或是成为直接给劳务人员的指示说明。合同和说明书写在园艺和法律上的细节要求超出了本书的范畴。专业组织和研究部分通常会给出景观合同和详细说明书写的参照。

实施

实现方案需要专门的景观承建公司或其他景观单位来服务，如直接的公共团体劳动组织或私人公司的景观队伍。如果工作按合约履行，园林设计师负有全部责任监管种植工程，并能很好地保证设计的完全实现。如果种植由直接的劳动组织实施，园林设计师与施工现场人员的关系缺少正式界定，但是设计者依然对实施过程有着影响。

因为种植是一种工艺技术，设计者应熟悉定植和培育植物的技术。那么需要了解景观承建者的情况，是外包商还是内包商，并且在施工过程中就可看出能否解决实际问题。实际问题的解决使得设计者与建造者紧密协作，如果条件允许，实施中进一步细化设计。

种植

在种植季节，种植工作通常会经历几个月。如果项目比较大或部分场地在早期阶段不具备条件，之后的工作会在随后的季节实施。

在实施的过程中，设计者经常做出一些决定，阐释设计的细节，解决施工中产生的一些不可预见的问题。实施的阶段某种程度上也是细化调整设计的机会。从经济和简便性上来说，最好严格地遵照图纸。但是在大多数情况下，设计者可以要求变更，修改场地上的植物布置。实际上，施工图上可以省去一些植物的落

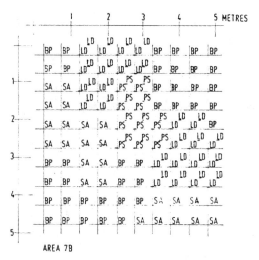

AREA 7B

PS PINUS SYLVESTRIS   20 PLANTS PER BLOCK OF 25 M² (8 NR /M²)
SA SORBUS AUCUPARIA   25 PLANTS   (4 NR /M²)
BP BETULA PUBESCENS   40 PLANTS   (4 NR /M²)
LD LARIX DECIDUA   50 PLANTS PER BLOCK OF 25 M² (8 NR /M²)

图9.22 林地种植中重复单元的例子。
独立的平面展示种植单元的放线

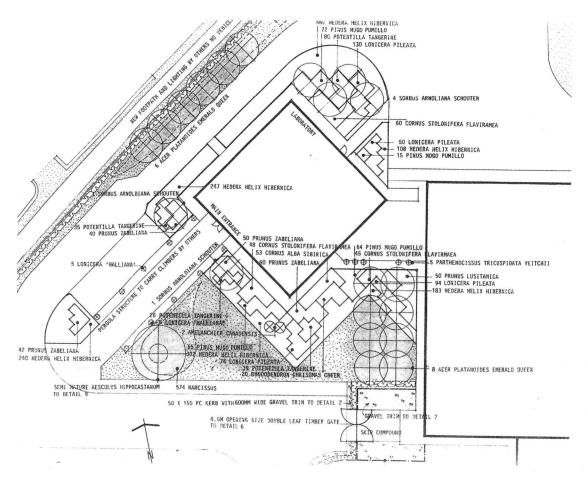

图9.23 商业开发区的城市装饰性种植施工图。注意平面图上植物的全名和数量

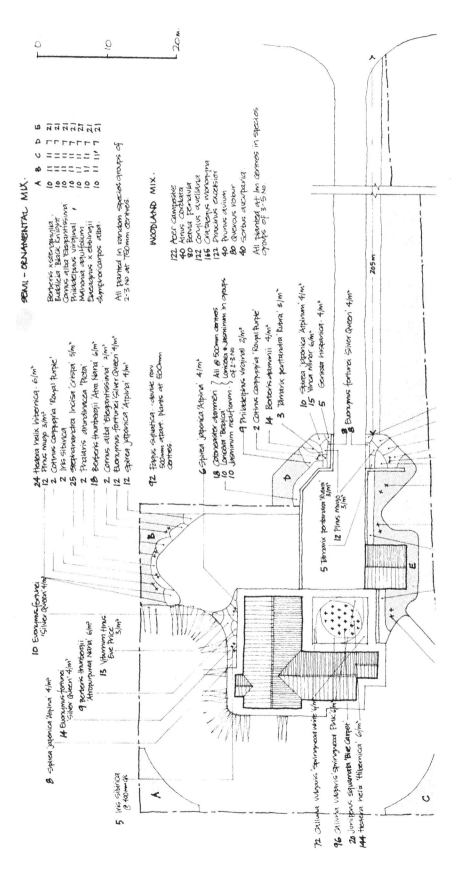

图9.24　"半-装饰性"灌木结构种植混合联结着装饰性种植和林地边缘种植。私人花园的设计方案（设计绘图：Richard Sneesby, Landscape Architect）

位，说明将由设计者在现场放线。当设计阶段不清楚场地的情况和构图的布局，常常需要这样的变通。比如，地下管线走向的确切位置只能现场确定，才能落位乔木的合适位置。进一步细化也可以是纯粹的美学目的。如果位置对于组合很重要，可能需要放样出重要组团的观赏乔木和灌木。林荫路和其他规则式种植就是很好的例子，如果设计者没有对它们做出放线图，必须在现场仔细落位。

建植

任何种植方案的实施通常包含建植或"后期养护"的阶段。这个时期持续1～3年，这是植物生命周期的脆弱阶段，承建者要确保设计效果不受杂草、恶劣天气或病虫害的损害。景观工程合同中，建植阶段包括两个部分：承建者对植栽问题负有责任（通常称作"责任期"）和有偿养护工作（通常称作"养护工作"或"维护工作"）。

在责任期由于施工质量引起的任何植物或其他材料的任何问题由承建者负责，不需额外费用，包括每个生长季后的补植工作。实际上，在责任期结束时承建者保障着健康树木的补全工作，遵守着详细的免责条款如故意毁坏行为等。养护工作由日常维护工作组成，如杂草控制、浇水、修枝、剪篱、剪草和捡拾垃圾。这些是成功建植的基本工作，没有这些工作不可能期望承建者能保障种植的成功。

建植阶段的主要目标是达到树冠闭合或生长旺盛、健康的地被覆盖。养护阶段也是设计者评估设计的良好时期。任何需要加强种植的情况就会变得很明显。可能就是需要在角落上移栽几棵树，或是在树丛下增加一片球根花卉，但是对设计效果有着完全不同影响。

在一些场地上，可能不确定哪种树木会生长得最好。如果是这样，只能等一两个生长季后观察适应性，然后选择树种加密种植区或种植床。在合同中给出修改和增加种植的灵活性，腾出一部分资金支付增加的栽植，并让业主和施工方明了这是项目必要和预期的组成部分。

管理

设计者设想的种植成熟后的全部效果只有在进入景观管理阶段才能获得，依仗于园林管理者对设计者意图的理解。种植方案的管理阶段可以看作是开始于建植阶段结束后，只要植物存在就一直延续。包含日常维护工作，就是保持场地整洁没有杂草和病虫害的一些经常性、重复性的工作，季节性的剪草、修剪和补植工作。

管理也是重要的设计工具。实际上，很多丰富种植的景观效果得益于创造性的管理，如同设计本身一样重要。通过修剪、疏植、移植和选留植物，甚至是处理自播的"野草"，自然化、扩展和管理植物组团的形状和控制生长。修剪可以激发大多数植物最具吸引力的特性，或是为了其他植物遏制其生长；疏植可以移除一些植物为其他植物生长让路，或是通过开出林中空地或是降低植物密度，改变林地的结构和空间特征。一旦建植了初步的保护林，最好就引入对于景观特征和长远效果至关重要的植物。第二阶段的植物包含很多长期的林木种类，如罗汉松（podocarp）和新西兰森林中的慢生阔叶树。喜阴和喜湿的林地地面植物也最好在后期阶段引入。这样的例子包括很多落叶林中的春季草本和常绿雨林的蕨类。

除了长寿的树种，所有植物在景观管理可预见的时期内需要做一些更新。或是通过提供合适的生长条件让植物自然更新，或是通过重度修剪、修枝或重植一些植物控制植物生长的进程。草本植物和生命期短的灌木在5~10年相对短的时期内需要分株或重新栽植。生命期长的乔灌木在短期内不必关注，但是在种植设计生命周期的早期阶段会有着不同变化的年龄结构。最终，一些最为精彩的效果来自于栽植和"野生"植物种类意想不到、随机的生长，细致的管理允许与促进着节制与随发性之间的平衡。

景观管理中，可以进行一定程度的创造性干预和定期的重新设计。如果没有受过全面的设计训练，设计者的敏感性对于景观管理者而言是一笔财富。实际上，是否实现了设计者的全部意图很重要。如果无法实现，作为设计者就要参与到管理中。如果拟定了管理合同，详细列出了像设计目标一样的实施要求，就能获得最大化的控制。设计者就能在施工现场监控操作。

管理合同通常是定期合同，3~5年后重续。这样的时间段能让我们至少在第二个管理合同期结束前看到灌木和草本种植达到成熟。种植的乔木纵然50~100年后才能完全成熟，通过这个阶段也能很好地开始在种植组合中产生影响。经过一两个管理合同期后，就能向业主和园林工作人员证实想要达到的效果，设计意图已得到实现，可以自信地交付责任。

如果我们没有机会介入管理，可以起草管理计划，有详细的说明和工作计划大纲让景观管理者使用。应该全面解释想要的种植形式和特征以及需要的主要操作内容。可以经常性地会见景观管理者，监督管理工作的大方向并协助做出决定。如果不能保证持续性的介入，在建植期结束、场地交付业主时，要向园林管理者和工人作简要说明，保障种植计划中定下的时间和资金投入。简要说明可以采用带有图示的管理报告的形式，也可以采用讨论的形式，让管理者询问设计者。参观相似特征的成熟地块也很有帮助。

在设计过程中学习

我们依次介绍了设计过程——了解、分析、综合和实现。实现我们的想象是最为快乐的事情；也最具启发性。看着我们的种植设计落地和逐渐成熟，提供了从成败中学习的难得机会。评价最终的产品是验证是否解决问题和达到设计要求的最好方法。

所以设计的实现并非结束。我们应该将每个设计完成后得来的教训用于下个项目的设计中。在这一点上，设计是一个循环。对于一个设计完成的观察和评价能为下个项目激发和产生灵感。这种创造性的循环操作不只出现在从一个设计项目到下一个设计项目，而且也会发生在设计过程的阶段之中。这是产生思想和做出选择的方式。分析和综合是这种循环的一部分。拉修（Laseau，2000）认为简化思维和扩展思维交叠在设计过程中："当设计过程进入旨在减少选择，寻求最终答案时，也就卷入了意在扩展可能范围的精细之中。"作出决定需要专心、一心一意，然而精致来自于为了自身、为了乐趣的不断探索的态度中。或许是融合那些对创造性而言很关键的互补性心理的能力。如果我们能令其共同存在，互相支撑和杂合，那么问题的解决就会变成富有创造性的探索，形成对设计问题创新性的答复。

第三部分

实践

第 10 章

结构性种植

前言

这本书最后的第三部分，将探讨细节种植的实践和回答问题：哪些植物适用这类种植？怎样将它们有效而富于想象地组合在一起？能让我们了解一些基本的设计方法，从中我们可以选择和采纳适合不同项目和场地的设计。场地准备和杂草控制等技术超出了本书的探讨范畴，读者可以参考很多解决园艺和树木培植的优秀出版物。

框架性种植和装饰性种植分为独立的章节，因为通常使用的树种和担当的角色明显不同。尽管有这种区别，但是很多重要的地方，植物的结构性和装饰性功能交叠。我们细化结构性种植时需要思量视觉上的组合，和考虑形成观赏性种植特点的空间。

森林和林地

在《花园的诗》（The poetics of Gardens，1988）中，摩尔等人建议"栽植新树是一种最为尊贵的乐观行为"。作为园林设计者，我们有机会在新的森林和林地中成千上万地栽树。从长远、环境保护的视角来看，这是我们工作中最有价值的地方，尤其是在欧洲和新西兰很多森林退化的地区。新的森林和林地在尺度上涵盖从小的树丛或几百平米的小树林到数百公顷的绵延森林，可以建植在偏远地区、城市边缘或城市恢复地区。"城市森林"和城市林地有非常重要的社会价值，因为它们接近大量居民，可以成为日常生活的一部分。

有必要在这里对术语做一下注释。除了在林业和广泛的口语使用中有着技术含义外，"森林"和"林地"都有严格、科学的定义。在生态上，"森林"指乔木种类为主导的植物群落，在5米或更高的高度上形成了大多连续的树冠。"林地"是指分散的乔木组群和其他植物一起在较低的层级上形成一种特征性的组成成分（比如，"矮树林和标准林地"、"萨瓦纳林地"或是"林地草原"）。在商业性林业中，"森林"一词是指用于生产目的的种植或自然形成的森林。在土地利用上，"森林"一词通常用于乔木主导的大片群落（比如，欧洲的"原始森林"或俄罗斯的森林），而"林地"是指较小、但不必过于开放、乔木覆盖的区域，在一定程度上常为人们管理或使用。我们在该书中使用该词生态上的含义，但也会使用英国通常使用的术语林地，指乡村和城市地区较小的乔木区域。在其他国家，有其他的术语。比如在新西兰，"灌丛"是指任何密集生长的本地乔木和大灌木，无论是原始森林还是次生林。"森林"通常使用在商业经济林业中。

新的树木在哪里以显著的规模种植？在哪里建立起景观上将来的树木结构？在英国，中部地区新的"国家森林"、其他区域性的森林、和随同开发建设种植的林地——尤其是道路和工业区，已经开始有着真实的差别。这种种植开始产生乔木覆盖地的大片结构，其内发生着国家的各种经济活动。我们可以称其为"treeland"，区别于"woodland"和"forestry plantation"，肯定其产生的源起和功能上的差别。

新栽的风景林通常比经济林规模小，对于景观上的视觉质量和生态效益并不产生主要作用。在城乡接合部，这样的种植经常与一些新的开发联系在一起。这包括休闲娱乐项目，像乡村公园和国家公园的游人服务设施；有机会在新的林地或森林或已有退化森林群落的更新中建立重要的区域。在偏远地区的工业开发是林地种植的另一个机会，回收工业土地上的种植对于将来的森林贡献很大，比如工业废弃地和老的采石场。在一些情况下，用于公路建设征收的土地不仅可以进行路缘栽植，而且留有足够的空间建立邻近的大片树林。另外的机会是英国最近农业政策上的变化鼓励在生产力低下的农田上种植低地森林和树林。

在城市中，建植新的林地看起来会受到更多的限制，有两个主要原因。第一，由于有着重要的经济回报，使用高产土地建植新林经济上有压力。第二，公

照片138 欧洲白蜡（ash，*Fraxinus excelsior*）和欧亚槭（sycamore，*Acer pseudoplatanus*）在河边废弃的石灰石矿坑中自我繁育和建植了林地（Humber River，英国）。注意林下茂盛的灌木和草本

众对"城市森林"的认知（包括城市林地和城市树林）主要集中在负面，认为树林掩藏了袭击者、酒鬼、吸毒人员和垃圾的倾倒，远甚于认为是野生生物栖息和休息、休闲之地。但是，随着总体上城市环境运动和环境意识的增长，和城市林地多种利用案例的成功，这些成见正在发生改变。城市中各种尺度和类型的树木栽植现在被认为是"城市森林"的基本组成部分——与建筑、道路和开阔地交织在一起的树木和小块林地。

在欧洲国家的偏远地区，风景园林师在用材林设计中起着重要作用，包括建议种植的地点和形状、保护现有植被，以及建立本地的林木边缘和框架包裹农作物种植。

设计森林和林地

当设计森林和林地时，应该决定设计方法的一些基本问题，包括使用哪些树种和如何布置。

森林或林地起到何种作用？

最基本而重要的功能包括建立栖息地、视觉美化、休闲娱乐和改善小气候。这些功能是决定使用何种空间结构和合适树种的主要因素。

最终需求何种冠层结构？

在本书的第一部分探讨了冠层的分布和密度产生了空间上的不同特点，反过来这些特点影响对森林的感知。虽然成熟的森林结构很多年后才能完全形成，但是一开始就需要选择均衡的植物组合和植物配置，这样才能形成想要的冠层结构。进行第2阶段种植等后续管护措施是形成森林结构的重要组成部分。

土壤和气候条件是什么？

场地的生长条件进一步引导植物的选择。选择的树种需要很好地适应场地环境的各个方面，这样能以经济性的栽植和养护工作建植起茂盛的林地。

附近已经生长了什么树种？

如果场地条件类似于附近地块，而且也想呼应和保持已有的景观特征，可以主要依照当地已验证的树种。我们可以适当地扩展使用的植物种类，但是记住新的林地种植和森林植被恢复区不是收集不常用乔木和灌木的理想之地。

可以在土壤条件不常见的场地上试验种植，比如退化的土地，或可能附近没有林地——因为场地位于市区或者周围乡野的树木覆盖早就不存在。这种情况下，我们可以研究其他类似地方的种植和植被，在有关景观问题的科技文献中寻找建议。通常可以在城区发现一些植物自然生长的案例——路边、遗弃的地块，甚至花园也能提供参考，无论多小，如果给予机会都能再生出植被。

森林或林地如何能保持长久？

将来的管理水平要长远考虑。比如，如果看起来很少或者没有疏植和重植工作，那么设计阶段就要预见到这一点，在没有管理的情况下建立的种植就能很好存活和自我更新。这可能意味着牺牲多样性，要花费更多的时间和资金在起初的场地准备、种植和覆盖保护工作上。另一方面，成熟的园林工作人员做出的管理计划能做到建植迅速，并且从长远来看能发展成为种类丰富、可持续性的林地或森林。

一旦回答了这些问题，就可以决定和计划建植的策略，起草种植的植物名录。对于限定大多数植物使用本土和经过长期训化的植物存在争议。森林和林地是景观中影响很大的因素，所以对于乡野和城市风景的特征和质量有着强烈的影响。大片的外来植物常显得与周围景观格格不入，与场所的基本精神不协调，尤其是在乡野地区。进一步的原因是迫切需求保护和扩展野生动植物栖息地。建立自然森林和林地，形成丰富的本地生态系统，能有助于改善野生生物的多样性和分布。

虽然本地的乔木和灌木通常对于产生野生生物最有价值，能最有力地反映景观的本地特征，但是很多外来植物不是与很多国家的乡野景观毫无相似之处，即使在很荒野的地方也是如此。虽然它们支持的昆虫种类和其他动物极少能像本地乔灌木那么多，但是很多引种的植物种类的确也为野生生物提供了食物和遮蔽所，所以对于本地动植物的沿边保护有价值。在特别困难的土壤和气候条件下，一些外来植物比本土植物更易建植，在经济因素的驱动下，常会进行大面积的种植。比如，欧亚槭（*Acer pseudoplatanus*）、欧洲落叶松（*Larix decidua*）常被种植，在英国裸露的高地地区形成难能可贵的覆盖；大果柏木（*Cupressus macrocarpa*）、辐射松（*Pinus radiata*）用于形成防护篱，遍布新西兰风蚀严重的坎特伯雷平原，那里本地树种的建植缓慢。

一些外来植物能充分适应新的生长条件，可以变得本土化并且繁衍传播。在英国的一些地区植物本土化的例子有西班牙栗树（Spanish chesnut, *Castanea sativa*）、土耳其橡树（Turkey oak, *Quercus cerris*）和挪威槭（Norway maple, *Acer platanoides*）。一些外来植物，像欧亚槭（Sycamore, *Acer pseudoplatanus*）和长序杜鹃（*Rhododendron ponticum*）繁殖的旺盛程度已经侵害到本地植物和野生生物栖息地。在新西兰，独特的本地植物和大多地方特色植物易于被外来植物取而代之，很多引入的植物，像辐射松（*Pinus radiata*）、荆豆（gorse）、金雀花（broom）、箭羽槭（*Albizia lophantha*）、金合欢属植物（*Acacia* sp.）在某些地区被认为是严重的有害植物。应该更多地注意勿使有害植物广泛传播。

过去建植林地和森林的技术基于经济性林业上的做法，有些情况下结合使用大庄园采用的更为园艺的方法。这些技术包括使用短期保护性植物的同时种植生长较慢的树种；实生移植苗在通常的行列中松散地布置；严格树种的范围。最近以来，受到荷兰生态公园和种植的启发，基于生态理论和目标的设计和建植技术开始被使用。生态的种植，或常被称作自然种植，一直以来的发展和提升取得了很大的成功，使得森林、林地、杂木林和灌丛的设计变得更加复杂。

有时单一种植是很好的设计对策，比如一群桃拓罗汉松（totara）、一丛欧洲赤松（Scots pine）或是一棵山顶悬挂的山毛榉（beech）。其他时候，需要生态种植能够产生的多样性外观、结构和野生生物栖息地。森林群落的多样性水平常常是一个地区天然森林独特而典型的特征。如果将新西兰北部繁茂的"亚热带"低地雨林与爱尔兰东部山毛榉林的简单结构与组合相比较，或者与挺立在低地沼泽上的新西兰鸡毛松（kahikatea, *Dacrycarpus dacrydioides*）纯林相比较就能看到这一点。所以要达到的多样性数量应该考虑建植的方式和当地的最好特征。

另一个重要的策略是种植的阶段性。在一些情况下，所有的种植最好一次性做完，随后经过一些年的管理，让一些生长缓慢、竞争力弱的植物建植起来。如果有机会进行第二阶段的种植，最适宜引入需要较多庇护、遮阳和保护的植物种类。第二阶段的种植常常发生在先锋树种或是保护性乔灌木在林中空地和林下产生的局部遮阳的生长环境中。在适宜的条件和精细的管护下，第一阶段和第二阶段间隔的时间可以缩短到3年，如果生长困难和缓慢就可能长达20年。

种植组合

森林和林地设计的基本单元是种植组合，是栽植在特定区域的乔灌木组合。随着生长，这些植物会在种植中占据不同的位置，达到成熟年龄时只有其中一些植物会保持在群落组合中。

大多数新的森林和林地得益于多种种植组合。实际上，一处种植可以包含反映森林中各种生长条件和功能的不同组合。细心选择每种种植组合的组成成分以适应不同地区的场地和小气候条件，为森林的不同部分提供期望的冠层结构。从设计的观点看，分类种植组合很有帮助，首先依据冠层结构，之后按照环境条件。下面是涵盖框架种植主要类型的种植组合样例。如同第8章那样，对比着欧洲和新西兰的举例阐释设计原则。

高林/高冠林地
方法

高林和高冠林地群落中的主要树种是高大的林木树种，通常至少15米，但常见是20米或更高，体现了森林发展的成熟阶段，而不是早期的建植阶段和先锋群落。一个高的林冠组合最终会为成熟林地提供核心，常被称为核心组合。种植时包含的植物种类最终形成一两个甚至更多的冠层。

在开阔地上建植高林群落的方法依照牵涉到的植物生态而有所不同。在一些温带森林中，如新西兰南部山区的山毛榉林和欧洲橡树林，建造伊始就可以种植一些最终形成主要树冠层的树木。结合着选择共优势种、亚优势种和灌木，通过合适的管理，经过50年的生长成为森林群落。其他地区有着不同的森林类型，比如新西兰的罗汉松–阔叶林。接续性种植的问题对于成功的建植更为重要，一旦

照片139　在这片高冠的橡树林地中，公路修建造成的清伐工作揭开了三层的林地结构断面。下层灌木发育良好，在橡树冠层下清晰可见，有西洋接骨木（elder, *Sambucus nigra*）、欧榛（hazel, *Corylus avellana*）。灌木下是欧洲黑莓（bramble, *Rubus fruticosus*）、欧洲忍冬（honeysuckle, *Lonicera periclymenum*）地被层。可以看到耐荫的草本植物，由于受到上面两层树冠荫蔽的影响密度稀疏（诺丁汉郡，英国）

照片140　这片高冠橡树林（*Quercus robur*）坐落在乡村公园，显示了两层结构。下层大部分缺失，但是地被层的草和其他草本植物发育良好。空间特征与三层结构的树林有很大的不同，树冠下的开放性很适合简单的休闲活动（诺丁汉郡，英国）

先锋植物群落或保护植物群落创造了适宜的生长条件，最好就引入很多最终的林地优势种。

但是，甚至在落叶的橡树林或是欧洲山毛榉林中，对于初始种植是否排除将来的优势树种存在争议，尤其是生长缓慢的树种，比如欧洲白栎（pedunculate oak）、欧岩栎（sessile oak）山毛榉（beech）、欧洲鹅耳枥（hornbeam）。比如，风景园林师和生态保护者（Chris Baines，1985）建议：

> 我们应该允许更多的自然繁育。取代企图一步形成自然林地的做法，如果起初阶段建植起密集的灌丛，在地面层形成庇护的林地环境，我认为更有把握。在英国几乎没有场地不能自然获取顶级植物种类，比如橡树。

这是生态的方法，因为更接近自然更新和演替的顺序。而且事实上，在先锋植物群落首先占据场地之后，大多数优势的高冠树木和耐荫的低层植物会建植得更为成功。在条件差的场地上情况更为显著，先锋植物提供的庇护、遮阳和土壤改良尤为重要。

运用演替的方法建植高冠的群落，先建植起灌木或低矮的森林群落，一旦先锋种植形成了适宜的条件，就引入最终的优势树种作为第二阶段的种植或播种。在后面的部分将讨论低矮森林和灌木混合的设计。这种方法的一个问题是高冠林木开始建植前的时间差。即使先锋树木和灌木的种植和管理能促使较快的建植，条件达到适宜种植接替树种前，通常也需要10～50年的时间。但是正如克里斯·贝恩斯（Chris Baines）指出的那样，这个延迟"如果我们意识到橡树林地的时间尺度，几乎不是问题"，并且与此同时先锋植物群落有着自己的审美价值和特色。他的说法也与其他森林类型相关。比如，密集的麦卢卡（manuka，

照片142　在大龄的麦卢卡树半阳的环境中自然繁殖的林木和灌木。原始森林被林火破坏之后，生长的麦卢卡树一般大小（新西兰）

照片141　旺盛的新西兰森林建植于树木的种植，有较为耐晒的罗汉松，比如芮木（rimu，*Dacrydium cupressinum*）和桃拓罗汉松（totara，*Podocarpus totara*）。先锋的树木和灌木植物，树蕨和地被蕨，也包含在初始的种植中（坎特伯雷大学，新西兰）

Leptospermum scoparium）灌木丛在新西兰火烧后的场地上生长发育，15~20年后开始退化，在这期间，较大形体和较长寿命的林地植物建植起来。

尽管有生态上的争论，但是给予充分的土壤和小气候条件在起始阶段就可以建植很多林木，包括橡树（oak）、山毛榉（beech）、白蜡（ash）和椴树（lime）。实际上，欧洲橡树和白蜡不只是高高的森林优势种，而且在肥力低下的草地上可以作为自然的先锋树种，巨大的种子可以储存营养供给生长与草本竞争。在新西兰，南方山毛榉（southern beech）、假山毛榉（tawhai，*Nothofagus* sp.）生长在开敞的地块上，如斜坡、路堑和河岸。所以有着生态上的先例以及实践上的理由在初始种植时包含诸如此类的林木种类，并伴生一些其他林层的植物。

林层组构

在很多英国和欧洲西北地区，高层冠林地中的优势树种有：

- 欧洲白栎（pedunculate oak，*Quercus robur*）、欧岩栎（sessile oak，*Q. petraea*）
- 欧洲白蜡（European ash，*Fraxinus excelsior*）
- 欧洲山毛榉（European beech，*Fagus sylvatica*）
- 欧洲赤松（scots pine，*Pinus sylvestris*）
- 挪威槭（sycamore，*Acer platanoides*）

- 欧洲鹅耳枥（hornbeam，*Carpinus betulus*）
- 大叶椴（*Tilia platyphyllos*）、心叶椴（*Tilia cordata*）

这些植物的任何树种都可以作为种植组合的主要成分。依照当地生态和场地条件做出选择。

达不到森林优势树种高度的较小树木称作亚优势树种，包括：

- 欧洲花楸（rowan，*Sorbus aucuparia*）
- 栓皮槭（field maple，*Acer campestre*）
- 欧洲甜樱桃（gean，*Prunus avium*）
- 红叶花楸（wild service tree，*Sorbus torminalis*）

在林地内部，这些植物在林冠层缺口处生长得最为旺盛。更为耐阴的树种像欧洲花楸（rowan）栓皮槭（field maple）、红叶花楸（wild service tree）在不十分密集的优势树种的冠层下生长得好。

"灌木层"包括耐阴的灌木和灌生习性的小树。在英国，依照不同地区有：

- 欧榛（hazel，*Corylus avellana*）
- 枸骨冬青（holly，*Ilex aquifolium*）
- 锦熟黄杨（box，*buxus sempervirens*）
- 欧洲女贞（wild privet，*Ligustrum vulgare*）
- 西洋接骨木（elder，*Sambucus nigra*）
- 锐刺山楂（midland thorn，*Crataegus oxyacantha*）
- 单籽山楂（common hawthorn，*Crataegus monogyna*）

在特殊的地点，如果能发现合适的苗木，很不常见的灌木如假叶树（butcher's broom，*Ruscus aculeatus*）和桂叶瑞香（laurel daphne，*Daphne laureola*）可能更适合。在建植起的林地中，灌木层常包含大量树木的幼苗，尤其是更为耐阴的植物种类如欧洲山毛榉（European beech）和欧亚槭（sycamore）。远在幼苗期就建植起来，但不能进一步生长，等待冠层中缺口的出现，这样才有更好的光线条件继续生长。

第三层，设计者需要了解草本层。在建植起来的森林和林地中，通常有很好比例的草本植物，但是耐阴、低矮、趴伏的灌木也是重要的部分。一些草本层的灌木应该包括在种植中，在后期养护管理中给予特别的关注（随后讨论）。这包括：

- 欧洲黑莓（*Rubus fruticosus*），
- 洋常春藤（*Hedera helix*），
- 欧洲忍冬（*Lonicera periclymenum*）。

草本层植物不可能成功地建植起来，直到林地结构很好地发育起来，在地面层产生了合适的遮阳和庇护条件。

保育林

辅助生长较慢和更为期待的树种建植起来的一种方法是使用速生树种构成的"保育林"（通常是先锋树种）。保育树包括：

- 桦木（birches，*Betula pendula* 和 *B. pubescens*）
- 桤木（alders，*Alnus glutinosa*，*A. incana*，和 *A. cordata*）
- 落叶松（larches，*Larix kaempferi*，*L. decidua*，和 *L. × eurolepis*）
- 柳树（willows，*Salix* sp.）
- 杨树（poplars，尤其是 *Poplar tremula*）

栽植这些植物的目的是要在 7～20 年完成使命后清除，让组合中的长期植物能够繁茂生长。在商业林中，保育树也可以是早期经济回报的来源。在景观种植中，它们能快速地长高和形成组团，荫蔽和防护是首要问题。虽然种植快速生长的保育树和先锋树主要是为了早期的作用，但是可以在疏伐作业中选择留下一些组团，增加成熟林地在树种组成和结构上的多样性。在一片橡树和白蜡树中，有一丛密集的桦木或柳树能增加树林生境和视觉上趣味。

但是，保育树和长期树种的密集种植会产生问题。高冠的优势树种比保育树建植缓慢，所以需要布置，以免快速生长的树木和灌木在早期阶段压制它们的生长。通常景观树间距为 1～2 米的情况下，保育植物扩展强劲、枝叶密集，会迅速荫蔽和压制缓慢生长的树木和灌木，除非经常注意间伐和回剪。[一些树木像桦木（birch）和山杨（aspen）是先锋树种，在很多演替中会自然让位于橡树、山毛榉和其他顶级树种。一旦先锋植物因年老而树冠稀疏下来，在冠层间的缺口下第二波接替的植物就生长起来。]

第二个问题是生长旺盛、建植起来的保育树并不总是易于清除掉。除了落叶松，所有上面提到的植物，会随意地从树桩上更新出来，再生的部分迅速而拥塞。除非定期清除这种"克隆"，它依然会有很高的竞争性，最终形成很大、多干的树木。砍伐残留的树桩可以用除草剂杀死，但是不提倡大规模地使用这些强力的化学药剂，会对操作人员、其他植物和野生生物带来威胁。在局限的种植空间中，通过挖掘和粉碎的手段机械化清桩的方法很困难。另外，简单地放倒保育树很难不对其他树木造成损害。

为了避免这些困难，最好排除生性过于强健的保育树，林地核心的树种组成依仗于生长速度中等的树木和灌木来产生早期的视觉效果和庇护。

- 欧洲白蜡（ash，*Fraxinus excelsior*）
- 欧洲甜樱桃（gean，*Prunus avium*）
- 欧洲花楸（rowan，*Sorbus aucuparia*）
- 西洋接骨木（elder，*Sambucus nigra*）
- 单籽山楂（haw thorn *Crataegus monogyna*）

如果场地裸露不严重，所有这些植物早期都会生长良好，并能为橡树、山毛栎和椴树提供保护。

　　另外的方法，保育树可以与长期生长的树种分隔开来，避免过度竞争，便于管理。在林业中，保育树和主要树种分列种植，这样疏伐时很容易放倒和清除保育树，留下空间让主要树种生长。这样规则的格网种植的外观和空间质量与众多景观性种植迥异，所以常用复杂的不规则布置。可以将保育树组群成不同的团块和带，以便易于疏伐和保持冠丛间的缺口。这些缺口成为林中空地，生长缓慢的树种能够在相对明亮和庇护的小气候条件下茁壮生长。

发展种植组合

　　有一些核心组合的例子，包含有几层树冠，每个冠层中有数种植物。运用高层林冠的核心组合来演示确定植物种类间的比重、组群和间距的方法。必须强调的所有提到的组合只是为了说明设计的方法，不要作为标准组合用在实际项目中。每个场地都不同，需要充分了解场地的条件重新设计种植。

　　要说明高冠林地组合的设计，首先假定位于英国南部低地区的种植地，庇护条件不错，为湿润的黏土或壤土。自然条件下这种土壤支持英国栎混交林生长。几乎不可能，也无必要在一开始就安置成熟植被的所有组成成分。但是通过研究当地植被能够知道哪一种植物在当地条件下最适合初始栽植，以及与其他植物间的适应性。很多成功的种植组合是基于已有的本地群落，按照设计目标和植物的可用性和可实施性做出调整。

照片143　这片萨里郡的林地是标准化管理的萌生林。从标准型的橡树树龄可以看出林地仍处在早期阶段。矮林的层次主要包括西班牙栗树（Spanish chesnut，*Castanea sativa*）和欧洲花楸（rowan，*Sorbus aucuparia*）。前面的垂枝桦（birch，*Betula pendula*）被回剪后强烈地再生

组合的构成

　　主要冠层植物由欧洲白栎（pedunculate oak，*Quercus robur*）构成，在英国南部和东部结合少量的共优势树种如欧洲鹅耳栎（hornbeam，*Carpinus betulus*）。伴生的亚优势种是栓皮槭（field maple，*Acer campestre*）和欧洲甜樱桃（gean，*Prunus avium*）和有时是欧洲花楸（rowan，*Sorbus aucuparia*）或是花红（crab apple，*Malus sylvestris*）。

　　灌木层种植可以包括欧榛（hazel，*Corylus avellana*）、枸骨叶冬青（holly，*Ilex aquifolium*）和单籽山楂（hawthorn，*Crataegus monogyna*）或是锐刺山楂（mildland thorn，*Crataegus oxyacantha*），所有这些植物在橡树林内很常见。但

是，锐刺山楂在苗圃中很难获得好的树形，但是如果在该层需要保持高密度，可以用西洋接骨木（elder）来替代。

建植起的橡树林中，地被层可以包括欧洲黑莓（bramble, *Rubus fruticosus*）、欧洲忍冬（honeysuckle, *Lonicera periclymenum*）和洋常春藤（ivy, *Hedera helix*），还有无数的草本植物。由于幼林阶段化学除草技术的使用，和它们蔓延攀爬的习性，总是不容易在初起始阶段建植起地被层灌木。但是如果能做到劳动密集型的养护管理，避免除草剂的伤害，定期的修剪欧洲黑莓、忍冬，就能保障地被层灌木的生长。欧洲黑莓也极少能从苗圃中找到，所以最好从当地植被资源中少量移植作为繁殖体。由于洋常春藤的常绿叶扩展缓慢，且容易受到除草剂的伤害（除草剂适合控制大片幼树栽植下的杂草），在幼林中很难建植起来；可能最好是在较晚的时期种植常春藤。

直到种植到达成熟早期，带有荫蔽条件的空地出现时，草本植物才能建植起来，比如欧洲报春（primrose），圆叶风铃草（bluebell），银莲花（wood anemone），野生蒜（wild garlic）和三叶天南星（parson in the pulpit）。在这个阶段，如果不能从当地植被资源中随机繁殖，就需要通过播种或盆栽植物材料实现。在建植期条件下成功生长的草本植物将会是高度竞争性的植物种类，比如粗草（coarse grass）、酸模（dock）、荨麻（nettle），会对木本植物的萌生构成强烈竞争。

高林冠森林的核心树种组合由下面的植物组成，但是要注意，所有本书中列出的植物组合有一定的假设，只是为了说明。不能在实际地块中复制使用。在落实任何本地植物种类的种植前，必须彻底了解每个场地详细的生态环境。

优势树种：	欧洲白栎（pedunculate oak, *Quercus robur*）
	欧洲鹅耳枥（Hornbeam, *Carpinus betulus*）
亚优势树种：	栓皮槭（field maple, *Acer campestre*）
	欧洲甜樱桃（gean, *Prunus avium*）
灌木层：	欧榛（hazel, *Corylus avellana*）
	枸骨叶冬青（holly, *Ilex aquifolium*）
	单籽山楂（hawthorn, *Crataegus monogyna*）
	西洋接骨木（elder, *Sambucus nigra*）
地被层：（视管理情况）	欧洲黑莓（bramble, *Rubus fruticosus*）
	欧洲忍冬（honeysuckle, *Lonicera periclymenum*）

在这个组合中，欧洲甜樱桃、西洋接骨木和少量的栓皮槭是生长最快的植物，可以在早期用作保育树。由于早期生长旺盛的西洋接骨木会抑制欧洲白栎和欧洲鹅耳枥等的建植，所以可能需要定期的矮林作业确保生长缓慢的树种有足够的发展空间。

如果想要一个简单一些的冠层结构，下层林木可以省去，通过减少树种的使用简化余下的层次。只有两种植物的种植最终会形成简单的林地，但并不缺少突出特征。比如，山毛榉和桦木，常能形成迷人的单一栽植的林地。但是，如果只是依靠一两种植物，要非常自信它们胜任场地的能力。明智的做法是包含一系列的植物避免一些组合的糟糕表现。

没有下层林木的核心组合可以如下所示（场地条件与之前相同）：

优势树种：	欧洲白栎（*Quercus robur*）
	欧洲白蜡（ash, *Fraxinus excelsior*）
亚优势种：	欧洲甜樱桃（*Prunus avium*）
	栓皮槭（*Acer campestre*）
地被层：（视管理情况而定）	欧洲黑莓（*Rubus fruticosus*）
	欧洲忍冬（*Lonicera periclymenum*）

这种混合有4个树种，有把握取得成功，最终会在地上形成混合的树冠层。忍冬、欧洲黑莓和其他自播的植物会蔓延在地面，忍冬会沿着光亮的树干攀爬。如果想要视线通畅的林地或是易于林下穿越，这种"林屋"结构会很理想。

一种不同结构是在高的树冠和密集的灌木层之间有着明显的区分。搭接优势树种和灌木层之间间隔的亚优势树种被省略。另外，灌木层要进行定期的矮林作业（缩剪回地面高度，形成多干的再生苗），产生密集灌丛式生长，避免灌木接近优势树种的幼苗。几乎所有的落叶灌木可以被截回地面高度，但是对矮林作业反映特别好的植物有欧榛（*Corylus*）、西洋接骨木（*Sambucus*）、欧洲红瑞木（dogwood, *Cornus sanguinea*）和欧洲荚蒾（guelder rose, *Viburnum opulus*）。不只是灌木，而且乔木，如欧洲白蜡（*Fraxinus*）、欧洲鹅耳栎（*Carpinus*）、西班牙栗树（Spanish chesnut, *Castanea sativa*），也对回剪反应很好，可以使用它们形成部分矮林层。传统的英国矮林和标准林地的管理主要是为了通过砍伐灌木林（比如，欧榛和西班牙栗树）和偶尔倒伏的成熟林木（常是橡树）来获得"下木"的生产。如果高冠层不是太密集，林地结构对野生生物非常有好处，灌层部分的轮伐形成了林中空地和灌丛中丰富的光线和荫凉。

欧洲白栎林的高冠层/灌木层组合适合同样的场地，适于矮化作业获得经济回报（但并非目的），树种构成如下：

优势树种：	欧洲白栎（*Quercus robur*）
	欧洲白蜡（*Fraxinus excelsior*）
矮冠层：	欧榛（*Corylus avellana*）
	西洋接骨木（*Sambucus nigra*）
	欧洲红瑞木（*Cornus sanguinea*）
	黑刺李（*Prunus spinosa*）

黑刺李（Blackthorn, *Prunus spinosa*）虽然耐浓阴，依然可以用在一些冠层开放、有很高的光照条件的地方。它是密集下木层中很有价值的组成部分，形成开展的灌丛，能为筑巢提供很好的遮盖。

如果下木层中包含矮树，组合可以修改为：

优势树种：	欧洲白栎（*Quercus robur*）
	欧洲白蜡（*Fraxinus excelsior*）
矮树层：	单籽山楂（*Crataegus monogyna*）
	欧榛（*Corylus avellana*）
	欧洲鹅耳枥（*Carpinus betulus*）
	欧洲白蜡（*Fraxinus excelsior*）

上述4种组合展示了选择不同的树种可以产生各种林地结构。注意每个组合的树种数量6～10个，对于整个林地看起来数量有点少，但是通常有数个组合，所以树种的总体数量会是核心组合的2～3倍。另外，当林地建植起来时，会有其他的树木和灌木生长起来，增加林地群落的丰富性。

林地管理对于森林和林地的结构发育很重要。种植时，设计者的主要任务是提供一系列的树种，能容易产生期望的森林或林地组群和结构。不只是树种的选择，而且相对比例关系和布置会影响到管理的需求和最终的林地空间结构。

树种混合的比例

最终规格的高冠树能以相对少的数量形成主要的冠层。比如，在传统的矮林和标准林地中，成熟标准林木的数量可以少到12%，每公顷30棵（Tansley，1939）。这样形成的非常开敞的树冠能确保下木生长繁茂。较密集的冠层，比方说每公顷45棵，能产生更为郁闭的林地或森林特征。要产生这种最终的树间距，种植混合中要有10%的优势树种，种植间距1.5米并假定1/10的苗木会达到成龄。一种方式是在种植的核心部分，间种10棵橡树和10棵鹅耳枥树的组团，每个组团至少能有1棵树生长成龄。这会让成熟的优势树有大约15米的间距。

当然，不需要追求规则的间距或是成熟树木之间精确的间隔。对于最大的树木而言，开始种植时10%是一个恰当的比例。如果想要橡树作为最常见的树种，鹅耳枥树作为辅助树种，混合的相应比例可以为7.5%和2.5%。

冬青因为生长缓慢和相对昂贵，常保持小的比例，大约5%。地被层的欧洲黑莓（bramble）、忍冬（honeysuckle）数量上要很少，因为在早期阶段它们旺盛的生长习性与乔木和灌木产生竞争。这两种树在种植中有5%的比例足够，如果随后的条件适宜，它们会扩展开来占有自己的自然生态位。

这样留下80%的比例分布着剩余的灌木和小树。小树生长迅速，在早期阶段形成林地的团块。当上层林木的生长开始区别于灌木时，20%的比例足以产生这一层的多样性。每种下层的灌木也占有20%。在此基础上，比例如下：

表10.1　高冠林地混合

优势树种	*Quercus robur*	7.5%
	Carpinus betulus	2.5%
亚优势树种	*Acer campestre*	10%
	Prunus avium	10%

续表

灌木层	*Corylus avellana*	20%
	Crataegus monogyna	20%
	Ilex aquifolium	5%
	Sambucus nigra	20%
地被层	*Lonicera periclymenum*	2.5%
	Rubus fruticosus	2.5%
		100%

空间与展示

林中空地中的再生橡树（oak），或成片桦树（birch），或占据开阔地的黄华柳（sallow）很快显示了自然提供的巨大丰富的种子和幼苗。经常见到，多干的树苗是由多个种子在一处发芽形成，单棵的树苗只有几厘米远。这种过于奢华的丰富性不只是确保成活，也有助于让树苗形成优势与草本植物竞争，以及多方面的竞争增加生长速度。甚至相对光叶的树如桦木会在密集的幼林中迅速投下丰富的阴影压制杂草的生长。多方面的竞争也会造成自然稀疏、选留最具生命力的幼树。

当建植森林和林地时，模仿自然再生的最接近的做法是直接播种乔木和灌木。如果用更为传统的栽植圃地苗的做法，依然可以应用"过度密植"和有益竞争的原则。充分接近的初始间距能让幼树和灌木迅速达到规格，形成近乎连续的树冠，压制野草的竞争和促进它们的生长速度。在实践中，间距的决定需要在种植费用和建植养护费用之间找到平衡。密集的初始种植会很快产生郁闭的冠层，可以降低杂草控制的需求，但是需要较早的疏伐避免产生细弱的植物。种植时较宽的间距会延迟疏伐的需求，但是也延长了树木脆弱的时期，达到同样的视觉效果前需要密集的养护。

实践经验为1~2米的间距能迅速建植起来，不需要过多的养护费用。在欧洲的冷凉气候下，如果种植条件良好，种植间距1米能在两三个生长季后产生多少有些闭合的树冠。2米间距会延长到5个生长季。建植的时期受到土壤、小气候和气候因子的影响，尤其是生长季的降水。没有特别阻碍生长的平均条件下，1.5米的平均间距是很好的折中方案。或许令人意外，这种方法可应用到各种气候条件下，不只是欧洲的西北部；在其他地区生长的速度可能不同，但是杂草和树木的相对生长速度依然可比，所以相似的间距能有效地形成建植。

如果需要快速的影响，或环境条件特别严酷，间距可以缩小到1米，甚至是0.75米。如果预算费用低，并且不急于见到视觉效果，2米间距就够了。

一种简单的实现方法是以既定的比例将所有的苗木紧密地混种在一起，以恒定的间距在整个种植区栽植。理论上，形成的种植中每种植物均衡分布，与其他植物紧密混合。这种方法的种植计划明细表如表10.2所示。相比上一张表格，占比栏简单地转化成了每种植物的总数，假定地块为1公顷，间距1.5米（相当于每平方米0.45株，中心间距缩写为c/s、ctrs.或c/c）。

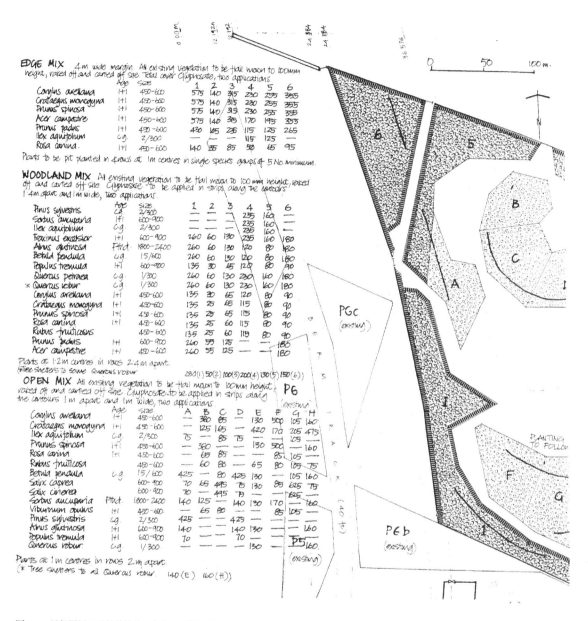

图10.1　局部图纸显示的种植是一个发电厂燃料残渣的回收场地。注意表格显示的是每块种植区以经济方式种植的植物数量。在每块种植混合的区域内，植物随机混合（设计绘图：Weddle Landscape Architects）

表10.2　种植混合比例

植物种类	比例	总数
Quercus robur	7.5%	340
Carpinus betulus	2.5%	115
Acer campestre	10%	450
Prunus avium	10%	450
Corylus avellana	20%	900
Crataegus monogyna	20%	900

续表

植物种类	比例	总数
Ilex aquifolium	5%	225
Sambucus nigra	20%	900
Lonicera periclymenum	2.5%	115
Rubus fruticosus	2.5%	115
		4510

注意：数量四舍五入为5.

所有的植物要均匀混合，全区1.5米间距种植。

　　这种随机布置的方法会导致一些问题。其中的主要问题是大多数生长旺盛的植物在早期阶段支配整个地区的能力，因为它们均匀地与缓慢生长的乔木和灌木混植在一起。如果发生这种情况，需要持续注意疏伐和矮化作业，避免压制和丧失生长缓慢的长期树。另外，"均匀分布"的做法不允许为了不同的生长速度和习性而变化植物的间距。这类种植管理的责任繁琐，经常不能完全达到，结果造成放任自流的林地，大多数侵略性的植物排斥其他植物。虽然这种做法或许更为"生态化"，付出了更多的努力考虑设计和种植，最好的做法是在初始种植时把混合限定于旺盛的先锋植物，采取后续的措施进行林地建植。

　　一种超越不同生长速度的方法是把每种植物组织成5～50棵的条带或组丛。这种组群方法在幼林种植的表现中也有优势。密集种植的同种植物表现"自然"，这种景象常见于自然随机的生长中，那些大的组团也有着强烈的视觉效果。这种组团布置的方法可以为不同的植物安排不同的间距，甚至能为任何特殊的植物变化间距。生长缓慢，竞争力弱的树木布置成10～20棵中等大小的组团，能占据一定的区域免受直接的竞争。占地会有10～50平方米区域的大小，足以给大多数组群提供充足的光照条件。但是很小的组团会受益于周围高大植物的庇护。每个组群中至少一棵能长成大树。

　　生长较快的树木和灌木，或是那些特意选择的短期保育树，可有多种处理方法。如果它们有着相当协调的生长速度，比如落叶松（larch）和桦木（birch），可以均匀混植，或是为了视觉的原因分成条带状。所以，速生树的组团可以形成伸长的带状蜿蜒在种植中，保护竞争力弱的植物，单一种类的植物条带为30～50棵或是更大的混合组团。另外的方法，快速生长的树木以10～20棵的小团散布在大片的竞争性强、生长低矮的耐阴灌木中。

　　比例非常小的植物通常最好种植成偶尔的小组团。比如冬青（holly）、欧洲鹅耳栎（hornbeam），可种植成5或10棵的组团，但是由于生长速度慢，要布置在其他生长较慢的植物中，比如橡树，不要受到快生树种的困扰，比如杨树或柳树。（但是枸骨叶冬青能够忍耐很低光照的水平，所以耐荫程度超出大多数植物。）

　　依然保持间距统一的情况下，混合组成中的组群大小详见表10.3

表10.3 种植混合中组群的大小

植物种类	组团大小	总数
Quercus robur	10	340
Carpinus betulus	10	120
Acer campestreo	15	445
Prunus avium	15	445
Corylus avellana	20	900
Crataegus monogyna	30	900
Ilex aquifolium	5	225
Sambucus nigra	30	90
Lonicera periclymenum	3	111
Rubus fruticosus	3	111

注意：总的数量被调整成可以被组团大小整除。
所有植物以1.5米间距按照单一植物组团大小种植。除非有特别标注，组团要均匀分布在混植区域中。

更为复杂和更为自然的效果可以通过变化间距达到。比如，大多数欧洲榛（hazel）能以1.5米的间隔种植成10~30棵的组团，有一些可以铲隙种植成间隔30厘米的10~30棵的组群，或是穴植在大的树池中。这可以冒充矮林树桩上的萌条（或许会迷惑将来的景观考古学家!）。常见的多干形式的桦木可以通过三五棵苗木种植在一个树坑中的方式生成。白蜡（Ash）可以用相似的方式栽植，其他的树和灌木也可以。对于一些植物，可以通过一系列的间距产生变化，比方说0.5~2.0米，而不是限定一个不变的值。

这类种植实验提供的变化范围给予施工人员的指导清晰而实用，但是对于新的种植技术如果没有经过亲自实践，设计者至少要进行实地验证。很多富有想象力的种植手法在生态和自然式种植项目中取得了一些成功（Tregay，1983），为了取得成龄后变化多样的形式，一些苗木被栽植成稀奇古怪的角度而非直立。

表10.4 每种树木的间距

树种	组群大小（植物数量）	组内间距（m c/s）	备注
Quercus robur	10	1.5m	
Carpinus betulus	10	1.5m	
Carpinus betulus	50	2.0m	1组=5丛（丛间距2m），每丛10株（株间距300mm）
Acer campestre	15	1.5m	
Prunus avium	15	1.5m	
Corylus avellana	20	1.5m	
Corylus avellana	50	2.0m	1组=5丛（丛间距2米），每丛10株（株间距300mm）
Crataegus monogyna	30	1.0–1.5m	
Ilex aquifolium	5	1.0m	
Sambucus nigra	30	2.0m	
Lonicera periclymenum	3	1.5m	
Rubus fruticosus	3	1.5m	

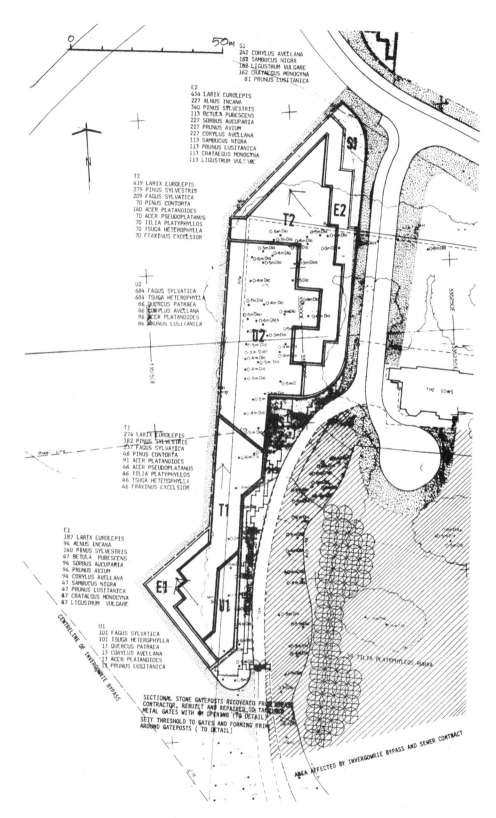

图10.2 移植苗栽植和标准木栽植的局部施工图。在新的科技园区中，形成一个强烈的树木栽植结构。图上的标注详细说明了移植苗应单棵3×3米种植，并成比例混合

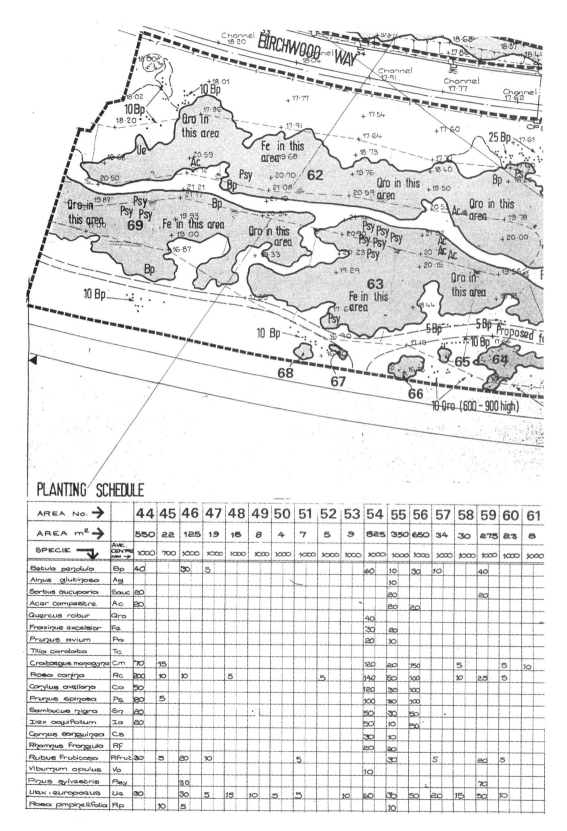

PLANTING SCHEDULE

SPECIE		AVE. CENTRE MM →	44	45	46	47	48	49	50	51	52	53	54	55	56	57	58	59	60	61
AREA No. →			44	45	46	47	48	49	50	51	52	53	54	55	56	57	58	59	60	61
AREA m² →			550	22	125	19	18	8	4	7	5	9	825	350	650	34	30	275	23	8
(AVE CENTRE MM)			1000	700	1000	1000	1000	1000	1000	1000	1000	1000	1000	1000	1000	1000	1000	1000	1000	1000
Betula pendula	Bp	40	40		30	5							60	10	30	10		40		
Alnus glutinosa	Ag													10						
Sorbus aucuparia	Sauc	20	20																	
Acer campestre	Ac	20	20											20	20					
Quercus robur	Qro												40							
Fraxinus excelsior	Fe												30	20						
Prunus avium	Pa												20	10						
Tilia cordata	Tc																			
Crataegus monogyna	Cm	70	70	15									120	20	150		5		10	
Rosa canina	Rc	200	200	10	10		5			5			140	50	100	10	25	5		
Corylus avellana	Ca	50	50										120	30	100					
Prunus spinosa	Ps	80	80	5									100	30	100					
Sambucus nigra	Sn	20	20										50	30	50					
Ilex aquifolium	Ia	20	20										50	10	50					
Cornus sanguinea	Cs												30	10						
Rhamnus frangula	RF												20	10						
Rubus fruticosa	RFrut	30	30	5	20	10			5				30			5		20	5	
Viburnum opulus	Vo												10							
Pinus sylvestris	Psy				30													70		
Ulex europaeus	Ue	30	30		30	5	15	10	5	5		10	60	30	50	20	15	30	10	
Rosa pimpinellifolia	Rp			10	5									10						

图10.3　部分施工图显示了自然式林地和灌木种植。注意种植区复杂的边缘种植和一些区域某些树种的集中种植

全面说明和展示更为复杂的混合，需要做的事情依然是计算出每种植物需求的总数。采用不同的种植间距时，最容易的做法是按照区块分配植物而不是按照数量。如果橡树在一个组合中占据了种植区域的7.5%，我们计算出每平方米种植橡树的数量（总面积的7.5%），接着乘以种植密度算出橡树的总数。比如，如果种植混合占地1公顷（10,000m²）：

植物种类	面积占比	组群大小	间距	密度	总面积	植物总量
Quercus robur	7.5%	10	1.5m	0.45/㎡	750㎡	340

同样的方法计算出混合的每一种植物。种植计划中显示的植物明细中不需要包含占比、密度或是总面积。

表10.5　林地核心组合（总面积10,000㎡）

植物种类	组群大小（植物数量）	组内间距	植物总数	备注
Quercus robur	10	1.5m	340	
Carpinus betulus	10	1.5m	90	
Carpinus betulus	5×10	2.0m	100	1组=5丛（每丛10株，株间距300mm）
Acer campestre	15	1.5m	450	
Prunus avium	15	1.5m	450	
Corylus avellana	20	1.5m	860	
Corylu avellana	5×10	2.0m	250	1组=5丛（每丛10株，株间距300mm）
Crataegus monogyna	30	1.0~1.5m	1280	平均密度1株/㎡
Ilex aquifolium	5	1.0m	250	
Sambucus nigra	30	2.0m	500	
Lonicera periclymenum	3	1.5m	111	
Rubus fruticosus	3	1.5m	111	

总数要再次凑整，能按组群的大小进行整分，避免组群的再次划分。

更为复杂的方面，如仿造矮林和采用不断变化的种植间距，最好配有例图，因为施工人员很少熟悉这种方法。另像上述那样的明细表，只是需要在平面图上与混合种植的区域一起标示，用代码（字母、数字、颜色或色调）或是箭头。

附属的混合

任何显著不同的土壤或小气候条件，都可以种植特别适合的一些树木和灌木。在建植起来的林地中，这类特殊的组群自然产生，有时称其为植物社群（societies），区别于主要的植物群组（associations）或群落（communities）。比如，橡树林地中湿洼地上的桤木（alder societies）。桤木是主要树种，可能与其他喜湿植物搭配，灌木和地被层也不同于相邻的橡树林地。附属的种植混合可能针对湿洼地、裸露的山脊或是土壤干燥、瘠薄的陡坡。

表10.6　湿生林地混合的举例

乔木层	*Alnus glutinosa*	30%
	Betulus pubescens	20%
	Salix alba	10%
灌木层	*Frangula alnus*	10%
	Salix cinerea	10%
	Viburnum opulus	20%

　　另一种应对不同场地条件的方式是在场地的不同部分找出最为成功的植物种类，比方说，种植5年后，通过管理提升栽植。实际上，土壤和排水更微妙的一些变化只能通过这种方式对待。

矮林/矮冠林地

　　矮冠林地或矮林是指植物群落由7~15米高的树木构成。可能是成熟林地或森林发展过程中的一个阶段，或是迫于环境压力不能生长高的树木而形成的多少有些稳定的植物群落。从设计的视角可以看作是植物群落变化的终结，或是最终形成高大林木组合的途径，比如新西兰的罗汉松阔叶林。

　　快速生长的"先锋"低矮林木包括卡奴卡树（kanuka, *Kunzea ericoides*）、细叶海桐花（kohuhu, *Pittosporum tenuifolium*）、皱叶海桐（tarata, *Pittosporum eugenioides*）、乔木马桑（tutu, *Coriaria arborea*, 剧毒）、齿叶酒果（makomako, *Aristotelia serrata*）。桦木（Birch）、黄华柳（sallow）欧洲花楸（rowan）在欧洲落叶林的发育中扮演相似的角色。这些树木可以结合阳性的灌木，从长远来看，可以在开阔地中生存麦卢卡（比如manuka, *Leptospermum scoparium*），中度耐荫的植物亮叶栲泼罗斯马（karamu, *Coprosma lucida*）会在树下形成下层植被。我们比较两个组合，一个在新西兰，一个在英国，阐释理论上的相似性和生态上的不同。

　　首先，新西兰北部岛屿的潮湿地区中，在山村有一块草地。本地的老森林中残存部分可能会在保护区、陡峭的溪谷和不便到达的地方看到，但是对于植被再生的树种选择没有太大帮助，因为在这些孤立的残林中存活的树木最初是在很不同的环境条件下生长起来。在灌木丛再生的次生场地（比如弃置的牧场、陡峭的路堑等等）我们会发现更好的导引。那里的场地湿润，但是排水良好，植物种类可能包括蜜罐花（mahoe, *Melicytus ramiflorus*）、常春菊（rangiora, *Brachyglottis repanda*）、树状梁王茶（whauwhaupaku, *Pseudopanax arboreus*）和乔木马桑（tutu）。在更为干燥的地方我们能发现（kanuka）和灌木像麦卢卡（manuka, *Leptospermum scoparium*）、滨篱菊（tauhinu, *Cassinia leptophylla*）和小叶的栲泼罗斯马（coprosma），或是被外来物种占据，荆豆（gorse, *Ulex europaeus*）、金雀花（Broom, *Cytisus scoparius*）。

　　如果再生的林木处在较早的阶段，可能太过密集而不能包含有明显的灌木层，成熟的次生林群落会开敞些，树冠下能生长一些灌木，有栲泼罗斯马

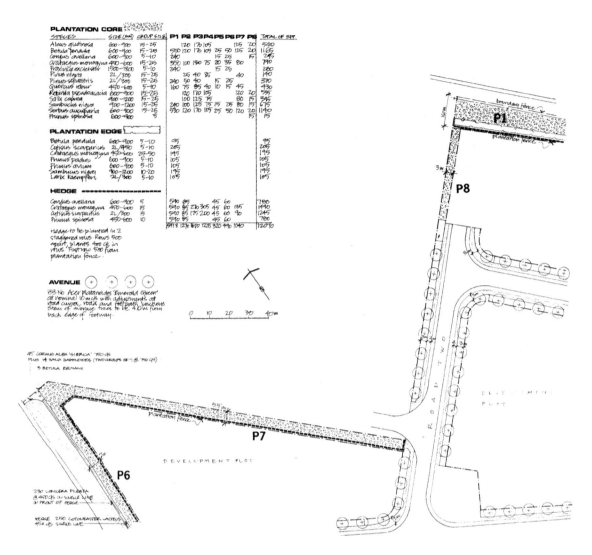

图10.4 局部施工图展示了商业园区的带状结构林地种植。图表显示了每个地块每一种植物的数量、每种植物的组群大小和苗木规格。林地中心、林地边缘和周遭的树篱混合都进行了表达。混植区域的展现和植物的间距表达在图10.5中（设计制图：Nick Robinson）

树（*Coprosma lucida*, *Coprosma robusta*）、大叶栲泼罗斯马（kanono, *Coprosma grandifolia*）、常春菊（rangiora, *Brachyglottis repanda*）和新西兰髯管花（hangehange, *Geniostoma ligustrifolium*）和一些小叶的栲泼罗斯马树。我们可以从中选择一些树种设计成种植混合，作为强健的先锋灌丛生长，接着会变为低矮的森林灌丛群落，最终为高大林木的建立提供条件，比如蜜汁树（rewarewa, *knightia excelsa*）、塔瓦琼楠（tawa, *Beilschmiedia tawa*）、齿杜英（hinau, *Elaeocarpus dentatus*）和栲泼罗斯马树。下面有一个种植混合的例子，但是请注意本书中列举的所有混合案例只是假设，为了阐述问题。不要复制到实际的场地上。在完成任何本地植物的种植前，每个场地详细的生态问题必须要被彻底地了解。

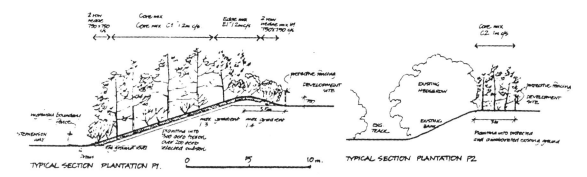

图10.5　商业园区周边的林带，用剖面图显示不同植物混合间的关系和种植间距（设计制图：Nick Robinson）

表10.7　新西兰低矮林地树种混合的举例

乔木层	*Pittosporum tenuifolium*	15%
	Hoheria sexstylosa	15%
	Melicytus ramiflorus	10%
	Pseudopanax arboreus	10%
	Cordyline australis	5%
灌木层	*Coprosma lucida*	10%
	Brachyglottis repanda	10%
	Coprosma robusta	10%
	Coriaria arborea　剧毒	5%

　　将这种状态与欧洲的桦木林相比较很有趣。在英国北部和西部的潮湿地区，漫流的酸性土壤上会发生这样的情况，受以前管理或干扰的影响形成了本地的低冠林地。以前的林地可能是橡树—桦木林，但是橡树消失了，或是倒伏了，现在林地由柔和、银色的欧洲桦（*Betula pubescens*，）、垂枝桦（*Betula pendula*）主导，伴生着欧洲花楸（rowan, *Sorbus aucuparia*），潮湿的地方有柳（*Salix* sp.），和本土的植物稠李（bird cherry, *Prunus padus*）。灌木层有欧榛（hazel, *Corylus avellana*），

照片144　自播繁衍的垂枝桦（birch, *Betula pendula*）和黄花柳（goat willow, *Salix caprea*）占领了开放的场地，形成了低矮的先锋林。注意背景中的生长的高冠林地（约克郡）

照片145　英国谢菲尔德公园中的一处开放空间和幼年的垂枝桦（*Betula pendula*）和无梗花栎（*Quercus petraea*）

照片146　这片被篱笆围起来的框架性种植里有移植的林地灌木混合和很多支撑的欧洲白蜡（ash 'whip', *Fraxinus excelsior*）。注意种植结合和保护了一部分残留的老树篱

更为潮湿的地方有欧洲荚蒾（guelder rose, *Viburnum opulus*）。荆豆（gorse, *Ulex europaeus*）、金雀花（broom, *Cytisus scoparius*）出现在有光的林中空地和开放的林地边缘。在这类林地典型的地区，我们可以产生类似于表10.8的种植混合。

表10.8　桦木林树种混合

乔木层	*Betula pendula*	15%
	Betula pubescens	15%
	Sorbus aucuparia	10%
	Prunus padus	5%
	Salix caprea	5%
灌木层	*Corylus avellana*	20%
	Viburnum opulus	20%
林中空地灌木	*Ulex europaeus*	5%
	Cytisus scoparius	5%

　　如果风蚀严重，可以增加抗风植物的比例——桦木、欧洲花楸、荆豆和金雀花。在庇护条件下，早些年生长最旺盛的植物可能是柳树，所以要么如上表所示保持较低的比例，或者如果为了获得快速效果或保育目的需要大量种植，就分离成大的组团或片群。注意，总体上，50%的组成要是乔木。这是为了确保发育出强烈的林地特征，冠层或多或少的闭合，但是有一些开张的独立木和偶尔的林中空地。

　　如果我们想推动桦木林发育成橡树—桦木林，可以选择和散植任何种类的橡树苗，或者一旦地面条件合适就种植橡树种子或幼苗。如果我们以这样的方式引种橡树，苗源要来自当地，因为能很好地适应当地的条件，不要引种新的基因材料到当地的基因库中。

灌丛

　　在早些年的描述生态学中，索尔兹伯里（Salisbury, 1918）定义了一个低地的落叶灌木群落，称之为"thicket scrub"。那是很好的例子说明紧密交织的灌木结

照片147　围护下的低矮灌丛散植在英国坎布里亚郡裸露的海边区域。树种有茼芹叶蔷薇（burnet rose, *Rosa pimpinellifolia*）、荆豆（gorse, *Ulex europaeus*）、黄花柳（goat willow, *Salix caprea*）、沙棘（sea buckthorn, *Hippophae rhamnoides*）

照片148　荆豆（gorse，*Ulex sp.*）等低矮灌木和矮生柳树（*Salix sp.*）在野生花园西南的坡地上很好地建植起来。1984年利物浦花园节时的种植

照片149　英国谢菲尔德公园中的高冠林地，边界开放容许自由进入，步道沿行在林地边界和内部

构类型，里面更低层的植被很少发育。我们将这种结构称作"shrub thicket"，因为这种称谓组合了常用的词汇，大多数人就会认作为索尔兹伯里所说的"thicket scrub"或是其他相似的群落。索尔兹伯里认为这是次生演替，或是极少的、几乎没有乔木的、密生灌木种类的顶级群落。在欧洲，这常是放牧的结果，主要是些带刺的植物，比如单籽山楂（hawthorn, *Crataegus monogyna*和*C. oxycantha*）、荆豆（gorse, *Ulex europaeus*）、黑刺李（blackthorn, *Prunus spinosa*）、野生月季（wild rose, *Rosa sp.*）和欧洲黑莓（bramble, *Rubus fruticosus*）。这些植物保护了数量更少的一些无刺植物欧榛（hazel, *Corylus avellana*）和欧洲红瑞木（dogwood, *Cornus sanguinea*）。欧洲黑莓、野生蔷薇（field rose, *Rosa arvensis*）和葡萄叶铁线莲（old man's beard, *Clematis vitalba*）会爬到生长较高的植物里。

　　灌木为主的密生植物群落在新西兰这样的国家更为多样化，因为有着更高的海拔和自然的灌木生境。海岸灌木、亚高山灌木、开敞地中密集的灌木和生态学家彼得（Peter Wardle, 1991）称作的"灰色灌木"，在结构上都类似于低地落叶灌丛，所以可以纳入这种结构类型中。灰色灌木包括很多非常坚硬和枝叶细小的常绿灌木，由于缺少绿叶而呈现灰色。坚硬的外部枝条使其能够抗击霜冻和风吹，即使是带刺的灌木这样的枝条很少，依然可以承受环境的压力。

在栅栏围起的种植区，合适的气候条件下最终会发育成森林或林地。在大多数生长茂盛的时期，密集的树冠贴近地表，会妨碍树木幼苗或地被层的建植。如果灌木种植的密度很高，使用的植物种类再生能力旺盛而持续，这种单层结构会一直存在，比如在英国的欧洲黑莓（bramble）和长序杜鹃（*Rhododendron ponticum*）。一些丛生植物，如麦卢卡（manuka, *Leptospermum scoparium*）、卡奴卡（Kanuka, *Kunzea ericoides*）或荆豆（gorse, *Ulex europaeus*），迟早会在地被层发育出乔木幼苗，并加快演替为林地或森林。

表10.9中列出了英国低地的钙质、排水良好的土壤上可能生长的灌丛。如果间距1米或1.5米，能迅速形成紧密交织的低矮冠层，可以屏蔽视野，为鸟类和其他野生生物栖息提供很好的遮蔽。如果种植的不同部分间距有变化，比方说1米到3米不等，地面上会产生更好的生物多样性，将会吸引更多的动物和植物。另一种选择，一些地方可以简单地留下不种植，成为林中空地，以后树木会去占据。

表10.9　灌木丛混合的例子（钙质土，英国）

高灌木	*Crataegus monogyna*	20%
	Prunus spinosa	20%
	Rosa canina	10%
	Cornus sanguinea	10%
	Ligustrum vulgare	10%
	Corylus avellana	10%
	Rhamnus catharticus	10%
中低灌木	*Rubus fruticosus*	5%
	Rosa arvensis	5%

新英格兰低地地区的密集、丛状灌木林的营建要么是模仿暴露海边或山体上的自然灌木群落，要么反映一些生长艰难的地区自然演替的早些阶段。注意在自然栖息地中种植本地植物时，要确保来自于本地植物资源。以求避免基因混合，造成物种基因多样性的减少。对于中低肥力、排水良好的低地地区表10.10列出了演替的灌丛组合，表10.11列出的是极低肥力下的植物组合。

表10.10　灌丛混合（低地，新西兰）

高灌木	*Coprosma robusta*	20%
	Coprosma lucida	20%
	Hebe stricta	20%
	Leptospermum scoparium	20%
	Brachyglottis repanda	15%
	Coriaria arborea（剧毒）	5%

表10.11　灌丛混合（贫瘠土壤，新西兰）

灌木	*Coriaria arborea*（剧毒）	20%
	Hebe stricta	20%
	Leptospermum scoparium	20%
	Cassinia leptophylla	20%

种植的适宜间距类似于英国的案例，对于小树以1米和1.5米种植可以快速地建植起冠层，能够生长形成3~6米高的成熟冠层。当达到成熟后期乔木会进入灌木林，开始变得疏朗起来。很多树种是形成低矮先锋林的树木，生长迅速、中小体量，但是也会出现一些高大乔木。演替的过程可以通过及时地种植乔木进行辅助，可以包含一些间伐后树冠长高后的成熟灌木。如果要得到永久的灌木丛结构 [如长阶花（*Hebe*）、马桑（*Coriaria*）和栲泼罗斯马（*Coprosma*）]，可以通过矮林作业再生。

林地灌木丛

林地灌木丛经常代表的是介于灌木丛、灌木植物主导和森林之间的一种转换状态。包含一些类似于矮林地或森林中发现的先锋植物和小树，也可能包含高林优势树种的幼树。乔木会形成分散的、开张的树冠，容许一些喜光的灌木和幼树在下面生长。

这种的冠层结构可能产生于低冠的林地混合，通过疏伐和修剪在分散的树冠下保持塞满灌木的林中空地。但是，如果林地灌木丛是我们的设计目的，可以包含较高比例的喜光刮目和那些阳光下开花结果更好的植物。相对林地混合可以减少乔木的比例来安置这些灌木。轻微酸性土壤上的低冠落叶林混合可以调整为林地灌木混合（表10.12）。

表10.12 林地灌木丛混合

突出木	*Betula pendula*	5%
	Sorbus aucuparia	5%
灌木层	*Crataegus monogyna*	20%
	Viburnum opulus	20%
	Corylus avellana	20%
	Ulex europaeus	15%
	Cytisus scoparius	15

高灌木丛

就林地灌木丛和灌木丛而言，可以修改最终的结构，清除生长较低、扩展的植物和大多高灌木，在冠层下容留一些空间。山楂（Thorn, *Crataegus*）、西洋接骨木（elder, *Sambucus nigra*）、欧榛（hazel, *Corylus avellana*）和黄花柳（goat willow, *Salix caprea*）会长到6~8米高，条件好时会更高，成群种植时能生长出像乔木一样的树冠。一个典型的新西兰高灌木的例子是成熟的麦卢卡（manuka, *Leptospermum scoparium*），常常能达到5~7米高。也形成了像小型林地一样的结构——相当一致地抬起树冠下方空间开敞。

边缘

由于一些原因，种植区的边缘非常重要。从外部看，边缘是最为可见的部分；在紧密的部分，扮演着种植的整体结构性特征方面的重要角色。边缘可以是开放的，让视野进入林地的内部，从邻近的地块可以自由进入，或是用密集的灌木围合起来形成视野和进入的阻碍，在林地中产生更多的树荫和遮蔽。

乔木群落和灌木群落在内部形成不同的环境条件。有着较高的光照条件，只是间歇性遮阴，风的侵蚀较大。风降低了温度和湿度。如果需要多少有些封闭的边缘，可以设计特别的植物混合产生较高光线条件和提供最大的遮蔽。

依照不同的森林类型和当地生态，森林边缘有不同的生态角色。比如，欧洲气候条件下的落叶林，边缘常常是群落最为生态多样性的地方，在整个森林的单位面积内为动植物提供了最为多样的栖息环境。由于这个原因，欧洲的种植常被设计了最大化的边界，并通过设计外形复杂、多面的窄小区域来增加多样性。在新西兰和很多亚热带气候条件下的国家，本地植物容易被外来入侵植物替代。其林缘的情况正好相反，是本地森林残留的部分，很容易被喜光的先锋植物侵占。因此要最小化边缘的部分，增加森林内部的占比。在残林和已有植物的周围成波浪形填充，并通过最大化总体的面积来获得更好的内部比重。由于同样的原因，进行植被恢复的情况下，一大片连续的区域比很多小的区域更好。

温带落叶林地建植起的特征是密集生长着灌木和喜光的小树。可能有耐阴的植物，但是生长得更为旺盛，树冠更为密集，比起在阴处开花和结果量更大。山楂（*Crataegus*）、接骨木（*Sambucus*）、欧洲忍冬（*Lonicera periclymenum*）、欧洲黑莓（*Rubus fruticosus*）这些灌木常见于森林内部，在林地边缘开花和结果量更大。

这种边缘植被显示了高度上的梯度变化，从高冠外部轮廓线下的小树和高灌木开始，向下是幼树，接着是低矮灌木和草本界定着草地边缘、步道或其他限定林地的表层。高灌木的边缘可以展示相似但更为严格的梯度变化。这种梯度或"群落交错区"表达了林地核心群落或高灌木和相邻地之间的转换。相对于其所占的面积的比例，它提供了相对高的视觉和生境的多样性。

种植中，我们可以在林地最外边缘通过设计矮的边缘混合模仿这类边缘的交错地带，也可以在其与林地核心之间种植高的边缘混合。为了成功建植和真正地成为群落交错地带，边缘混合的最适宜宽度为5米，最小宽度应为2米。边缘混合种植区域的宽度当然不需要保持连续，如果有足够的空间任其变化就能够获得较高的视觉趣味和生境多样性，在林缘的某些地方扩宽成成片的灌木丛，在其他一些地方则完全消失。

如果我们依照方位来变化植物的混合，就能够获得更为贴近的小气候条件，引入更多的生物多样性。在北半球，南向边缘温暖、避风，会接受更长时间的直射光，让阳光更远地投射到林中。相应地有较宽的边缘和高比例的喜光和开花植物，比如黑果荚蒾（wayfaring tree，*Viburnum lantana*）和月季（*Rosa* sp.）。在英国，西向边缘承受强烈而持久的风，东边缘春季有冷而干燥的风。应该相应选择植物，由于常绿植物对生理干旱很脆弱东边应避免使用，西边用最抗风的植物种类。

照片150　荆豆（Gorse，*Ulex europaeus*）和野生月季（*Rosa arvensis*，*Rosa canina*）在路边林地种植形成低矮的边缘（米尔顿凯恩斯，英国）

照片151　在商业园区的入口，修剪的乳白花栒子（*Cotoneaster lacteus*）篱为混合的林地结构种植形成了干净密集的边缘（莱斯特，英国）

照片152　林地边缘自我繁衍的垂枝桦（*Betula pendula*）组群增加了空间的复杂性和小气候条件的多样性

　　长远来看，需求高光照的灌木和乔木要限定在边缘和林中空地。包括月季、黑果荚蒾（wayfaring tree）、欧洲红瑞木（dogwood，*Cornus sanguinea*）、黑刺李（blackthorn）、荆豆（gorse，*Ulex europaeus*）、金雀花（broom，*Cytisus scoparius*）、花红（crab apple，*Malus sylvestris*）、桦木（birches，*Betula* sp.）和野樱桃（wild cherries，*Prunus* sp.）。其中很多在灌木丛群落中也很常见；实际上，林缘可以被认为是窄条的灌木丛，受到内部一侧遮阳和另一侧土地使用和管理的限制。

　　边缘对于新西兰的森林种植和残林同等重要。由于已经解释的各种原因，边缘具有保护带的功能。可以产生迅速的转变，从外部开敞暴露的条件下迅速转入林地内部浓荫和遮蔽的条件。为了达到这一点，植物的选择应有足够的生长力在外来杂草中建立起来，并且能在连续、密集的林冠浓荫下保持生长。不同的地区和土壤有不同的适合植物，但是可以包含以下一些植物：细叶海桐花（kohuhu，*Pittosporum tenuifolium*）、皱叶海桐（tarata，lemonwood，*Pittosporum eugenioides*）、长阶花（koromiko，*Hebe stricta*，*Hebe salicifolia*）、蜜罐花（mahoe，*Melicytus ramiflorus*）、新西兰麻（harakeke，*phormium tenax*）、六柱绥带木（lacebark，*Hoheria sexstylosa*）、树状梁王茶（whauwhaupaku，five finger，*Pseudopanax arboreus*）、栲泼罗斯马（karamu，Coprosma lucida，*Coprosma robusta*）、恩盖苦槛

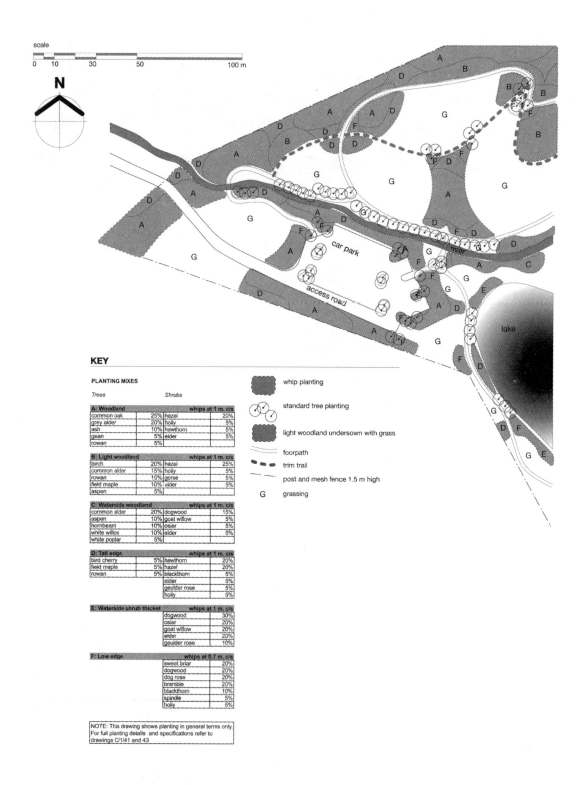

KEY

PLANTING MIXES

Trees   *Shrubs*

A: Woodland			whips at 1 m. c/s
common oak	25%	hazel	20%
grey alder	20%	holly	5%
ash	10%	hawthorn	5%
gean	5%	elder	5%
rowan	5%		

B: Light woodland			whips at 1 m. c/s
birch	20%	hazel	25%
common alder	15%	holly	5%
rowan	15%	gorse	5%
field maple	10%	elder	5%
aspen	5%		

C: Waterside woodland			whips at 1 m. c/s
common alder	20%	dogwood	15%
aspen	10%	goat willow	5%
hornbeam	10%	osier	5%
white willos	10%	elder	5%
white poplar	5%		

D: Tall edge			whips at 1 m. c/s
bird cherry	5%	hawthorn	20%
field maple	5%	hazel	20%
rowan	5%	blackthorn	5%
		elder	5%
		geulder rose	5%
		holly	5%

E: Waterside shrub thicket	whips at 1 m. c/s
dogwood	30%
osier	20%
goat willow	20%
elder	20%
geulder rose	10%

F: Low edge	whips at 0.7 m. c/s
sweet briar	20%
dogwood	20%
dog rose	20%
bramble	20%
blackthorn	10%
spindle	5%
holly	5%

NOTE: This drawing shows planting in general terms only.
For full planting details and specifications refer to
drawings C/1/41 and 43

- whip planting
- standard tree planting
- light woodland undersown with grass
- foorpath
- trim trail
- post and mesh fence 1.5 m high
- G grassing

图10.6 郊野公园的细节种植方案。设计了各种林地、边缘和灌木丛混合来适应环境条件，获得结构和生境的多样性

蓝（ngaio，*Myoporum laetum*）、常春菊（rangiora，*Brachyglottis repanda*）和拉尼树紫菀（heketara，*Olearia rani*）。为了多样性，可以增加一些密集树冠的植物，包括四翅槐（kowhai，*Sophora tetraptera*）和新西兰朱蕉（ti kouka/cabbage tree，*Cordyline australis*）。

此外也起到隔离杂草的作用，在新西兰边缘种植应该利用不同的朝向。比如，拉尼榄叶菊（Heketara，*Olearis rani*）、新西兰朱蕉（ti kouka）和六柱绶带木（lacebark）在朝北边缘的全日照下生长旺盛开花繁茂，而常春菊（rangiora，*Brachyglottis repanda*）、树状梁王茶（whauwhaupaku）喜爱荫蔽、不会迅速干燥的南向环境。建植起来的林地边缘形成的植物群落常有着丰富的结果灌木和藤本——尤其是有着大红浆果的亮叶栲泼罗斯马（karamu）、恩盖苦槛兰（ngaio）、蜜罐花（mahoe）、新西兰朱蕉（ti kouka）、裂叶茄（poroporo，*Solanum* sp.）和藤本和攀缘植物如四蕊西番莲（passion vine，*Passiflora tetrandra*）、（bush lawyers，*Rubus* species）（Gabites和Lucas，1998）。新西兰森林的边缘由于有着结果繁盛的植物，可以吸引各种的鸟类，四翅槐（kowhai，*Sophora tetraptera*）和新西兰麻（harakeke）吸引着蜜雀和铃鸟，还有扇尾鸽食用的大量昆虫。

高边缘

高边缘是指包含灌木和乔木。适合高边缘的植物包括很多用于高灌木丛和林地灌木丛的植物种类。前面描述的橡树落叶林地的周围，高边缘包括亚优势种的乔木层和适于开敞条件的灌木层植物。也应该有喜光的乔木和灌木，以增进植物物种的多样性。如果乔木的体量小或是中等，并且占比小，能避免过于荫蔽灌木。灌木可以选择能达到3米或更高的植物。

表10.13　高边缘植物混合的例子

中/小乔木	*Acer campestre*	5%
	Prunus avium	5%
	Malus sylvestris	5%
高灌木	*Crataegus monogyna*	25%
	Ligustrum vulgare	20%
	Rosa canina	20%
	Viburnum opulus	15%
	Salix caprea	5%

注意黄花柳（*Salix caprea*）由于树冠生长迅速，限定在5%。

表10.14　在新西兰，背阴面植物混合的例子

中/小乔木	*Pittosporum eugenioides*	10%
	Pseudopanax arboreus	10%
	Myoporum laetum	5%
	Cordyline australis	5%
高灌木	*Hebe stricta*	20%
	Phormium tenax	20%
	Coprosma lucida	15%
	Coprosma robusta	15%

低边缘

低边缘主要是能长到2~4米高的灌木。很多低和中等高度的灌木是土壤和气候条件较差的反映。比如，荆豆（*Ulex europaeus*）、帚石南（*Calluna vulgaris*）、欧石南（*Erica carnea*）、金雀花（*Cytisus scoparius*）生长在干燥裸露的场地上，而沼泽欧石南（*Erica tetralix*）、香杨梅（*Myrica gale*）生长在常年潮湿的土壤上。高的草本迟早会占领种植区的边缘，弥补矮的灌木，但是在早期阶段草本植物的竞争力很强，需要控制。

在英国低地地区，中性或钙质土壤上的低边缘植物混合可以是：

Cornus sanguinea	30%
Prunus spinose	30%
Rosa arvensis	30%
Rubus fruticosus	10%

欧洲黑莓（*Rubus fruticosus*）只有很小的比例，因为其攀爬缠绕小灌木，也因为很难在苗圃中大量购得，只能从当地野生资源中移植。

新西兰低地海岸边的灌木混合可以是：

Coprosma robusta	25%
Olearia paniculata	20%
Phormium cookianum	20%
Olearia solandri	15%
Coprosma propinqua	15%
Solanum laciniatum	5%

低边缘植物混合的种植间距通常比林地内部和高边缘的种植间距更为紧密，因为很多植物的冠幅较小。如果林地内部和高边缘的种植间距是1.5米，那么对于很多低边缘的种植间距可以是1.0米，如果要求更快地建植起来，可以是0.75米间距。也要知道种植混合的最终高度很大程度上受环境条件的影响。暴露在海岸边和山地上的低边缘植物组合，比起养分充足、遮蔽条件下的同种组合，生长高度只有一半或更低。

外部的组群

如果建植起的森林、林地或矮树林被耕种的或其他密集管理的土地所围绕，会有清晰的边缘。另一方面，如果邻接的土地疏于管护，森林或矮树林迟早会去侵占。这种侵占的过程可以在废弃的草场、疏于管理的矮树林周边、公路和铁路旁以及其他弃用的土地上看到。随机的各种进程昭示着景观中大自然的效力。

如果空间允许，可以在种植区和植被再生区的边缘促生或是模仿这种边缘的繁衍。在正确管理的条件下，当种植的乔灌木达到结实阶段或是原先已有树木，这种植物繁衍的过程会自然发生。为了早期的效果，可以在邻接种植区的草地上种植各种形状和规格的小组群或单株的乔灌木。适用的树种要包含那些林地边缘中已有的、喜光树种和先锋树种。这些外部的组群像是那些边缘或是灌木丛的植物组合被碎化，散布在种植主体的远处。

在注重生态的地方，让边缘轮廓不规则，形成突出和凹入，与周边的开敞地相互交织，就会增加种植区边缘的多样性和复杂性。碎化的边缘不只是表现出自然的繁衍，而且较大的边缘长度和很多小变化的光照与遮阳、庇护与敞露，会进一步丰富无脊椎动物和鸟类的栖息环境。

树丛和杂树林

树丛和杂树林是紧凑的、受控制的林地或森林斑块；但是两者略微不同。杂树林是小的林地，如果没有如矮林一样经常性的修剪管护，至少要有一个灌木层。另一方面，树丛可能让人想到绿地中小的独立树，只有零散的林下植物。

树丛和杂树林虽然是孤零零的元素，缺少很多林地或森林具有的生态。它们虽然没有提供连续的围合，但是行走其中和周围，一定数量的树丛和杂树林会产生开敞和闭合的流动空间。在绿地或平阔的景观中，单个的树丛或杂树林会成为视线的焦点或地标。它们结构上的角色类似于单株树木，但是应用的尺度更大，18、19 世纪大的欧洲私家风景园中得到了很好的运用。

可以只用一种树的林地设计方法很好地获得树丛的冠层结构。单一树种的树丛常能取得视觉效果上的成功，因为它们粗犷而统一的外观。种植的时候可以用一种树，如果选用的树木需要遮蔽才能很好地建植，可以混入保育树，等永久树种建植起来后再去除。

另一方面讲，矮树林需要更多变化的混合，有着灌木以及乔木，边缘的混合更为丰富。为了更好地发展边缘和内部结构，矮树林至少需要 15 米，20 米最好。如果小于 15 米，最好是简单的结构，比如周边的一部分只是一种边缘混合，或是应用一种简单的林地混合，其中的灌木和乔木在内部的遮阳条件下和边缘的开敞条件下都能生长。

林地和森林的林带

林带是窄条的林地或森林，宽度可以称之为树篱，但是过窄而不能完全发展边缘和内部。它们种植成 3～15 米宽，常用在大尺度的景观项目中，因为可以形成景观框架来限定和围合不同的土地利用和景观特征。它们能经济地使用土地，消纳场地边缘的不规则，留下更为有效形状的开发地块。林带可以在景观分区内改善小气候条件，但是要达到适宜的庇护，林带的宽度至少 10 米。防护带的种植处理参考卡博恩（1975）和农业、渔业和食品部（1968）。

虽然林带在大尺度景观框架中是重要元素，但是设计者应该了解它们带来的某些管理上的问题。如果少于 25 米宽，为了恢复生长有时需要大规模的清除作业。最弱势的林带构成是那些为了快速屏蔽而种植密集、生长迅速、均匀一致、

照片153 这片林带不超过4米宽，但是栽后10年，很好地屏蔽了远处的停车场。将来有必要栽植灌木矮林和疏伐乔木，以此保持林带的视觉上的密集效果（沃灵顿，英国）

寿命短的树木。在头些年可能很成功，迅速形成效果，业主和规划部门都满意，但是接下来就要决定是否清除、砍到或是局部恢复植被。无论哪种方法都不理想，所以林带的管理常被忽略而导致逐渐的衰落。

如果想得到林带长期的永久效果，可以设计一个开放、变化的冠层结构，有林中空地和灌丛区域，将来可以和林木一起种植，不必去除已经成长起来的、整齐的主要部分。用这种方法，林带的整体结构会被保持，不受个别树木和组群来去的影响。

林带的设计可以使用像大片种植一样的方法。在很多地方希望得到最好的屏蔽和庇护，如果宽度25～30米，就可以获得密集的屏蔽和最佳的庇护，也能有将来的植被再生。但是，5～10米更为常见，所以需要知道林带会是暂时的特征，充分利用可用宽度。运用高林地或矮林地的植物组合会得到最大的体量和密度，有着密集的林下灌木层，最好在面对主导风向的一边是边缘的植物组合。

但是，没有必要将不能穿越作为目标。为了成熟龄时更为开放和可视性更好，可以就用一种高冠的乔木，最终的结果会是高树下有着或多或少的开敞空间。这种结构的很多林带在战后英国的第一代新城镇中可以看到。经常是在修剪的草坪上大量地种植这种标准木，但是后来的经验表明，如果采用林地种植或是重植的方法可以快速而低成本的达到同样的效果，开始时仅以较小的间距种植小规格苗木。

为了使林带种植有内部和两边的边缘种植，至少需要2种植物组合，一种内部组合，一种边缘组合。如果种植足够宽，15米或20米，我们可以引入更多的变化，在不同的边应用低的边缘组合或高的边缘组合。如果林带东西展开，向阳的边比起阴面的植物组合要更为喜光。如果土地的条件变化很大，需要用附属组合应对。最后的精致可以体现在关键的位置，诸如入口，插入树丛、甚或是单一树木，贴近或离开种植区边缘。脱离背景的叶丛，成为视线的焦点。

像这样的精细变化可以增进更多的栖息环境，带来视觉丰富性，而且直接的效果会令人难忘。只是一两种植物的大林带能产生强烈的景观特征，成为地标。布雷克兰地区的苏格兰松防护林带、英国高地地区的山毛榉和悬铃木防护林带都有这样的特点。

篱和树篱

篱最容易依据功能定义。篱起源于农业上的隔离，公园和花园中也是如此，阻隔的作用依旧是基本功能，所以一个简明的定义是一列形成阻隔的木本植物。需要区分篱和树篱，"篱"用于描述线性的种植，要么需要经常修剪保持紧密、不可穿越，要么由自然致密的灌木构成，只需要偶尔的修剪就能保持连续的阻隔。虽然修剪的篱会有乔木，但是那些树木要能很好适应修剪，成为篱墙的内在部分。"篱"依照我们的定义将不包括自然生长的树木。"篱"是一道紧密的有生命力的墙，类似于一道独立的砌石墙。

"树篱"用来描述过度生长的篱和包含着各个生长阶段的灌木、乔木种类的情况，也用来描述故意栽植和选留一些树木在修剪篱的上方长成大树的情况。因而，"树篱"包含着自然生长的乔木或高灌，形状上比起篱很松散、更为多变。如果是由疏于管理的篱发展而来，可能会丧失原来阻拦的功能。

篱和树篱相似，在英国的低地地区是大部分农业景观的典型特征，其他国家比较少。在英国它们支撑着很多本地的生物和栖息地，是人类活动和自然保育之间和谐共存的很好例子。当初种植时只是为了最经济的土地划分和便于有效耕种，别无其他，当成为野生生物的天堂时，现在要移除它们会遭到自然保护权益的反对。围篱的田地在畜牧地区尺度中等、人性，篱形成围合和保护，在农业的集约化景观中非同寻常。从远处看，起伏的田野、林地、小径、道路和其他的乡村元素被纳入绿色的织锦之中。乡村的篱和树篱形成了有效而富于吸引力的景观结构，有助于统一乡村的经济、野生生物和视觉上的功能。

在新西兰，篱是一些最不成功的外来物种的引入。金雀花（gorse）和小檗属植物（barberry）是两种严重的农业杂草，最初由欧洲移民者引入和种植形成围篱的"宠爱植物"。那时没有认识到它们会很适应新的地方，并扩展覆盖了成百上千公顷的农田边缘、河边和被扰动的区域。没有什么生态上的原因导致新西兰本地的植物没有成为农业上的篱墙。但是没有大面积采用它们的原因是生长、扩展建植的速度缓慢，没有枝刺阻挡牲畜，不能被移植。解决的一般方法是电子篱笆，本地的乔灌木只是在农业景观上扮演角色，期望在视觉、生态和边界界定上起作用。

篱

篱是绿地和花园设计长久确立起的元素。它们可以提供很多功能包括围合、空间限定、雕塑化的形态、装饰图案、雕塑和展示背景。无论是在乡村还是城市景观中，传统绿篱的第一个功能是在窄条的土地上形成障碍。为了建立起不可穿越的叶冠层，植物需要在经常性的修剪后有密集生长的习性。

乡村篱墙 乡村篱墙比起城市或花园的篱在应用尺度上更大，由于数量更多，乡村篱墙的植物种类需要便宜而且易于生产。它们的生长习性也很重要——密集、紧致的叶丛一直贴近地面是最基本的要求。最好的绿篱植物对定期的修剪或是压条有很好的反应，能产生很多紧密的侧边萌条，而不都是强健的延长枝。

另外，植物种类的选择要很好的适合当地的植被特征，因为在大多数情况下，它们需要与已有的篱、林地或灌木丛相融合。

经过这些年，乡村篱墙中会有更多的木本和草本的植物种类。其中大部分来自于本地的植物资源，篱墙开始反映周围景观的植被了。从生态学的观点上看，篱可以被认为是窄条的灌丛，趋向林地的演替被管护措施所限制，树篱可以认作是条状的林地灌丛或林地边缘。实际上，它们有着类似于林地边缘群落的丰富物种。乡村篱墙可能起源于几种不同的方式——林地砍伐幸存下来的残林；没有管理的田地边界上自然长出的灌丛；混合物种种植的篱或是单一物种种植的篱（Pollard，1975）。英国很多地方有着地方特征的绿篱植物，比如，在蒙默思郡的欧榛（hazel，*Corylus avellana*），萨默塞特郡和北白金汉郡的英国榆（elm，*Ulmus procera*），锡利群岛上围合球根花卉种植地的厚叶海桐（karo，*Pittosporum crassifolium*）。但是，已经长起来的老篱中，一些典型植物在生长习性上可能并不是最好的选择。所以种植新篱时，需要决定优先考虑本地特征还是绿篱阻隔的有效性。

乡村篱墙的树种　在英国，最常用的绿篱树种是单籽山楂（hawthorn/quickthorn，*Crataegus monogyna*）。因为非常适合大尺度的工作，繁殖成本低，能很快地在各种土壤和气候条件下建植起来，能形成不可穿越、多刺的阻碍。其他的植物还有：欧榛（hazel，*Corylus avellana*）尤其在威尔士多用，枸骨叶冬青（holly，*Ilex aquifolium*）在斯塔福德郡，黑刺李（blackthorn，*Prunus spinosa*）和榆树（elm，*Ulmus* sp.）在英国各处，欧洲山毛榉（beech，*Fagus sylvatica*）在埃克斯穆尔，短筒倒挂金钟（fuchsia，*Fuchsia magellanica*）在爱尔兰西部。所有这些植物用于单种植物篱中，因为它们的习性非常适合绿篱的管理。

很多其他的灌木和乔木在以往被种植成混合篱，因为它们的幼苗存在于当地的林地和杂林中。这是最近以来保护主义者和景观设计师的意愿，希望在新植的篱和树篱中获得多样性。这些植物有：栓皮槭（field maple，*Acer campestre*）——优秀的绿篱植物，多用在法国；欧洲鹅耳枥（hornbeam，*Carpinus betulus*）——像山毛榉树，生长很慢，在公园和花园中常见；欧洲女贞（wild privet，*Ligustrum vulgare*）；樱桃李（cherry plum，*Prunus cerasifera*），欧洲荚蒾（guelder rose，*Viburnum opulus*），黑果荚蒾（wayfaring tree，*Viburnum lantana*），橡树（*Quercus robur*，*Q. petraea*）。橡树虽然在基部相对开张，但是对修剪的反映很好，像山毛榉和角树一样在冬天保留住棕色叶。如果关注当地特征和典型植被，这些植物可以应用在乡村的景观中。

但是有时种植在乡村地区的篱用植物是新近的引种，很难与英国景观相协调，对野生生物也不好。最常见的是杂扁柏（leyland cypress，× *Cupressocyparis leylandii*），其生长速度很快——通常一年增长1米。用在花园、公园、房地产、工业遮蔽，还有水果种植与园艺生产的防风处理。它的外形和叶色与乡村的本土树种不同，所以在乡村环境中扎眼而唐突。当篱或单棵的杂扁柏长大，这种效果更加突出。（一旦超过4米，篱的顶部不易修剪而且成本高。）

照片154　英国柴郡新近建植的乡村篱墙。注意放置栅栏围挡牲畜的同时，绿篱也长成了防牲畜的屏障

照片155　新西兰的蒲兰提湾，高的柳树篱防护着猕猴桃园。通常使用龙爪柳（*Salix matsudana*）

如果想要均匀密集的篱，一些英国的本土树种也要避免。欧洲接骨木（Elder，*Sambucus nigra*），较大的柳（*Salix caprea*，*S. cinerea*）和杨树（*Populus alba*，*P. tremula*）都生长得很快，它们会超越其他植物，结果一个月或两次修剪后高度上就不一致。另外，它们有着下部生长修长的习性，即使经常修剪也会在贴地处留下较大的空缺。但是这些生长旺盛的植物可以用在树篱中，因为那里需要多变而开敞的效果。

不用外来植物和生长过旺的本地植物，也有很多可靠的绿篱植物可供选择。当然需要考虑当地的土壤条件和暴露程度。一些植物非常适合，比如山楂（hawthorn）、黑刺李（blackthorn），其他一些植物适合特殊的条件，如黑果荚蒾（wayfaring tree）适合钙质土，欧洲荚蒾（guelder rose）适合潮湿土壤。大规模绿篱的另一个重要因素是造价。为了快速而密集的阻隔效果，需要密植，所以需要大量的植物。价格变化很大；最便宜的是山楂（hawthorn），而冬青（holly）会贵十倍，因为繁育技术、生长缓慢和容器栽植或带土球栽植的原因。

绿篱植物的组合　假设需要快速生长的篱，场地为壤土或粘壤土，位于中部地区，遮蔽条件尚可。如果要降低造价，组合中的主要树种是山楂。其他植物可以选自当地的特色绿篱植物和灌丛植物。五六种植物就足以产生可观的多样性，没有固定的规律，当地的特征、野生生物栖息地和可用的苗木都会影响植物使用的选择。

可用于中性、钙质土壤上的绿篱植物组合：

Crataegus monogyna	50%
Prunus spinosa	15%
Corylus avellana	15%
Acer campestre	15%
Cornus sanguinea	5%

如果冬叶景观重要，建植速度慢一些，可用的组合是：

Ilex aquifolium	30%
Fagus sylvatica	30%
Crataegus monogyna	10%
Acer campestre	15%
Prunus spinosa	15%

枸骨叶冬青（*Ilex aquifolium*）的常绿叶和欧洲山毛榉（*Fagus sylvatica*）整个冬天的留存叶会让绿篱全年多彩而富于变化。这些植物比起组合中的其他植物生长缓慢，所以要使用较高的比例。生长较旺盛的灌木虽然种植数量少，但是在最终建植起的绿篱中形成相对大的占比。

在新西兰，澳大利亚铁仔（red matipo，*Myrsine australis*）和栲泼罗斯马（*Coprosma repens*）的变形和变种如'Karo Red'、'Yvonne'是形成冬季观叶绿篱的植物。

放线与间距　为了在地面以上产生密集、均匀的生长，绿篱通常密植小苗。例如，通常使用两年生的山楂苗（30～60厘米之间的任何高度）。偶尔使用20～40厘米苗圃中只生长了一年的小苗。依照造价，种植间距变化不一，但是较小的苗子通常间距为30厘米。有时使用60～90厘米的三年生苗，可以间距45厘米。

通常不使用较大的苗木，尤其是乡村的长篱。但是偶尔需要立刻产生种植后的强烈视觉效果，可以使用大龄苗木，0.9～1.2米高，间距45厘米或50厘米。但是苗木越大，越难在贴地处获得密集的分枝，因为很可能在苗圃种植中被提干。如果回截1/3的高度，会催发灌木丛式生长，成为更好的绿篱。从栽培的观点看，这种重剪能在短时间内获得绿篱的高度。

为了尽快获得密集的隔离，一个很好的方法是交错种植两排，间隔30厘米或45厘米。使用这种做法，通过外加一排的种植，植物间的间距能有效地减到一半（大约15厘米到23厘米），绿篱的宽度会缩小根部的缝隙。如果要更宽，可以种植3排，交错种植获得最大的重叠。单排的篱有时在乡村地区使用，但是因为花园和城市里的空间有限所以更为常见。要取得最好的效果，需要使用生长最密集的植物，比如欧洲紫杉（yew，*Taxus baccata*）、桃拓罗汉松（totara，*Podocarpus totara*）、山毛榉（beech）、鹅耳枥（hornbeam）、帚状假醉鱼草（korokio，*Corokia* × *virgate* cv.）。

对于一种植物的篱，虽然小的细节尺寸样图有助于说明绿篱内和绿篱与相邻植物、边界的关系，但是在种植图中用文字就可以说明放线要求。对于混植的绿篱，不只是尺寸，而且不同植物的相对位置都应画出。省力的做法是设计一个种植单元，5～15米长，沿着绿篱的长度重复使用。这种方法类似于用于详细说明大尺度种植混合的重复模块。

树篱

树篱的阻隔功能常常不是那么重要，乔木或大灌木可以在小的植物上方长大。较低的植物层可以修剪保持紧密或是任其长成自然形。

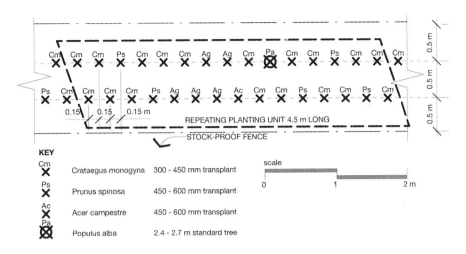

图10.7　树篱种植的重复单元。注意紧密的间距是为了快速建植防牲畜的树篱，苗木保持成一列是为了便于管护

如果树篱要纳入完全生长的树木，要按理想的间隔定位。如果在前些年要修剪树篱，那些树木最好选用支撑的、有特色或是标准树而不是移植苗，与要修剪的植物相区分。

树篱很像一窄条高的林缘种植或林地灌丛，可以用相似的方法选择和布置植物。主要的不同是各种植物的组群尺度，并列种植而非随机种植。树篱中组群要小一些，因为宽度较窄。5到15棵的组群大小能很好地均衡多样性，生长旺盛的植物完全压制四周植物的风险也低，因为生长较慢的树冠可以侧面伸展到树篱旁的空间。树篱最好并列种植，因为随后的养护和建植工作更容易操作。

没必要界定篱和树篱对于乡村地区的传统角色。在地产开发中，在工业和其他园区中，在大的城市公园和野生生物园中，它们都是理想的隔离和边界。实际上，一些设计先例是在新的开发中保护和留存现存的篱和树篱。但是，花园、城市公园和城市地区的篱在传统上有着规则或外来的特征，下面将讨论传统的城市和花园篱的设计。

城市和花园中的篱

篱，规则修剪的和自由生长的都是花园和城市景观布局中的重要结构性要素。例如，20世纪早期的花园，希德考特庄园和纽比府中精心维护的传统规则形篱，对于空间构成和体验至关重要。规则、修剪的篱在城市景观中不常见，因为需要定期的修剪。但是，尽管维护费用高，修剪的绿篱正在获得复兴，和古代的设计一样当代设计利用它们雕塑化的特征。伦敦的泰晤士河坝公园就是当代设计很好的例子，雕塑化地阐释了修剪紫杉篱的传统角色——作为草本植物背景。有气势的景观设计中，比如商业园和公司总部，绿篱也发挥着作用。明确而有效地围合了停车区、就餐区和小尺度的种植，以及边界的界定。除了这些结构上的角

照片156　这个宽而中高的锦熟黄杨（*Buxus sempervirens*）篱为彩色的种植床提供了低的围合。这样交织的篱是架构线性种植区的很好例子，形成了很好比例的种植展示部分

照片157　边界界定和包裹是篱的重要功能。新西兰的罗汉松（*Podocarpus totara*）是很好的规则式绿篱植物（汉密尔顿，新西兰）

色，维护很好的篱，其色彩、肌理和利落的线条对花、叶和其他景观材料形成补充，如石头、木材和金属。

如果低维护或更为不规则的花园中需要形成隔离，有很多灌木可以使用，如较小的长阶花（*Hebe* sp.）、假醉鱼草（*Corokia* cv.）、鼠刺（*Escallonia* cv.）、玫瑰（*Rosa rugosa*）能形成紧密的篱，只需要偶尔的轻剪就能避免根部的光秃。这样不规则、低维护的篱变得很常用，因为可以尽可能低地降低人力成本，但也有很多审美上的特点值得去使用它们。比起修剪的紫杉或黄杨，它们的轮廓更为松散，因为修剪的强度很低，很多植物也开花和结果。

用于规则式绿篱的植物　在英国和其他冷凉气候下，经典的修剪绿篱植物是欧洲紫杉（*Taxus baccata*）、锦熟黄杨（box，*Buxus sempervirens*）和欧洲山毛榉（*Fagus sylvatica*）。所有的植物全年表现良好，紫杉和黄杨为常绿，修剪过的山毛榉能在冬天留存金棕色的叶子。经常性修剪后生成密集的小枝直至地面。但是这种紧凑的生长习性缘于它们缓慢的生长速度，所以要想获得好的绿篱不能心急。紫杉和黄杨需要10年时间达到2米高，山毛榉需要7~8年时间达到同样高度。

在地中海国家，意大利柏（*Cupressus sempervirens*）、大果柏木（*Cupressus macrocarpa*）、香桃木（*Myrtus communis*）是经典的绿篱植物，比如格兰纳达的格内拉里弗花园中的篱园。一些新西兰植物能做优秀的修剪绿篱。桃拓罗汉松（totara，*Podocarpus totara*）是紫杉的很好搭配，只有一点不好，重剪后不能再生。橙果假醉鱼草（*Corokia × virgata*）的紧凑型栽培种，像'Mangatangi'、'Cheesmanii'，细叶海桐花（*Pittosporum tenuifolium*），尤其变种'Mountain Green'。在温暖的海边，没有植物能赶上厚叶海桐（karo，*Pittosporum crassifolium*）、栲泼罗斯马（*Coprosma repens*）及其变种。

当城市或花园中需要规则式篱的时候，可以利用很多外来植物。这里有一些不错的植物，特别是常绿而且生长快的种类，仔细管护下可比紫杉、黄杨和山毛榉。如下所示：欧洲鹅耳栎（hornbeam，*Carpinus betulus*），叶子很像山毛榉，但是土壤条件好的情况下生长快；北美乔柏（western red cedar，*Thuja plicata*）和北美香柏（white cedar，*Thuja occidentalis*），都有着翠绿的叶子；枸骨叶冬青（holly，*Ilex aquifolium*）有着黑亮的叶子，色调很像紫杉；冬青栎（holm oak，*Quercus ilex*）与冬青有着相似的颜色，但是表面无光泽；锥序树紫菀（akiraho，*Olearia paniculata*）；高伟铁心木（pohutukawa，*Metrosideros excelsa*）当修剪成篱时会保持幼叶；樱桃李（myrobalan plum，*Prunus cerasifera*）；桂樱（cherry laurel，*Prunus laurocerasus*）大而闪光的绿叶呈现粗大的肌理；栓皮槭（field maple，*Acer campestre*）在欧洲大陆是常见的篱用植物。这些植物中的大多数比紫杉和黄杨生长快，当需要较快的效果时可以选用。

有两种灌木广泛用在修剪的绿篱中：卵叶女贞（garden privet，*Ligustrum ovalifolium*）和亮叶忍冬（*Lonicera nitida*）。它们很常用，因为生长迅速，苗木成本低，而且能形成坚固的篱。但是每个季节需要修剪3次来保持形状和紧致的效果，会对大多数业主产生过于繁重的维护要求。

植物的选择有各种条件。生长上的要求最为重要，但是生长速度、成本和审美特征也重要。提到的植物除了桂樱（cherry laurel），都是精细或是中等肌理的叶子。（这绝非偶然——小的枝叶耐修剪而看不出叶部损伤，枝叶细小、生长紧密是很多生长缓慢植物的特征。）如果需要篱成为背景或是其他原因需要有视觉上的退后，精细肌理具有优势。色深而暗淡的表面可以为很多事务提供出色的背景，比如雕塑、雕像、喷泉、花卉的色叶。

如果在一年中的合适时间修剪，一些灌木即使经常修剪也会开花结果。例如，美花红千层（bottlebrush，*Callistemon citrinus*）和桃金娘（myrtle）对修剪的反应很好，也开花。达尔文小檗（Darwin's barberry，*Berberis darwinii*）春天在头年的萌条上生成饱满的橘色叶。火棘（Firethorns，*Pyracantha* sp.），尤其是紧凑型的变种，乳白花栒子（*Cotoneaster lacteus*）可以以相同的方法处理，并且在夏末有诱人的浆果，一致持续到冬天。

还有很多其他植物，虽然不经常见，但是可以形成迷人而有效的篱。迷迭香（Rosemary，*Rosmarinus officinalis*）能修剪成低矮、芳香的篱。日本小檗（*Berberis thunbergii*）和小的香桃木栽培变种心叶冠香桃木（*Lophomyrtus obcordata*）、美丽冠香桃木（*L.* × *ralphii*）用作矮篱很合适。皱叶荚蒾（*Viburnum rhytidophyllum*）能形成壮观的背景，很多小檗包括日本小檗（*Berberis thunbergii*）、刺黑珠（*B. sargentiana*）能形成有效的隔离。实际上，值得试验每一种有着紧密生长习性的植物，可能发现不同寻常而迷人的篱用植物。

混合篱　混合篱中不同叶色和肌理的交织在规则篱中、城市中或花园中都很有效，就像在乡村中一样。山毛榉绿色和铜色的变种，以及冬青在冬天非常有吸引力。作者曾看到一个难忘的组合，1米高'日耀'常春菊（*Senecio* 'Sunshine'）、紫叶小檗（*Berberis thunbergii* 'Atropurpurea'）混植的修剪篱，种在停车场边。形状和轮廓的一致性和肌理上的协调强调了叶色上的对比。

为了很好地建植和易于维护，选用植物的生长速度要很好的吻合。如果其中一个生长更旺盛，如果使用的比例相应降低依然可以选用。例如，山毛榉篱中有15%的火棘（firthorn）可以增加冬天叶色的变化，还有秋季诱人的果实，而不会压制生长较慢的山毛榉。

用于不规则绿篱的植物　成功的不规则篱选用灌木的标准是自然紧致的生长习性，冠丛能很好地遮盖地面。形状多种多样，有圆顶形的灌木像地中海荚蒾（*Viburnum tinus*）、长阶花（*Hebe*）树紫菀（*Olearia* sp.）、海滨格林赛里木（*Griselinia littoralis*）、鼠刺（*Escallonia* cv.），生长较为直立的短筒倒挂金钟（*Fuchsia magellanica*）、湖北小檗（*Berberis gagnepainii*），生长较小、丛状的竹子，像神农箭竹（*Arundinaria murieliae*）。如果种植得足够近，所有的这些植物在成年高度上能形成密集的屏障。虽然在植物学上新西兰麻（flax/harakeke，*phormium tenax*）是大型灌木，但在野外能形成效果很好的绿篱，2~3米高，在叶丛之上高高的树干上开花。

不规则篱的主要好处之一是开花和结果不会受到修剪的限制。例如，很多月季能形成有效而华丽的不规则篱，尤其是玫瑰的栽培种（*Rosa rugosa* cv.），麝香月季（musk rose）的变种，一些品种月季和杂交如锈红蔷薇（*Rosa rubiginosa*）、月季'金丝雀'（*R.* 'Canary Bird'）茴芹叶蔷薇（*R. pimpinellifolia*）。低矮生长的不规则篱用植物有薰衣草（lavender, *Lavandula spica*）、法国薰衣草（*L. stoechas*）、齿状薰衣草（*L. dentata*）、紫叶小檗（*Berberis thunbergii* 'Atropurpurea Nana'）和迷迭香（*Rosmarinus officinalis*）。很多植物可以种成不规则篱。要避免的最重要的事情是，较高的灌木注意下部光秃或开敞的习性，低矮灌木注意蔓生或过于平展的生长。

放线和间距　规则和不规则篱的放线和种植间距的原则类似于主要有本地植物的乡村篱。在大多数条件下，最好尽可能密植小苗。如果植物是地栽苗，就可以种最小的规格，高一些和中等高度的篱间距35~45厘米，矮篱25~35厘米，交叠的两排距离30~40厘米。窄篱只需种植一排，但是间距使用下限值。例如，裸根栽植玫瑰（*Rosa rugosa*），45~60厘米高要剪回到20厘米，单列，30厘米间距。

城市和花园中篱使用的植物很多只有容器苗，比起裸根的地栽苗造价更高。所以，较大的盆栽苗应更为经济地使用。例如火棘（*Pyracantha* cv.），2升容器中45~60厘米高的苗要单列间距50厘米。

大多数绿篱植物需要栽后修剪，促生丛状侧枝，大约剪回原来高度的1/3。有些例外的情况：紫杉的主枝在达到高度前不要修剪，因为幼年的紫杉自然丛生，修剪只会减慢向上生长的速度。山毛榉（beech）、鹅耳枥（hornbeam）和冬青（holly）栽后几年也可以保留领先枝，除非是特别凌乱的品种。

城市和花园篱的布置常常很严格——小的偏差就能令规则篱的表现不尽如人意。正因为如此，必须注意种植图中的绿篱细节。图上要有尺寸修正绿篱线相对于参照点的位置和种植列中植物的间距。篱不像种植混合或地被覆盖，单棵植物的位置或者至少植物行列的种植线应在图上显示。

绿篱中的乔木　伸展在绿篱上方的树冠非常吸引人。在规则的公园和花园中能看到这种形式的柱廊，但是难于建植和维护。首先，绿篱的修剪很难，因为需要绕着树干工作。要想达到整齐而不伤害树木，基本上只能是手工作业。而且，一旦树冠开始浓密和伸展开，投下的阴影就会影响下面的叶丛，造成不均匀和开张的生长，这为规则篱所不能容许。可以抬高树冠，让更多的阳光投射到树冠下，但是更好的做法把树木靠后放置，而不是种植在绿篱线上。2米的间距可以充分降低与绿篱植物在根部和冠丛间的竞争，树冠投下的阴影会更为均匀地分布在绿篱表面。乔木置后也能易于接近绿篱的各个面，便于维护。

边界绿篱

如果想很快地遮挡种植边界，表现得有秩序、有管理，就可以用边界绿篱。密植两三排的移植苗，每年修剪1次或2次。如果空间过于狭小不能种植宽而自由生长的绿篱，这种方式就是很好的解决方法。特征上可以有些像乡村篱或是树篱，或者像公园、城市景观中一样更规则一些。依照种植区的背景和功能而不同。种植区界篱的设计与之前提到的篱和树篱的设计类似，可参照执行。

照片158　一行挪威槭（Norway maple，*Acer platanoides*）栽植在乳白花栒子（*Cotoneaster lacteus*）绿篱中。在有限的种植宽度内，这种种植方式将双层停车场融合到办公区的整体种植结构中

照片159　树木如果不是栽植在绿篱中，而是靠近栽植，绿篱较易修剪（沃灵顿，英国）

照片160　壮观的单行林荫道热带雨树（*Albizia saman*）（托洛阿大学，汤加）

照片161　悬铃木（plane tree）株距6米行距7米种植，形成了强烈的林荫道（美国伯克利的加利福尼亚大学）

林荫路

这里的"林荫路"是指任何线性、几何式种植的树木，其中的每棵树可以认出是单棵。包括单行、双行或者更多排的树木，笔直或弯曲，可能沿一定方向界定线性空间，或是呈方形或圆形围合一个静态空间。林荫道的视觉空间和细节设计与大结构的种植有非常明显的区别，但是同样是景观结构中的主要因素，以很有效但更为几何的方式界定空间和边界。

林荫道传统上与漂亮的建筑、纪念碑和重要的、仪式性地路线联系在一起。笔直的、两排林荫树产生的视景线常聚焦在建筑立面或纪念碑上，产生了印象深刻的到达方式。林荫道的种植也为机动车道或人形道形成特征、特色和明显的区别。

因为线性的特点，林荫道是界定用地和空间边界、标示交通流线的有效而经济的方式。变化的尺度和比例变化不一，从小的樱花树下亲切的小径到侧面是高大椴树或悬铃木的大道。围合的程度也能控制。成年树龄的林荫道不要在较低的高度上产生完全的隔离，而是形成抬高的结构，比如有着绿色"屋顶"的"拱廊"，树干间有"窗户"的"柱列"，或是沿线大间距种植暗示的边界。

林荫道细节设计的问题是根据功能和生长表现选择正确的树种和间距。

林荫道树种

规则的林荫道需要树冠和枝叶的生长始终如一。统一性要求单一树种的生长可靠、始终如一。不会因为土壤和小气候条件产生过度的变化；不应受到病虫害

照片162 这是在新西兰霍克斯湾看到的新西兰朱蕉（ti kouka/cabbage tree, *Cordyline australis*），一种不常见的林荫树。它缺少传统林荫树种的规整性，但景观特色格外突出

照片163 这里密植的双排林荫树欧洲山毛榉（*Fagus sylvatica*）是荷兰赫特鲁兴复兴公园的一部分。令人印象深刻的是高耸山毛榉树干上高高抬起的绿色拱廊

照片164　小树像洋槐（*Robinia pseudoacacia* 'Bessoniana'）形成了亲切的、人体尺度的林荫道，放在较大的围合中会特别成功，比如城市广场或街道（Vision Park，英国剑桥）

照片165　小棕榈树林荫道，树干上精彩地披挂着攀缘植物，增添了弯曲空间下部的细节（新加坡植物园）

和混乱情况的影响；不需要经常地树养护工作来维持树冠的形状。如果是栽培种会更好，因为经过生长繁殖有着基因上的一致性。对于形成很好的林荫道，种子繁殖的苗木常表现出太多的变化。

　　在北欧，传统用于高大林荫道的植物有椴树（limes，*Tilia sp.*）、二球悬铃木（London plane，*Platanus × acerifolia*）、挪威槭（Norway maple，*Acer platanoides*）、山榆（elms，*Ulmus glabra*）、欧洲七叶树（horse chestnut，*Aesculus hippocastanum*）、西班牙栗树（Spanish chestnut，*Castanea sativa*），欧洲山毛榉（beech，*Fagus sylvatica*），以及更为规则的杨树种，如健杨（*Populus robusta*）。城市里，林荫树不能吸引昆虫，尤其是蚜虫，会掉落黏性的蜜露在汽车上或街道设施上。在这方面，挪威槭（*Acer platanoides*）、克里米亚椴（*Tilia euchlora*）、垂枝椴（*T. petiolaris*）、二球悬铃木（*Platanus × hispanica*）最合适。最近在城市中试验的两种大树应该是很好的林荫道树种，土耳其榛（Turkish hazel，*Corylus colurna*）有着规矩的圆锥形状，毛背南水青冈（raoul，*Nothofagus procera*）生长很快。在合适的条件下能形成高大林荫道的其他植物有：沼生栎（pin oak，*Quercus palustris*）有着壮丽的秋色；土耳其橡树（turkey oak，*Quercus cerris*）：抗空气污染；欧亚槭（sycamore，*Acer pseudoplatanus*）如果有充足的伸展空间能长成优美的树木。在公园，地产项目和乡村地区值得试验落叶松（larch，*Larix sp.*）、欧洲鹅耳枥（hornbeam，*Carpinus betulus*）、匈牙利橡树（Hungarian oak，*Quercus frainetto*）、栗叶栎（Chestnut leaved oak，*Q. castaneifolia*）、欧岩栎（sessile oak，*Q. petraea*）。后三种树比英国栎（pedunculate oak）生长更快，树干更直，树冠更规则。常绿树有黑松（black pine，*Pinus nigra*），成年树很雄伟；巨杉（wellingtonia，*Sequoiadendron giganteum*），在历史性的公园中形成了引人注目的林荫道，比如白金汉郡的斯托园中；在地中海地区，意大利柏（Italian cypress，*Cupressus sempervirens*）。在温带和亚热带气候条件下，有两种新西兰植物是很好的林荫道树种。新西兰牡荆（Puriri，*Vitex lucens*），几乎全年开花；高伟铁心木（pohutukawa，*Metrosideros excelsa*）如果有充足的空间能很好地自然伸展。其

他适合温暖地区的林荫道树种的植物有榕树，如榕树（*Ficus microcarpa*）常见的行道树种；一些开花的桉树，像赤桉（*Eucalyptus ficifolia*），不会掉落枯枝，有着炫目的深橙色花。如果气候适宜，很多棕榈用于林荫道种植。加那利海枣（Canary Island palm, *Phoenix canariensis*）在温暖气候和地中海气候条件下能形成经典的林荫道；大丝葵（skyduster, *Washingtonia robusta*）同样很好而且更为壮观。

中等高度的林荫道（成年时大约10~18米），下面的树种有着始终如一的表现：很多花楸［尤其是白背花楸（*Sorbus aria*），瑞典花楸（*S. intermedia*），锐齿花楸（*S.* × *thuringiaca*），欧洲花楸（*S. aucuparia*, *S.* 'Sheerwater Seedling'）］，一些开花的花红（尤其是日本海棠*Malus tschonoskii*，有着紧凑的柱形），欧洲甜樱桃（gean, *Prunus avium* 'Plena'），洋槐（false acacia, *Robinia pseudoacacia* 'Bessoniana'），紧凑的欧洲鹅耳枥（hornbeam, *Carpinus betulus* 'Fastigiata'），无刺的美国皂角（honey locust, *Gleditsia triacanthos* 'Inermis'），树形比其他的白蜡更紧凑的花白蜡树（manna ash, *Fraxinus ornus*）；意大利桤木（Italian alder, *Alnus cordata*），有着光亮的叶子和干净的圆锥形树冠；银杏（maidenhair tree, *Ginkgo biloba*）的雄株，在日本和美国是常见的街道树种，其自然锥形的生长习性是一个很大的优点。在较为温暖的气候条件下，可靠的树种有榔榆（Chinese elm, *Ulmus parvifolia*）、苦楝（India bead tree, *Melia azederach*）、皱叶海桐（*Pittosporum eugenioides*）、海桐（*P. tobira*）、波叶海桐（*P. undulatum*），木樨榄（Olive, *Olea europaea*）、橘树（尤其是酸橙*Citrus aurantium*）和肖乳香（Pepper tree, *Schinus terebinthifolius*）。

如果树形的规整性不重要，林荫道的选择实际上可以扩展到适合当地条件的任何树种。如果树荫下需要行人或车辆通行，树种的选择要能够修剪抬高树冠，不能有落枝或受风摧。在通行道路上，像洋槐（*Robinia pseudoacacia*）有带刺小枝掉落，不是好的选择。

小的林荫道（小于10米高）是庭院和花园人体尺度下很有效果和吸引人的结构性元素。满足这种要求的好树种有：开花的樱花和李树，尤其是樱花'颂春'（*Prunus* 'Accolade', *P.* 'Kursar'），稠李（*P. padus* 'Watereri'），大山樱（*P. sargentii*），樱花'白妙'（*P.* 'Shirotae'），樱花'太白'（*P.* 'Tai Haku'）和樱桃李（*P. cerasifera*）；一些开花的花红，比如多花海棠（*Malus floribunda*），湖北海棠（*M. hupehensis*），树枸子（瓦氏枸子*Cotoneaster* × *watereri*, *C.* 'Cornubia'），柳叶梨（*Pyrus salicifolia* 'Pendula'）；装饰性，尤其是（*Crataegus* × *lavallei*），（*C. crus-galli*）和（*C. prunifolia*）；和较小的花楸，比如（*Sorbus* 'Joseph Rock'），（*S.* 'Embley'），湖北花楸（*S. hupehensis*），克什米尔花楸（*S. cashmiriana*）和川滇花楸（*S. vilmorinii*）。不同寻常的林荫道可以用一些引人注目的植物，如新西兰朱蕉（ti kouka, *Cordyline australis*）、棕榈（chusan palm, *Trachycarpus fortunei*）和巨大的大鹤望兰（gird of paradise, *Strelitzia Nicolai*）。

放线与间距

林荫道种植形成的几何上的规整性和空间形态可以同比建筑。例如，一行窄间距的树木有着光洁的树干和相接的树冠，成为一个绿色的"柱廊"。两行上部相接的树冠形成了"拱廊"，如果是方形变成了围合的"回廊"。紧密种植的大树，树干和倾斜的枝条形成一个房间或顶棚一样的结构。大间距分开种植的树木有着柱列的特征。

可以看到林荫道的布置影响着得到的空间特征。林荫道空间上的布置也影响树种的选择和实现设计目的的建植技术。

对于大树的林荫道如果要求树冠靠近但不连续，理想的种植间距是20～25米。这能让最大型的树木像椴树和悬铃木长成开张、宽大的个体；但是，最完整的效果需要等到一百年。要达到较快的视觉效果，时间上大多数景观项目可以接受的做法是可以种植2倍（或3倍）的数量，当树冠开始交叠时隔株移除（或每3棵去除2棵）。最初的间距会是6米和12米，这样会在栽后15年产生较好的连续性和空间界定。不幸的是当间伐的时刻到来时，很难鼓起勇气放倒生长很好的幼树，甚至更难说服公众和业主这样做的必要性。一个达到这种管理目的的做法是在开始时选用快速生长、生命期短的临时树种。杨树或意大利桤木（Italian alder，*Alnus cordata*）可以种植在生命期长的树木间，10年20后伐除争议较少。

行距要与株距相同或更宽。如果横向的间距小于纵向将会产生穿过拱券的感觉，减弱围合的力度。双排树的林荫道（每边两排），甚至3排，能产生壮观的感觉。

一个连接在一起的林荫道，树冠相接形成平行的枝叶"柱廊"或是一个"拱廊"，一定需要种植间距小于成年树木的冠幅。大型的乔木如椴树（lime）和悬铃木（plane）成龄的间距不超过15米。10米会更快地形成效果。间距再近，产生的围合感更强，林荫道树木的个体存在感更弱，成为更为连续，成形感更强。在非常近的距离，4～5米，生长旺盛的树木会压制较弱的树木。修剪可以调节不同的生长速度，但是当树木更大时修剪更为困难和费用更高。如果对一致性要求不高，株距可以2米或3米那样近。这会产生非同寻常的效果。

较小冠幅的树木要达到同样连续的程度，需要更近的种植。中等体量的林荫道种植如白背花楸（*Sorbus aria*）或洋槐（*Robinia pseudoacacia* 'Bessoniana'）间距大于9米，永远不会形成相接的树冠，建议5～6米。要快速地见效，可以缩至4米。窄冠的树木如日本海棠（*Malus tschonoskii*）或银杏（*Ginkgo biloba*）间距要更近，虽然挺拔的生长习性不适合形成林荫道的拱廊或柱廊形状，间距5～7米会有强烈、整体的感觉。最小的树如川滇花楸（*Sorbus vilmorinii*）和垂枝柳叶梨（*Pyrus salicifolia* 'Pendula'）种植间距最好不超过5米。

对于2排以上的规整种植，可以用直线或错列的格网。前者，轴线一边的树木与另一边相对，有更规则的感觉。错列的种植视觉节奏弱，但是从一边看，密度更大。

实际当中，树木的落位受很多场地条件的限制，比如道路交接点，编导，建筑的窗户和出入口，以及上方的设施。很少能在整个林荫道达到同样的间

照片166　编织的椴树（*Tilia* sp.）分隔了建筑与自行车停车区（Leuven，比利时）

照片167　金链花（laburnum）拱廊，在北威尔士的伯德南特有个著名的同样种植，不只是在5月有着壮观的开花，而且还有着动态的空间特征

照片168　在新西兰的奥克兰植物园，大尺度的攀缘植物廊形成了精彩的机动车入口区

照片169　在英国的布里斯托公园，编织的椴树（Tilia）为雕塑形成了几何式的背景

距。幸运的是，除非非常规则和宏伟的设计，这不是很大的问题。在大多数的地方如果原因可知，可以接受偶尔地打断和不规则的间距。更重要的是要克服不可见因素的限制，比如地下设施，最好预先考虑到这些问题，在场地规划时做出应对。

整形的树木和藤本

　　编织的椴树（lime）和金链花（laburnum）是传统应用整形树木的例子，形成围合强烈和形状控制的绿色构筑物。功能方面，这种整形的形式类似于密植的林荫道。但是管理工作更繁重，很多需要手工完成。尽管这样，这些传统的做法再次流行，设计者在公众场合拓宽使用的可能，赋予新的阐释。整形树木应用形式的一个好处是，由于修剪或整形是持续的管理，可以限制树冠和根系伸展而贴近建筑。编织的椴树（lime）可以种植在距建筑2～3米的范围内，而自由生长的同规格椴树需要多倍以上的距离，以免遮阳、落枝和根部损伤等问题。

照片170　伦敦港口再开发区，修剪后的树木成格网种植。这在法国是传统的做法，表达了极致的简约、抽象和森林空间模式的形式化

照片171　苹果和猕猴桃（kiwi fruit）等一些果树种植在线架上。这能在设施景观和园艺中重新诠释当前的一些种植技术，以及传统的墙式和扇形种植方式（Canterburg Plains，新西兰）

　　整形和编篱树种的选择比起林荫道树种更为受限，因为需要沿着线绳或条棒生长，或是修建后能长出密集的侧枝，像好的绿篱植物一样。实际上，很多适合绿篱的树木也适合编篱。最为可靠的是欧洲鹅耳枥（hornbeam, *Carpinus betulus*）、欧洲山毛榉（beech, *Fagus sylvatica*）椴树（*Tilia* sp.）、枸骨叶冬青（holly, *Ilex aquifolium*）、柏树（cypress, *Cupressus*）、欧洲紫杉（yew, *Taxus baccata*）。这些植物不只是整形和修剪后生成密集的叶子，而且在到达理想高度后也能相应避免受树干抽条问题的影响。通常编篱植物的间距为2～4米之间，可以迅速建植密度均匀的冠层。

　　用在钢架和钢丝上整形形成通道的植物有金链花（*laburnum*），尤其毒豆'沃斯'（*L.* × *vossii*），多花紫藤（*Wisteria floribunda*和*W. sinensis*），有着壮观的下垂花朵。金链花通廊不开花的时间会显得沉闷，因为叶色暗。如果不是变化空间组合的部分，这样的通道会让人畏惧。紫藤会好一些，因为花期长，叶色更好。

　　新整形植物的应用形式可以在园艺实践中看到，用藤本或木本植物。应用在舒适性设计上潜力很大。例如，整形啤酒花（hop）和无花果（kiwi fruit）如何用在公共景观或私人花园中。仁果类植物有时也用在罩顶的构架上，这种做法可以在种植设计中使用。

　　在特殊设计的结构上种植藤本是为小场地和空间带来绿色的途径，那些地方种树可能产生破坏。也很多精彩的设计可能，如罗伯特·布雷马科斯的附生植物的绿柱，新加坡的叶子花阳伞。也可以演绎特征性的园艺做法，形成本地的设计风格，比如无花果的种植，或是当地自然植被的显著特征，如附生植物的树。

第 11 章

装饰性种植

　　装饰性种植可以描述为在结构性种植框架形成基本的比例和结构后，对景观空间的装饰和美化。结构种植和装饰种植的区分不严格，但是，结构种植常常包含很多细节和装饰性的特征，而装饰性种植也起到界定和划分空间的作用。这是功能优先的事情，结构种植的主要目的包括空间界定、围合和改善小气候条件，而装饰性种植关系细节使用和空间享受。

　　结构性和装饰性功能上的不同也关乎尺度上的不同。在小花园、庭院和单个种植床中，一些装饰性种植能自己界定空间——坐凳能嵌在两株攀援灌丛月季形成的壁龛中，或是在开花乔木形成的拱形树冠下。另一方面，如果仔细研究结构种植的某个细节，比如一个森林中的单棵植物或叶子上的对比，这是我们首先注意到的装饰特征。

　　装饰种植是景观的重要组成部分，不只是在公园和花园中，而且在街道、广场、停车场、休闲设施、居住区、康乐、教育、工业、和商业零售综合体皆是如此。简言之，人们使用的任何地方。

　　从大片灌木种植的广阔区域到最为集中的种植床和容器，装饰性种植的特征和尺度有所不同。大尺度公共区的种植要求可靠、强壮和易于管护以及装饰性，但是对于保护地和有合理维护的地方，种植可以更为复杂，包含很多种类。

　　在第一部分，我们探讨的视觉组合原则有助于约束各个要素成为富有表现力的整体；现在我们转向装饰种植中植物种类的选择和布置。

总体的种植区域

　　在公共和私人花园，有着花床和花境种植的长久传统，包括季节性的花坛布置、草本花境和混生花境、灌木丛种植和岛状种植。在大多数公共、公司企业的景观中，需要不同的种植方法，部分原因是有限的资金和养护的技术，也有原因是进行设计创新的最好机会。

种植区域的布局

　　在考虑植物之前，需要决定种植区域的大小和形状。首先我们应该注意种植

照片172　装饰性灌木在小空间中有结构性的作用。这里的欧亚花葵（tree mallow，*Lavatera thuringiaca* 'Kew Rose'）分隔着两个座椅（Leicester Cathedral，英国）

照片173　主要为本地植物构成的林地或灌木林可以呈现花、果和叶的装饰趣味细节，也有空间界定和庇护的作用

照片174　长起来的灌木和草本植物铺展在道路的边缘，产生了精彩的自然不规则的边缘注意边缘弧线的大小反映了植物组群的尺度（Knigtshayes Court，德文郡，英国）

照片175　在交通繁忙的地方，种植床的边缘需要保护。这里的石砌斜坡既是铺装自然而然的延伸，也是对植物材料装饰特征的补充（格拉斯哥，苏格兰）

和草地的比例，或是种植和铺装面的比例，草地和铺装衬托着种植。它们视觉上的简洁性和连续性补充和支撑着种植的丰富性。草地视觉上柔和，可以比铺装占更大的面积，而不显得光秃。当然，很多地方需要铺装，因为人流集中，理想中的种植范围可能不现实。在这样的情况下，仍然需要大量的植被均衡硬质铺装区域，因为问题不在于地面铺装区域的相对比例，更为重要的是从正常的视角可视绿量与可见铺装面的比例。通过种植树木、较大的灌木和用攀缘植物装饰立面的方式可以最大化枝叶的可视面积。

　　第二个问题是种植区域应该是什么形状？可能受空间其他要素和整体场地设计的控制（种植总应该是整体景观设计的一部分）。在一些情况下，种植区域的形状可能是空间的主要图形。

　　通常需要的一个审美特征是种植能够"软化"城市构筑物的细碎轮廓和工业生产的建造材料。通过使用各种材料和肌理的枝叶和乔灌木的不规则、弯曲轮廓来实现这一目的。这些有机的形状是植物自然生长的结果，所以不需要为了补充和对比几何构造元素而在轮廓上仿造那种随机形状。实际上，随意、不规则、波

照片177　石材铺砌草本花境的边缘有很多好处。草地修剪很容易，种植床中的植物能够伸展到边缘上，雨天走近花境劳作对草坪边缘的破坏较少，清晰的边缘线视觉感很好（谢菲尔德，英国）

照片176　狭窄的种植床不能提供充足的土壤条件，易被踩踏

动的装饰种植床边缘看起来更为做作。这不是说弯曲的形是错误的做法，但是塑造的外形要肯定，有充分的余地在植物成熟后依然保持明显。

对于种植区域的外形有一些技术上的提示值得注意。在公共区域，容易受到行人的踩踏和汽车的碾压，需要保护，可以高出地面或使用高的路缘石、矮墙或栏杆阻止进入。恰当的落位和宽度是有效减少干扰的方式。两侧连接人行区的种植地宽度不少于2米，即使边缘受到些破坏，重要的区域依然能够生长和扩展。花境一侧背景为墙不易受到踩踏，宽度可以小到1米。

种植床和花境的边缘处理方式影响到设计的整体特征和质量。草坪连接的边缘通常会需要费时费力的修剪。这样做是为了整洁和易于操作花境里的栽培，但是会有僵硬的感觉，持续的修剪边缘也会引起草地区域的逐渐减少。最为方便的收边方式是一条铺装材料，如砖、混凝土或石材。这种经典的特征既便于维护也能让植物伸展而不受到修剪的破坏。草地边缘会有一条干净利落的线，设计者能更精确展现的轮廓。有了硬铺的边缘，草坪就能够呈现和保持带角度、精致的几何形。

花床和花境最易受破坏的地方是角部。在公共区域，有角度的地方频繁地被踩踏不可避免，保护很重要。减少侵入的途径是以平缓的圆角和大开角消除尖角和突出部分。甚至这些更为渐缓的角部也只是种植抗力强的植物，草本植物或柔软的低矮灌木能在角落位置存活的机会很少。

种植布置

城市景观中枯燥的灌木花境和单调的地被太过常见。可选用的树种有限，常绿的比例很高，色彩、形式或季相变化不吸引人。设计平淡的借口是建植和维护的成本，但是如果设计者知识丰富和富于想象，造价不是导致单调的理由。公共区的种植要在不牺牲可靠性的情况下获得最大化的视觉效果。

有些方法可以做到这一点：种植大片的草本植物和球根花卉地被。较小的木本也是装饰性种植床的另一个重要组成，长得高，占用的地面空间很小，有很多的叶、花和果。通常不愿意在有限空间和靠近建筑的地方种植甚至是很小、亮叶的树木，因为会挡光和对建筑结构造成潜在破坏。但是，注意地下管线的位置和建筑基础的设计，就没有理由不能种植树木丰富小的空间和建筑立面。一些情况下，在特别设计的构架上攀爬植物也能取代树木，而且有着生长快的优点。

冠层

乔木、灌木、攀援植物、地被植物、草本植物和球根花卉可以结合在一起形成丰富的装饰性种植组合。装饰性种植的关键如同结构性种植一样，利用冠层的竖向布置和植物生长的季节性变化充分发挥可用的地面面积。装饰性种植相关的

照片178　混合种植的灌木和草本植物为办公建筑形成了新亮、色彩斑斓的装饰景观（沃灵顿，英国）。图中的草本植物有岩白菜（*Bergenia*）、鸢尾（*Iris*）、大星芹（*Astrantia major*）和老鹳草（*Geranium* sp.）

照片179　这株小的亮叶树木部分贴近建筑是种植成功的关键。色彩的协调和形状上的互补形成了树木和建筑结合的不错组合

照片180　多层的装饰性种植，有亮叶树冠的白糙皮桦（*Betula jacquemontii*）、散布的灌木层杜鹃（*Rhododendron* sp.）。还有多样的低矮地被，心叶黄水枝（*Tiarella cordifolia*）、岩白菜（*Bergenia*）、密穗蓼（*Polygonum affine*）和柔毛羽衣草（*Alchemilla mollis*）

照片181　这里很好地体系了包括观赏草在内的多年生植物在公共空间中的使用（Thames Barrier Park，伦敦）

主要种植层有乔木层、灌木层和地被层。

乔木层不要太密，因为冠层开敞，下面的植物会更丰富，能看到细节的装饰性种植。如果装饰性种植床的空间小，或是贴近建筑，密集的树冠会过于阴暗。

根据乔木冠层的情况，灌木层可以有耐阴或喜光的植物。冠层结构中高于视平线以上的高灌要看它们的形状和习性。墨西哥橘（*Choisya ternata*）、美国马醉木（*Pieris floribunda*）和银叶树（*Leucadendron*）有着圆丘的形状，生长密集、常绿的习性能很好地抑制杂草的生长，至少在成熟时能达到这一点。同样作用的丛生形植物有：南天竹（*Nandina domestica*）、棣棠（*Kerria japonica*）和红瑞木（*Cornus alba*）。装饰性灌木如果不能很好地覆盖地面，可能需要下层种植直立和拱曲形的植物，如很多的月季（*Rosa*）、丁香（*Syringa*）和锦带（*Weigela*）。尤其是树冠稀疏、直立的种类，更要如此，比如柽柳（*Tamarix*）、苘麻（*Abutilon*）和埃特纳染料木（*Genista aetnensis*）。生长开张的灌木能在下面种植耐阴的灌木或草本植物。

地被层可以包括有着密集、伸展习性的低矮灌木，比如粉花岩蔷薇（*Cistus × skanbergii*）平卧稻花（*Pimelea prostrata*）和油叶长阶花（*Hebe pinguifolia*）；匍匐的、层状灌木，比如常春藤（*Hedera* cv.）、匍枝倒挂金钟（*Fuchsia procumbens*）、小悬钩子（*Rubus parvus*）、矮生枸子（*Cotoneaster dammeri*）、栲泼罗斯马'哈维拉'（*Coprosma* 'Hawera'）和长春花（*Vinca* sp.）；和形成旺盛的平铺地被的草本植物，比如紫花野芝麻（*Lamium maculatum*）、大根老鹳草（*Geranium macrorrhizum*）、心叶黄水枝（*Tiarella cordifolia*）和角棱铜锤玉带草（*Pratia angulata*）。一些丛生和簇生形的草本植物密集种植时也能形成很好的地面覆盖，例子有龙舌百合（*Arthropodium cirratum*）和草类，以及莎草类（*Chionochloa flavicans*，*Carex testacea*）。大多数真正有效的地被覆盖植物是常绿植物或者部分是常绿植物。但是有一些植物，虽然冬天落叶、不好看，但是生长季能很早地长叶，生长很旺盛，能像很多常绿植物一样能压制野草。灌木像野珠兰（*Stephanandra incisa* 'Crispa'），组成很多灌木丛的金露梅（*Potentilla* cv），和草本的植物像柔毛羽衣草（*Alchemilla mollis*）和恩氏老鹳草（*Geranium endressii*）都是很好的落叶地被植物。

地被层的种植可以限定在没有较高灌木或乔木的地方，或是延伸到较高冠层的下方。植物要细心选择，既能适应种植时的条件也能在成熟林缘的阴处生长。当要确保地被层能与杂草竞争时，这一点很重要。反之，如果允许高灌和乔木下有些杂草生长，较低的灌木和草本更容易疯长，而且地面覆盖中杂草的控制比起高灌下面更为困难。

因而，很好地覆盖地面对地被层的种植而言是基本要求。一旦做到了，就可以再增加低矮灌木和草本植物，它们的种植孤立、零散，不会压制杂草。这些植物包括两个重要的类群。第一类是有着开张生长习性的落叶或常绿小灌木，比如克兰顿莸（*Caryopteris × clandonensis*）、粉萼木（*Thryptomene* cv.）和染料木莉迪亚（*Genista lydia*）。第二类是长得足够高的多年生植物，能够高过匍地的地被植物，包括很多种和品种的萱草（*Hemerocallis*）、鸢尾（*Iris*）、风铃草（*Campanula*）、玉簪（*Hosta*）、雄黄兰（*Crocosmia*）、聚星草（*Astelia*）、百子莲（*Agapanthus*）、芦荟（*Aloe*）、丝兰（*Yucca*）、凤梨（*Puya*）、莎草（sedge）和草。有大量的非常漂亮的草本植物可以种成这种方式，但是其中的很多植物鲜见于公众场合和商业景观中，因为它们不适合单独种植。很多这些植物的竖直生长习性很理想，因为既在视觉上与平展的冠层形成对比，栽培上又不会投下过多的阴影在匍地植物上。所以较高的水仙（*Narcissus*）可以种在洋常春藤（*Hedera helix*）的匍地品种中，但是番红花（*Crocus*）、雪片莲（*Leucojum*）、雪花莲（*Galanthus*）在生长较低的地被植物小蔓长春花（*Vinca minor*）或匍匐筋骨草（*Ajuga reptans*）中可见度更好、持续更长久。生长超过低矮地被植物的草本植物包括球根，可以称作是"突显"，因为它们的多年生球根在地被植物下面，但是每年长高出现在上面。

如果要最大化地发挥竖直生长植物层的潜力，可以在单一的区域内种植匍匐的灌木层或是成片的匍地草本植物，和条带状的突显的多年生草本和球根。在这一层的上面可以有一些不会投下过多阴影的中高灌木。以中宽的间距种植成条带或组团，便于在周边的路径上看到下面绝大部分的地被层。一些植物可以单株种植，或是小组团的一部分，高低错落。最后可以偶尔有些乔木，成组或是单株，增加上部层，以树干强调较低的冠层。这种空间布置方式在各层不过度复杂的情况下获得很多的多样性。适用于需要丰富性和变化性的装饰性设计，比如较大区域的密集种植部分和小空间中的精细花境。

在很多设计中，为了审美的原因而特意简化层的结构。比如，大片单一种植的简洁性可能就是精细铺装纹样或建筑立面的很好补充。也要记住多层种植相对造价高，因为在小的面积上塞下了大量的植物，也过度依赖高密度种植的小型地被植物。所以，由于造价问题简单一些的层次结构是必需的。中高灌木丛是更为简单地覆盖地面的方式，因为需要的植物很少。假如高度关注了植物种类的选择——有着统一的线性、肌理和色彩，能与其他材料高度结合，周年观赏良好，有着开花、结果或叶色上的变化，那么单一种类的种植就能获得视觉上的巨大成功。

接替生长

充分利用地面的另外一种方式是选用可以在一年的不同时期达到主要生长期的植物。在自然植物群落中可以看到这一点，比如欧洲的橡树林，早春的花卉像丛林银莲花（*Anemone nemorosa*）和欧洲蓝铃花（*Endymion non-scriptus*）在树冠长满叶子之前生长和开花。欧洲蓝铃花和其他春季球根花卉可以用相似的方式种植在晚长叶的落叶灌木下，比如榛子（*Corylus*）的种、品种和木槿（*Hibiscus syriacus*）。

接替的生长在同一树冠层也能做到。例如，大叶蓝珠草（*Brunnera macrophylla*）、玉簪（*Hosta* sp.）春末之前不会长满叶子，在北欧要到五月份，留下的生长窗口期一直到仲春，其他一些植物可以利用这一事件，比如蓝铃花、

（*Galanthus* sp.）和绵枣儿（*Scilla*）。当夏季球根抢占阳光的时候，春季球根已开始衰亡和进入自然休眠期。

组合和尺度

种植美感细节上的处理读者可以参照第6、7章，那里讨论了植物的视觉特征和视觉组合的原则。植物组群尺度的效果在这里进一步探讨。

有时会说看到种植图，简单地从植物组群的图示，不需要识读植物的名字，就能理解组合的内在本质。这是因为条带、组团的尺度和每种植物的样本要很好反映其在组合中的角色。

在地面上，最为精细的区域自然会抓住人的眼球，吸引近前观赏。快速经过大片更为统一或接近一致的种植后，观察者会驻足品赏细节。即使较大的种植组群色彩更为鲜艳、肌理更为明显，依然如此。因为这一点，精细种植的地方常是组合中的亮点，要布置在最佳位置上，比如靠近入口、园林建筑，在庭院中的台阶两侧，道路的交点上，或是座椅前的视野前景。所有这些关键点有共同之处，即人自然停留的地方。种植的其他部分相比起来要简单，部分原因是因为观看的速度快，部分原因是因为尺度的变化能加强粗犷和精细组合的感觉。可以说种植组合中尺度的变化比种类的变化更重要。

装饰性种植中，相对尺度可以是10倍或是更多。在种植设计较为简单的部分，植物的片块大小可以是最为精细种植组群的10倍。在焦点的种植区，一种植物所占面积不要超过2或3平方米。两种种植方式之间可以用中间尺度种植转换，或有时就是尖锐的对比。

强调种植

装饰性种植的亮点可以是一棵独立的、外形突出的灌木或乔木。能胜任这一角色的植物像新西兰麻（*Phormium*）、玉簪（*Yucca*）、万年麻（*Furcraea*），它们有剑一样的叶子和壮观的花序，或是辽东楤木（*Aralia elata* 'Variegata'），漂亮、多彩、羽状的叶子放射状着生在茎干顶部。强烈的颜色也能产生很好的强调。花或果实的颜色只是短暂的效果，但是花开的时刻引人注目，像智利火艳木（*Embothrium coccineum*）有着火红的花，四照花（*Cornus kousa*）的枝条上披挂着奶白色的苞片，二乔玉兰（*Magnolia × soulangeana*）白色和粉色的花簇拥在枝条上。果实和叶子色彩上的结合会格外显著。垂丝卫矛（*Euonymus oxyphyllus*）秋初披裹着紫色、红色叶子时，枝条上挂满了洋红、橙色的果实。川滇花楸（*Sorbus vilmorinii*）羽毛状的叶子变为紫红色时，与白色的浆果形成了鲜明的对比。干枝的颜色也如果实一样好看，尤其是与秋色叶结合在一起时能产生很好的强调效果。例如，血皮槭（*Acer griseum*）树皮剥落的棕橙色树干结合着密集的红橙色秋色叶。蛇形树干的枫树和一些桦木，尤其是岳桦（*Betula ermanii*）、红桦（*B. albosinensis* var. *septentrinalis*）和喜马拉雅桦（*B. jacquemontii*），都有装饰性的树干和彩色的秋叶。在一些种类中，叶形和叶色相结合，比如灯台

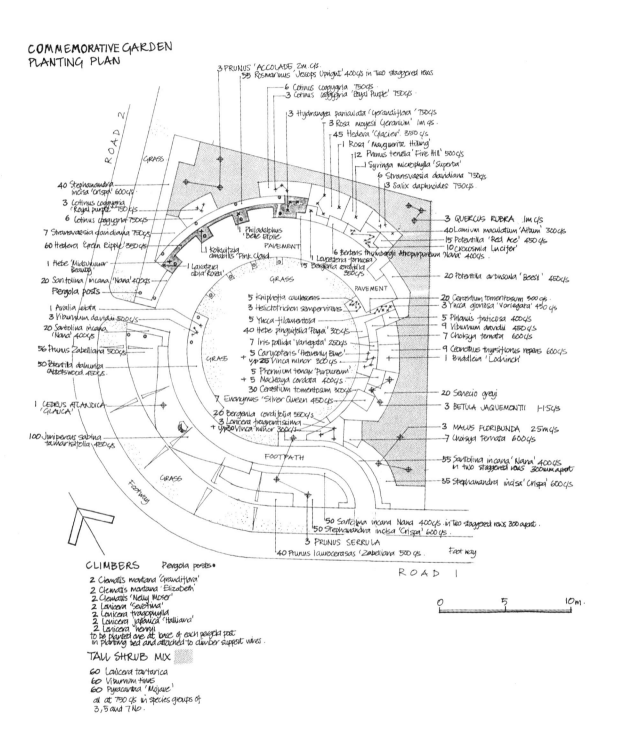

图11.1 公共花园中的种植图，显示了围合场地两边的高灌组合和装饰性的种植、攀缘植物。注意靠近座位和入口的种植细节
（设计制图：Nick Robinson）

树（*Cornus controversa* 'Variegata'）平展的小枝上长着闪亮的银白色叶，日本槭（*Acer japonicum* 'Aureum'）油黄色形状精美的叶子伸展成水平的层。或许最需要注意的观叶灌木是粉红色的中国香椿树（chinese toon tree, *Cedrela sinensis* 'Flamingo'）春季有着惊人的粉红色彩。

环境关乎着强调的效果。背景要相对平淡，与前景中强调植物的主要特征形成对比。例如丝兰叶子和花的平淡色彩和粗大肌理在一些情况下会非常瞩目，如有深色、精细肌理的欧洲紫杉（*Taxus baccata*）背景衬托时，挺拔向上的叶形和花葶出现在平枝圆柏（*Juniperus horizontalis*）平展的形态中，或者旁边是圆丘状的川西荚蒾（*Viburnum davidii*）、杂种岩蔷薇（*Cistus* × *corbariensis*）。枇杷（*Eriobotrya japonica*）在木樨榄（*Olea europaea*）羽毛状的灰色叶衬托下会成为强烈的视觉焦点。八角金盘（*Fatsia japonica*）茂盛的绿色叶与华西箭竹（*Fargesia nitida*）等植物优美、精致的叶子对比时效果最强烈。

为了这种目的，只要细心配置，即使在很多组合中普通的植物也能变得格外显著。例如，背景是肌理精细、深绿的锦熟黄杨（*Buxus sempervirens*），低低的阳光照射下叶背会发亮，金叶裂叶接骨木（*Sambucus racemosa* 'Plumosa Aurea'）在其衬托下就让人印象深刻。

强调的组团

视觉强调的作用可以由一组特色的植物承担，三五棵，但要设计成协调的植物组团。在这样的组合中，形、色和肌理的各个方面要细心地组织，产生恰当的协调对比关系，形成一处动态的视觉焦点。

形是强调植物组团设计的很好切入点，因为它是最为恒久的审美特征。雅各布森（Preben Jakobsen, 1977）指出了形在强调种植中的重要性，描述了可以形成强调组合的2、3、4种不同形之间的典型关系。他描述过的最简单的植物组合是在草毯或是地被植物的基本面上安置粗大、形体突出的主景植物。三种植物形可以构成一种雕塑化的高灌组合，较低灌木的圆丘形起着稳固的作用，但都矗立在匍地的地被植物上。雅各布森称之为"三种植物的基本组合"，被布置在起补充作用的地被植物上。三种植物的组合"要包括雕塑感、多干的辽东楤木（*Aralia elata*），圆丘形的拉凯长阶花（*Hebe rakaiensis*）和刺状线形的新西兰麻（*Phormium tenax*）"。

在强调植物组团中，肌理和色彩上的关系能支撑形上的并置效果。在上面的例子中，用精细肌理的长阶花为衬托时能突出粗大叶的辽东楤木和新西兰麻。中等肌理的地被植物像顶花板凳果（*Pachysandra terminalis*）、常春藤（*Hedera* 'Green Ripple'）能很好地衔接肌理各异的三种主要植物。辽东楤木、长阶花都有着中绿色的叶子，只是长阶花更鲜亮和更趋于黄绿。这种叶子微黄的色调通过选用奶油色的新西兰麻为衬托能得以突出，比如用新西兰麻'奶油亮'（*Phormium cookianum* 'Cream Delight'）或新西兰麻'威氏'（*Phormium tenax* 'Veitchii'）。在暗绿色的地被中这些亮的暖绿色和奶油色会很强烈地突显

照片182　前景中形状明确的查塔姆聚星草（*Astelia chathamica*）成为很好的强调植物（Whakatane，新西兰）。相对比的植物是精细肌理的橙果假醉鱼草（Korokio，*Corokia × virgata*）、丛枝竹节蓼（pohuehue，*Muehlenbeckia axillaris*）和沙生栲泼罗斯马（sand coprosma，*Coprosma acerosa*）

照片183　植物组群的灵感可以来自于自然的植物组合，比如雨林植群中的尼卡棕榈（*Rhopalostylis sapida*）、高大胡椒（kawakawa，*Macropiper excelsa*）、新西兰鹅掌柴（pate，*Schefflera digitata*）（Paparoa National Park，新西兰）。在适宜的遮阳和湿度条件下，这三种植物可以种植成装饰性的雨林"植物特征"

照片184　以假醉鱼草（*Corokia*）绿篱为背景的聚星草（*Astelia*）、袋鼠爪花（*Anigozanthos*）、雏菊（*Pachystegia*）形成了简单而视觉强烈的植物组群（惠灵顿植物园）

出来。板凳果可以选用，或是地被植物色彩上的亮点能协调3种主要植物：莫氏金丝桃（*Hypericum × moserianum*）产生了均匀、中等肌理的叶层和花期持久的大量黄色花。在较为温暖的气候下马缨丹（*Lantana* 'Spreading Sunshine'）形成了低矮的地被层，有着奶油色和黄色花。

种植图式

迄今为止关注的主要是植物竖向上的分布，但是也要考虑平面上的布置。在主要的冠层内，不同的植物可以布置成各种不同的图式。每种布置有着不同的最终效果。

在自然界中，灌木和草本群落的典型构成是各类植物组群聚集在一起，或是小的植物成组和单株与其他相植物混合。大片的、成组的和混种的形式也用在种植组合中，无论是寻求自然的外观还是外来的装饰性设计都可以使用。

种植图示的使用由审美和技术上的双重因素。一些植物特别喜欢群居，能很好地与其他相似高度的植物混植在一起，形成整片的叶层。其他的植物更为"自立"，与自己的种类组合在一起或是单一的种类栽植会生长更好和更为适宜。例如，大片的种植适合很多地被植物视觉特征，常春藤（*Hedera helix*，*H. canariensis*，*H. colchica*）、大萼金丝桃（rose of Sharon，*Hypericum calycinum*）和顶花板凳果（*Pachysandra terminalis*）、龙舌百合（renga renga，*Arthropodium cirratum*）和草、莎草。适合大片种植的较高植物有长阶花（*Hebe* sp.）和新西兰麻（harakeke，*Phormium tenax*）。

在种植图中常见到两种植物布置方式。一种是大块的单一种类，有偶尔的混植组团，植物簇拥在一起填充种植区，另外一种方式是单株点缀各种植物，都有很好的实践技术。第一种的优点是形成了大片的各种植物，很好地呈现了各自的审美特征，简单而画图便捷。第二种方式是有设计上的细节控制和图面布局结构的精确性——每一种植物都要考虑。但是有其他混合的方式在图上布置和表现植物，兼顾设计的精确性和画图的经济性。

每种植物团块的形状影响着地面上种植的立体呈现。圆的或是接近方形的区域从俯瞰的角度看会有杂拼的感觉，但是从视平线看团块尺度上会小一些，会收敛些。即使孤立存在也有同样的感觉，因为要么透视缩短，要么被遮挡了一些。这种方式的种植与相邻植物的关系会感觉生硬，但是如果能让植物的组群呈交织或互锁的关系，会感觉更为亲密和富于变化。当以不同的方式与邻近植物联系在一起时，就会看到各种植物新的一面。一种植物可以出现在另一种植物团块的前面、后面和中间。这样可以用一些给定的植物获得各种各样的排列组合。一种有效联系各种植物的方法是沿着花坛的方向拉长，形成延伸的条带，尤其是花坛更为窄长的情况。这些条带可以在邻近植物的前面和后面穿行，将种植联结在一起形成交织的锦绣。当从立面上看，线性的条带种植很好地贴近地面，因为植物团块的长于它们的高度。这样植物组群延展、水平的轮廓线可以用竖向上强调的植物点缀，偶尔用紧实的圆顶形灌木或小组团锚固。条带种植也提升了总体的感觉，当一些植物呈现不出最高点，因为条带的重叠让另外一些前出和后退的植物取而代之。这种方法可以应用在休眠季要落叶枯死的草本植物上，也可以应用在一年中有无叶和观赏性差时候的灌木上。

另外一种让单一植物团块和条带有生气的方法是在边缘有一些重叠和混植。在植物团块之间可以种植一个中间条带，混合着两种相邻的植物。这种交叠带的宽度可以随意为之，但是通常有效的宽度是植物团块的10%～20%。植物混合的比例可以是1∶1，或是增加一种植物的占比来平衡生长势较旺盛的另一种。这种交叠组群的布置类似于一些在自然中发现的植物分布，有随机、不规则的感觉。

植物的交叠可以加速争夺场地的进程，这种情况无论怎样都会发生，除非费力地去保持植物之间的分离。装饰性种植的这种动态发展并非是一个问题；会看到植物之间的均衡和组合变化的特征。景观管理者和园丁有时认为要进行严格的管理、杜绝变化和固化种植的效果。这没有必要。只是在有价值的植物要近乎全部消失或是种植没有达到目的的情况下，有必要介入。

另一方面，设计者要关注植物的选择，生长速度和扩展方式相互协调。否则，开始种植的很多植物在4~5年的时间里会消失，被近旁生长势更旺的植物抑制。

我们可以如己所愿地组合和混合各种植物。可以混合几种不同的植物覆盖既定的区域，类似于很多结构性的种植。可以是地被类的植物，或是有些较高的植物，随机或是成组地分布其中。例如，灌木西蒙氏栒子（*Cotoneaster simonsii*）、华南火棘（*Pyracantha rogersiana*）和红瑞木（*Cornus alba* 'elegantissima'）能很好地结合成亲密的高组合，长春花（*Vinca minor*）、狭叶玉簪（*Hosta lancifolia*）和肋瓣风铃草（*Campanula poscharskyana*）在微阴的条件下可以组合成丰富的地被覆盖。

生态的装饰性种植

生态化的种植并不只是本土化的栽植。紧密围绕植物生境和动态植物组合规划的理论同样可以用于设计外来植物和装饰性种植。很多外来花园植物装饰效果

照片185　英国威斯利的林地野生花园中由自然化的外来草本植物混合构成，包括六出花（*Alstroemeria*）、风铃草（*Campanula*）、老鹳草（*Geranium*）、大星芹（*Astrantia major*）、乌头（*Aconitum*）和落新妇（*Astilbe*）混植着本土植物毛地黄（*Digitalis purpurea*）和山柳菊（*Hieracium*）

照片186　草甸和灌丛野生花园（Santa Barbara Botanic Gardens），生长着加利福尼亚野生草本和灌木，以小灌木覆盖的山体为背景

很好，也能为野生生物提供食物和庇护。大叶醉鱼草（*Buddleja davidii*）、八角金盘（*Fatsia japonica*）都会吸引大量的蝴蝶，很多类似的花园植物吸引着蜜蜂，如长阶花（Hebe）、薰衣草（lavender）和日本茵芋（*Skimmia japonica*）。很多鸟类能在花园中找到食物，吃到花、果和昆虫。

英国维多利花园设计师、作家，威廉姆·罗宾逊首先提倡在装饰性种植中使用生态理论。他发展了一种他称之为野生花园的方法："……名词'野生花园'……主要是用于安置完全耐寒的外来植物，不需要额外的防护就能生存"（罗宾逊，1870）。威廉姆·罗宾逊特别喜爱草本植物，完全赞同混用外来植物，像荷兰菊（Michaelmas daisy, *Aster novi-belgii*）、一支黄花（golden rod, *Solidago*）、大果月见草（evening primrose, *Oenothera missouriensis*），和好看的本土植物，如欧洲蓝钟花（bluebell, *Endymion non-scriptus*）、毛地黄（foxglove, *Digitalis purpurea*）和铃兰（lily of valley, *Convallaria majalis*）。他显示了一些耐寒、生长旺盛的灌木，像绣线菊（*Spiraea* sp.）和绣球藤（*Clematis montana*），如何与本土植物很好地生长在一起。罗宾逊的目标之一是减少维护种植的劳力需求。今天的工程项目中依然有这样的目标，能看到为了相似的原因使用很多外来的灌木。

应用草本植物的野生花园理论在德国被园艺家—设计师汉森（Richard Hansen）接受和发展，他播种和种植草甸和花境，使用仔细选择适应场地条件的外来多年生植物，如果不能本土化至少要自我维持。他的种植不需要常规的杂草控制，只是在开始时压制最强势的杂草，能让引入的植物有充足的时间建植起来。

英国最好的野生花园的例子在老花园的林地中，比如萨里郡的威斯利花园和德文郡的奈施思大院中。那里能看到多年生植物如六出花（*Alstroemeria*）、乳白风铃草（*Campanula lactiflora*）、紫露草（*Tradescantia*）、落新妇（*Astilbe*）、大星芹（*Astrantia major*）、乌头（*Aconitum*）和雄黄兰（*Crocosmia × crocosmiiflora*）铺展在漂亮的野生植物中，像毛地黄（*Digitalis purpurea*）山柳菊（*Hieracium*）、掌根兰（*Dactylorhiza*）和草原老鹳草（*Geranium pratense*），与本地其他本土林地地被植物相竞争。这种组合的亮点在于自发性和生长的茂盛，如同在规则式展示中所看到的那样结合了很多的色彩和花。

即使设计阶段不强调植物之间的生态关系，随后依然有机会从本地和外来植物的生长机遇中受益。例如，洋常春藤（*Hedera helix*）覆盖的场地是树木幼苗建植的理想场地。大多数树种长出低低的地面层有些困难，但是一旦长高，就能获得充足的阳光，却不会遭受杂草疯长的威胁。种子中有大量食物储藏的橡树和白蜡等树木能在灌木地被的上方建植，比如蕊帽忍冬（*Lonicera pileata*）和道壬波什毛核木（*Symphoricarpos × doorenbosii*）。一些装饰性的灌木像大叶醉鱼草（*Buddleja davidii*）和草本植物如柔毛羽衣草（*Alchemilla mollis*），有丰富的种子，在裸地、砾石、铺装和墙的接缝处等地方可以大量繁衍。选择树苗栽植其中，形成组合的一部分，将来不要有遮荫或是遮挡的问题，能产生在画板上很难画出的自然随机的生动效果。

植物间距

　　种植间距问题常使得学生在进行第一次种植设计时不知所措。这是因为园艺技术方面没有捷径可循。另外，学生可能熟悉一些传统公园调查来的种植间距。对于大多数景观项目而言会过大，所以景观设计图中植物的使用数量会特别多。这是处于园艺、实践和审美方面的原因。

　　在大多数政府项目或是企业组织项目、甚至是一些私人花园的种植设计中，兼顾种植特征的同时首要目标是把人力维护的水平降到最低。这需要尽快地形成抑制杂草的覆盖。大多数景观合同包括2年的后期养护和建植期，在交予业主之前如果形成了主要的地被覆盖，种植的成功就占得良机。业主通常需要为密植支付大笔资金，目的是为了尽可能地降低后期的维护费用。地被覆盖也会使一片区域获得最大化的视觉效果，裸地怎么也不如花和叶子有吸引力，所以为什么还要年复一年地维护它？

　　风行的大间距种植传统来自于药草、蔬菜和切花的种植方式，也源自于英国维多利亚时期设计上的花园学派。这种风格的创始者是劳顿（J. C. Loudon），他建议乔木和灌木按品种栽植“……在它们的生长期间不要有任何物体的挤压，能在各边均匀地伸展枝条，不要被牲畜或其他动物伤害；园丁动手操作只是为了提升对称、整齐感”（劳顿，1838）。

　　在今天的公共设施园艺中，花园风格依然有着强烈的代表性，这反映了公众的趣味，反映在很多私家花园中。在传统的公园中，像较大些的花灌木山梅花（*Philadelphus*）、杜鹃（*Rhododendron*），典型的间距是2米或更多。这能让每一种植物长成完整、伸展的树冠，园丁能在树冠下锄草或喷洒。但是，如果这些灌木用在景观种植中，为了快速建植和抑制杂草，种植间距需要密集到1～1.5米，是2～4倍的密度。

　　当植物接近成熟年龄时，高密度的种植有时会引发一些问题。像金雀花（broom，*Cytisus* sp.）和沙棘（sea buckthorn，*Hippophae rhamnoides*）一些植物会变得修长和光秃，过密的栽植加重了这一现象。在很多情况下通过重剪促生基部丛生可以解决问题，但是一些灌木，比如金雀花和薰衣草（*Lavandula*）重剪后很难萌发。对于不能重剪的植物，要么接受较低冠层中的光干现象，要么种植间距大一些，下部覆盖地被。

　　个别植物的种植间距受几种因素影响：其在组合中的角色，土壤和气候条件，可行的维护水平。但是可以确定地被植物间距的一些首要原则。植物的成熟龄时的高度可以做参考，但是树高、冠幅和间距的选定没有简单直接的关联，更为复杂的是不同植物的相对生长速度会有影响。比如，常春菊（*Brachyglottis*）和绣线菊（*Spiraea*）栽培上都会长到0.8～1米高，但是常春菊更为开张，生长更快，所以种植密度大约是绣线菊的一半。匍匐灌木的伸展方式和生长势特别影响形成郁闭的时间。三色莓（*Rubus tricolor*）和圆柏‘怪柳叶’（*Juniperus sabina* ‘Tamariscifolia’）在高度上相似，但是三色莓的生长速度和成层的习性时期能在2、3个生长季内覆盖大片区域。而圆柏，伸展得平齐而缓慢，在同样的时间内达到覆盖，需要种植2～3倍的密度。

因为植物的生长习性和生长势有很大的不同，如果要自信地确定所有植物的理想间距需要很好的植物知识。但是，依照不同场地条件下植物的生长表现，可以给出一些不同种植类型中，常用树种种植密度的参照范围。

表11.1 典型植物种植间距

植物	间距	密度
生长旺盛的高山植物、紧致的矮生草本植物、矮生草类，高200mm	200～350mm	25～8/m^2
例 如：*Festuca glauca*，*Ophiopogon japonicas*，*Ajuga reptans*，*Acaena caesiiglauca*		
平展的草本植物、草类和匍匐的灌木，高300mm	300～450mm	11～5/m^2
例如：*Geranium macrorrhizum*，*Hebe pinguifolia*，*Liriope muscari*，*Scleranthus biflorus*		
矮生丘状灌木、草本植物、草类，高300～500mm	350～500mm	8～4/m^2
例 如：*Lavandula* 'Hidcote'，*Felicia amelloides*，*Sarcococca hookeriana* var. *humilis*		
生长旺盛、平展，小型到中型草本，高500mm	450～700mm	5～2/m^2
例 如：*Hedera* 'Hibernica'，*Convolvulus sabatius*，*Carex testacea*，*Fuchsia procumbens*		
小灌木、中型草本，高500mm～1.0m	600～900mm	3～1.25/m^2
例 如：*Brachyglottis* 'Sunshine'，*Coleonema* 'Sunset'，*Viburnum davidii*，*Chionochloa flavicans*，*Convolvulus cneorum*		
中型灌木，高草类，高1.0～1.5m	700mm～1m	2～1/m^2
例 如：*Rhaphiolepis* × *delacourii* 'Enchantress'，*Hebe* 'Midsummer Beauty'，*Correa alba*，*Cortaderia fulvida*		
高灌木，高1.5～2.5m	800mm～1.5m	1.5～0.5/m^2
例 如：*Pyracantha cultivars*，*Berberis linearifolia* 'Orange King'，*Cassia corymbosa* 'John Ball'，*Abelia* × *grandiflora*		
旺盛的灌木，高超过2.5m	1～2m	1～0.25/m^2
例 如：*Photinia davidiana*，*Amelanchier Canadensis*，*Viburnum odoratissimum*，*Banksia ericifolia*		
在大片种植中移植的乔木和灌木	1～2m	1～0.25/m^2
例如：树龄2～3年的本土乔木和灌木		

注意：高度是指在平均生长条件下，成熟早期叶冠到达的高度。草类的分类也适用于莎草、灯心草和其他类似的植物。在每种分类中，生长势最弱的植物种植间距要偏向建议范围的最密集值，生长势最强的植物种植间距要偏向建议范围的最松散值。土壤贫瘠、暴露程度高，或是后期养护必须保持绝对低的水平，种植间距偏向密集；如果种植条件非常好和之后的要求宽松，可以放宽间距，经济化种植组团。例如，在平均条件下常春菊'日耀'（*Brachyglottis* 'Sunshine'）可以种植间距700毫米，如果生长季长，雨水连续两年充足，在3年后或多或少能形成郁闭的冠层。珍珠绣线菊（*Spiraea thunbergii*）生长缓慢，在3年内要形成地面覆盖初始间距需要500毫米。在非常贫瘠、干旱的土壤上，建议种植常春菊间距600毫米，绣线菊间距400毫米。在深厚肥沃的土壤上，场地有很好的遮蔽，种植常春菊（*Senecio*）间距900毫米，绣线菊（*Spiraea*）间距600毫米。

表11.1可以用作指导，但是判断种植间距的最好方式是观察种植设计各个阶段在场地上的变化，评估栽植的间距。要记住只是要进行地面覆盖时，种植的间距才重要。如果要形成下层已经有着地被覆盖的植物组群，或是如果从砾石覆盖（非有机地面覆盖）的场地上长出，那么种植间距就纯粹是审美取舍的问题了。

在种植图中，最好标示中心距离（间距）而非密度，因为放线容易获得连续性，比方说中心距离700毫米就好于标示1米×1米方形，需要很费力地准确落位2株植物在方形中的位置。当要考虑种植的有效性时，重用的问题是测量种植间距。但是，在很密种植的说明中可以接受，因为250毫米间距的准确落位和每平方米均布16株植物的差别不大。

当要从图面剥离出植物数量或是需要估算造价时，种植间距必须换算成种植密度以便计算数量。表11.2给出了大多数情况下，换算出数量的等同值。

表11.2　间距转换为密度

种植间距（mm）	种植密度（No./m²）
200	25
250	16
300	11
350	8
400	6
450	5
500	4
600	3
700	2
800	1.5
900	1.25
1000	1
1200	0.7
1500	0.45
2000	0.25

注意：这些密度设定为方形格网，格网可以交错不会影响到植物数量。很多种植是均匀的间距，但是不需要放成直线。如此的布置可以大致呈交错网格的形式，所以使用的密度相同。由于单株植物的仔细定位常发生在角落和花坛的边缘，所以最好用另外一些植物，或是至少聚拢成5棵或10棵。

放样

种植的放线永远不需要像硬质景观那样精确。对于大多数种植而言，画出组群和个别植物的位置就可以了，以便于能够以一定的比例尺认读。但是有时需

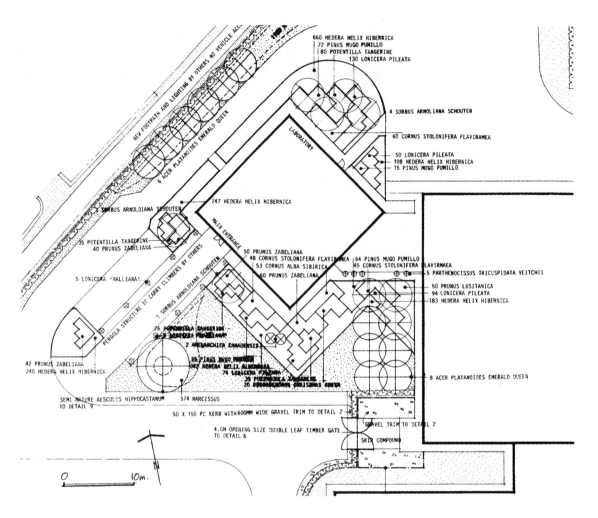

图11.2 局部的图纸显示了科技园建筑附近的装饰性灌木和乔木种植

要数字尺寸的建议。绿篱中植物的位置线最好放出，显示距离固定点的尺寸。园景树的位置是严格的，需要标出距离建筑、墙体或铺装边缘的尺寸。在规则的林荫道种植中很重要，因为视觉效果仰仗于树木之间规律的间隔。可能需要详细的树木地下或是顶部的距离，以便确保种植能满足指引和通行的需求。虽然大多数这些位置可以在室内确定，但是种植时在现场落位更为容易。可以在种植图中标注，树木需要"设计师现场放线"。

截至现在，给出的建议针对所有的装饰性种植。但是有一些地方和种植类型有着另外的限制和机会。现在探讨一下设计者该如何利用。

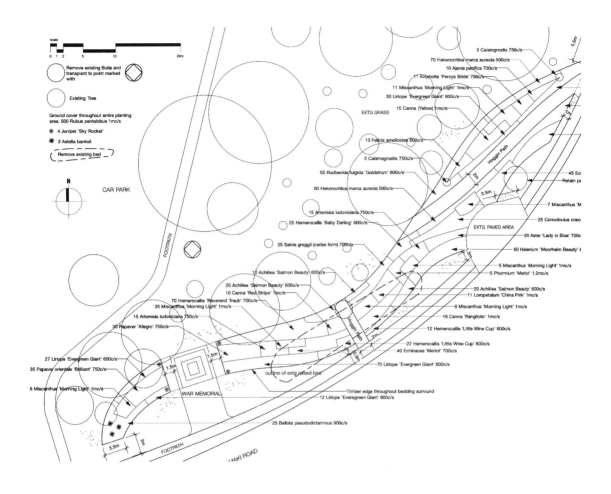

图11.3 局部的绘图显示了居住区开发中的种植。注意种植的重要特征包含有常见的花园植物比如薰衣草、月季、欧亚花葵（tree mallow）和玉簪

抬起的种植和容器栽植

抬起的花床和容器种植常见于街道、广场、庭院、停车场和私人花园。有着各种原因：能容纳表层土，而地面层上不存在，而且也不能开挖；防止种植被踩踏；提供空间限定和围合；让种植更接近人，尤其是儿童和残障人士。小的容器、花钵和吊篮被用来为建筑、花园和展览提供暂时的移动花叶装饰。

当选择植物用于抬高的花床和容器时，需要记住生长环境的恶劣。表层土近乎只能靠移土，可能是矿物质、自然土壤和人工堆肥混合物，所以需要详细说明以确保质量。建议最小的表层土厚度是400毫米，除非种植要求不高的地被植物；对于小的种植床500毫米会更好。要有很好的排水设施避免水淹。抬高的植床容易干旱，所以有自动的灌溉设施会很好，但是对于少量的种植可能不会予以考虑。

除非经常浇灌，抬高植床和容器中的植物比自然地面上的植物会面临经常性和更严重的干旱。因为收集降水的表面很少，地表水的横向移动被阻隔，植床中

照片187 为了生长茂盛，从自然地面分离开来的种植池必须有足够宽度和深度来提供足够土壤，避免迅速的干涸（屋顶花园，旧金山）　照片188 如果抬起的植床中有标准树，要有很大的宽度，因为可以更好地承接自然降水（Union Square，西雅图，美国）

的土壤要么与自然土壤缺少联系（阻隔了地下水的向上运动），要么至少被抬起更为远离地下水位。既定容量生长介质的储水能力部分仰仗于形状：植床越狭窄越高，克服重力排水留住的水分越少。这是为什么宽的抬高植床好于窄的植床的原因。小于1米的宽度会使得植物的生长更为困难。

种植池无论是什么形状，用耐旱的植物种类是明智的选择，尤其是植床位于阳光下，土壤的蒸发和植物的蒸腾量更大。如果有浇灌系统，在抬起的种植池中种植大个的苗木才会成功，因为较大的移植苗更容易缺水。比如标准的出圃苗木在抬起的植床中很少建植起来，经常看到严重的回死现象。

抬起的植床常用在种植空间严重受限的地方，所以设计者需要最大化地使用很小的区域。栽植高的灌木提供大量的叶子，在边缘种植蔓性植物装饰种植池。

抬高的种植能让小灌木和草本植物易于亲近。因为如此，抬高的植床能使得种植便与残障人士接触，也为近距离欣赏精细、小尺度的栽植提供了可能。传统上用种植池和植槽展示高山植物，是园艺上在抬高的植槽和容器内栽植植物的例子。这类复杂的种植极为成功，在较小尺度的空间中保持了通常的尺度关系。

墙、花架、格栅和其他藤本支撑物

这些物件提供了空间的限定、围合、分隔和遮蔽，但是通常结合着装饰性的植物，所以我们进一步讨论它们的种植。在开敞地中无法种植的装饰性植物，墙体的竖向表面和花架、格栅和其他植物支撑物的框架为其提供了种植的机会。构筑物与植物特征之间的对比提高了两者的观赏性。

砖石墙，无论是独立墙还是建筑的一部分，影响着附近的小气候条件。如果朝向正午的太阳，墙体一天中会接受大量的直射光，吸收温暖并在冷凉下来的时候再释放出来。砖石墙的工作原理如同蓄电式加热器一样，有着储存和缓慢释放热量的砖块。朝向午后太阳的墙（在北半球是西南向，南半球是西北向）对于不耐寒的植物很理想。这样的墙体吸收正午和午后的阳光，太阳落下后能维持较长

照片190　一个匀称的花架上覆盖着葡萄（*Vitis*）、紫藤（*Wisteria*）和铁线莲（*Clematis*）（Barrington Court，英国）

照片189　西南向的墙体是种植柔弱攀缘植物和灌木的理想场所，如怒江红山茶（*Camellia saluenensis*）、总序金雀花（*Cytisus battandieri*）、银荆（*Acacia dealbata*）、苘麻（*Abutilon* sp）和广玉兰（*Magnolia grandiflora*）（Bodnant，威尔士）

照片191　这些特别设计的钢构架用于在紧张的有限空间内引入植被（德国）攀爬的植物是紫藤

时间的温暖。墙体和篱笆也能避风，减少热天的蒸腾和冬天的冷风。即使墙体背离了阳光也能为喜阴植物形成遮蔽和好的生长环境。

面东的墙体捕获着早晨的阳光，如果是严重晚霜的早晨，植物组织的快速升温会破坏不耐寒植物的花和叶子。所以寒冷气候下面东的墙体最好不要使用一些植物，如山茶（*Camellia*）、玉兰（*Magnolia*）早春出叶和开花，那时依然有着严重的霜冻威胁。

有着向阳面的墙体提供了很大的机会扩展植物使用的范围，可以种植观赏性好但是需要保护的植物。在寒冷地区，比如美洲茶（*Ceanothus*）、玉兰（*Magnolia*）、苘麻（*Abutilon*）和（*Abelia*）就可以放心地种植。在温暖的气候条件下这样遮护的条件下可以种植亚热带植物。

顶部的防护对于不耐寒的植物很重要，有2个原因：第一，阻断地面辐射热而降低霜冻。第二，减缓极端气候，创造小气候条件，植物不易干枯，不易遭受风寒和风干。越橘杜鹃（Vireya rhododendrons）、兰花（orchids）、凤梨

照片192 这个花架展示较大比例的枝叶，木构架的材质使得看起来很均衡（Het Loo，荷兰）

（bromeliads）、寒丁子（bouvardias）都喜爱类似森林内部的局部遮荫和防护。

面西墙体前的植物可以免受寒冷和风吹的影响，又没有正午阳光那般热和干燥。在英国的一些植物是智利藤茄（*Solanum crispum*）、山茶（*Camellia* sp）、冬青叶鼠刺（*Itea illicifolia*）。荫处的墙虽然不能种植柔弱的植物，但是种植一些没有过多阳光直晒情况下开花和结果依然很好的植物。在英国，火棘（*Pyracantha* cv）、间型十大功劳（Mahonia × *media*）、多蕊冠盖绣球（*Hydrangea petiolaris*）都喜欢北向墙体的部分防护。对于喜阴的观叶植物比如八角金盘（*Fatsia japonica*）、玉簪（*Hosta* sp.）和蕨类，这也是理想的条件，因为提供了像林荫下的典型条件，遮阳而不干燥。

墙体栽植有很多优点的同时，也有两个常见问题。靠近墙体底部的土壤容易干燥，因为砖石会吸收水分。灰浆和基础碎石中的石灰会引起碱性土壤反映，所以嫌钙植物生长贫弱。另一个问题是建筑墙体顶部的屋檐和出挑部分会遮雨，如果没有雨水收集排放设施，滴水也能造成伤害。因为这样的原因，攀缘植物和灌木的种植最好远离墙体（至少300毫米），随着生长而引向墙面，有着防雨溅的地面覆盖。

花架、格架、篱笆和凉亭也提供了攀爬植物的机会。实际上攀缘植物通常是这类构筑物成功的重要组成部分。攀缘植物总体上有两类。一类是借助缠绕的茎（紫藤*Wisteria*）、卷须（西番莲*Passiflora*）、叶柄（铁线莲*Clematis*）或刺（月季roses）缠绕和攀爬在其他树木和灌木上；另一类是借助气生根吸附在树干、岩石表面和墙体上（像常春藤*Hedera*和铁心木*Metrosideros* sp.）或小的吸盘（像爬

照片193 图中装饰性的篱笆设计为植物攀爬。借助木条上的绑缚，多蕊冠盖绣球（*Hydrangea petiolaris*）能攀爬到通透的木架上（德国花园节）

照片194 紫葛葡萄（*Vitis coignetiae*）缠绕在两排钢柱上，柱间有线绳辅助，形成了硬质和软质要素的结合（Broadwater Park，Denham，英国）

山虎*Parthenocissus* sp.）。第一类用于花架和格架，可以在格框中绕进绕出。如果种在墙边，需要格架和线绳的支撑。"自我抓缚"的植物不适合用在开敞的格架上，喜爱不太光滑的硬质表面，但是在气生根能够吸附表面之前，线绳或格架上的绑缚有帮助。

花架和格架上攀缘植物的选择视情况而定，但是因为结构通透，比起墙体种植庇护和遮阳条件的变化没那么剧烈。最需的植物是用于受遮护的墙体。在北欧和其他冷气候区，植物有紫藤（*Wisteria* sp.）、葡萄（*Vitis* sp.）、木通（*Akebia quinata*）、大叶马兜铃（*Aristolochia macrophylla*）、凌霄（*Campsis grandiflora*）和智利垂果藤（*Eccremocarpus scaber*）。对于独立的格架，攀缘植物的可靠性要更强，像铁线莲（尤其是绣球藤*Clematis montana* cv.，高山铁线莲*C. alpina*和大瓣铁线莲*C. macropetala*）、忍冬（欧洲忍冬*Lonicera periclymenum*，台尔曼忍冬（*L. × tellmanniana*）和攀缘月季（像*Rosa* 'Albertine'和*R.* 'Zephirine tellmanniana'）。虽然月季是最为漂亮的植物之一，但是需要更多的修剪整理，可能对很多场地不适合。温暖地区可靠的攀缘植物有凌霄（*Campsis*）、哈登伯（*Hardenbergia*）、素馨（*Jasminum*）、叶子花（*Bougainvillea*）、赫尔德勃兰提忍冬（*Lonicera hildebrandtiana*）和紫藤（*Wisteria*），诸如此类。

大多数攀缘植物和灌木墙体种植的目的不是产生一个连续的叶团，而是寻求绿叶区与砖石立面或是构架形态的均衡。

因为如此，大量种植、并封闭空间没有必要，大多数墙体灌木和攀缘植物种植成单株或是小组团，与此同时较低的冠层覆盖了种植场地。墙体种植攀缘植物的间距受到墙体与绿量之间均衡的影响，还有窗户和门的位置影响。特别用来支撑攀缘植物的格架和构架要有更为规则和密集的种植，但是最好保持一定比例的格架不被覆盖，与攀缘植物的枝叶形成对比。大多数攀缘植物的种植间距为1～3米，依生长力而不同，通常能达到较好的均衡。

格架、格网或构架可以在狭窄的场地上快速而密集地建立起阻隔和屏蔽。这样的结构像是狭窄的绿篱，能在0.5米的宽度上建植起来。这样"有生命力的篱笆"会大量种植生命力旺盛的攀缘植物。巴尔德楚藤蓼（Russian vine，*Polygonum baldschuanicum*）和葡萄叶铁线莲（traveller's joy，*Clematis vitalba*）生长最快，只需要沿着篱笆按照2米的间距种植。这样的篱笆如果靠近灌木种植，就需要定期的绑扎和修剪，就像是篱笆一样，确保攀缘植物不会覆盖附近的灌木。其他的植物，冬季常绿的日本忍冬（Japanese honeysuckle，*Lonicera japonica* 'Halliana'），绣球藤（*Clematis montana*）及其品种和落叶的忍冬（尤其是欧洲忍冬*Lonicera periclymenum*及其品种）。这些植物生长力较弱，所以要种植成1～1.5米间距才能达到快速覆盖。

特殊生境下的装饰性种植

已经讨论过了满足各种视觉特征、小气候条件和土壤条件下的设计和植物选择。装饰性的种植在特殊生境下也特别有效，像池塘、沼泽地、砾石和粗石堆、岩石和干石墙。这里需要植物适应特殊的环境条件。另外，设计目标可以不同。例如，在碎石花园或池塘中不需要完全覆盖，因为石头和水是组合中的一部分。

照片195 挡土石墙的大部分墙体上生长着庭荠（alyssum）、南庭荠（aubrietia）（Haddon Hall，德比郡，英国）很好地结合着攀缘植物和其他植物种类

　　对于设计和植物种类上的问题，读者可以参考专类园建造方面的园艺和景观专著。介绍性的书籍有格特鲁德·杰基尔的经典著作《墙和水花园》（Wall and Water Garden），托马斯（Graham Stuart Thomas，1983）作序并重新修订；哈特（Allan Hart）的著作《景观设计结合植物》（Landscape Design with Plants，1977）中的水生植物章节。虽然植物种类的选择和种植技术方面，池边栽植和灌木花境不同，但是设计的理论和过程相同。本章的导论是各类场地上装饰性设计的基础，但是在更为特殊的种植条件下，如果想达到种植上审美的成功，园艺专家变得更为重要。

第12章

结论

　　种植设计辅助下形成的景观有益于生活、令人欢欣鼓舞。丰富了人们的生活，创造了美的空间。达到这一点不需要什么壮举，这本书的前提是成功依赖于运用植物的形式给予空间有意义的结构，运用它们视觉和其他美学特征丰富那些空间。

　　种植可以被认为是有生命的雕塑或有生命的艺术。如果是一门艺术，就是对自然世界在文化上独特的反映。类似于其他艺术和手工艺，种植设计联系意蕴。对于任何驻足观赏者，都会展示一些创造者的思想和意图。希望本书能有助于确立种植设计的语言，能使设计者言之凿凿、振振有词。

　　当然，并不总是要直接表达个性的或是文化上的主题，有时我们让自然过程自我展露。这甚至可能出现在一些最具目的性的人类环境中，但是因为世界上很多适宜居住的景观中人类的压力和城市化的程度很大，会下意识地容留自然的随机过程。作为种植设计者我们要坚守这种自然随机带来的好处。

　　种植的科技和科学方面的问题不是本书论述的焦点，但是要记住园艺对于景观设计的重要性，运用自然科学的力量可以争辩环境上的责任和积极的生态行为。生态学家解释了植被生态系统的复杂性和激发人们建造生境和类自然的种植，既有生物多样性也有视觉美。种植设计能将生态学家科学的理解、园艺学家的技术和艺术家的情感与灵感整合在一起。

参考文献

Appleton, J. H. (1986) *The Experience of Landscape*, Revised edn, London and New York: John Wiley & Sons.

Arnold, H. F. (1980) *Trees in Urban Design*, New York:Van Nostrand Reinhold.

Ashihara, Y. (1970) *Exterior Design in Architecture*, New York: Van Nostrand Reinhold.

Austin, R. L. (1982) *Designing with Plants*, New York:Van Nostrand Reinhold.

Bacon, E. N. (1974) *Design of Cities*, Revised edn, London: Thames & Hudson.

Baines, C. (1985) *How to Make a Wildlife Garden*, London: Elm Tree Books.

Baines, J. C. (1986) Design Considerations at Establishment, in Bradshaw, A.D., Goode, D. A. and Thorp, E. H. P. (eds) *Ecology and Design in Landscape*, the 24th Symposium of the British Ecological Society, Manchester (1983) Oxford: Blackwell Scientific Publications.

Beer, A. R. (1990) *Environmental Planning for Site Development,* London: Chapman & Hall.

Beever J. (1991) *A Dictionary of Maori Plant Names*, Auckland Botanical Society Bulletin No. 20, Auckland.

Beckett, G. and Beckett, K. (1979) *Planting Native Trees and Shrubs*, Norwich: Jarrold.

Billington, J. (1991) *Architectural Foliage*, London:Ward Lock.

Birren, F. (1978) *Colour and Human Response*, New York:Van Nostrand Reinhold.

Blackmore, S. and Tootill, E. (eds) (1984) *The Penguin Dictionary of Botany*, London: Allen Lane.

Bollnow, O. F. (1955) *New Geborgenheit*, 2 vols., Stuttgart:W. Kohlhammer.

Booth, N. K. (1983) *Basic Elements of Landscape Architecture Design*, Amsterdam: Elsevier.

Bourassa, S. C. (1991) *The Aesthetics of Landscape*, London: Belhaven Press.

Bradbury, M. (ed.) (1995) *The History of the Garden in New Zealand*, Auckland: Penguin.

Bryant, G. (ed.) (1997) *Botanica*, New Zealand: Albany.

Buckley, G. P. (1990) *Biological Habitat Reconstruction*, London: Belhaven Press.

Caborn, J. M. (1975) *Shelterbelts and Microclimate*, Forestry Commission Bulletin 29, London: HMSO.

Caborn, J. M. (1965) *Shelterbelts and Windbreaks*, London: Faber.

Carpenter, P. L. and Walker,T. D. (1990) *Plants in the Landscape*, 2nd edn, New York:W. H. Freeman.

Ching, F. D. K. (1996) *Architecture: Form, Space and Order*, 2nd edn, New York: Van Nostrand Reinhold.

Clamp, H. (1989) *Landscape Professional Practice*, Aldershot: Gower.

Clouston, B. (ed.) (1990) *Landscape Design with Plants*, 2nd edn, London: Heinemann.

Coombes, A. J. (1985) *Dictionary of Plant Names*, London: Hamlyn Publishing Group Ltd.

County Council of Essex (1973) *A Design Guide for Residential Areas*, Chelmsford: Essex CC.

Crowe, S. (1972) *Forestry in the Landscape*, Third impression with amendments, London: HMSO.

Cullen, G. (1971) *Townscape*, London: Architectural Press.

Dawson, J. (1988) *Forest Vines to Snow Tussocks, the story of New Zealand plants*, Wellington: Victoria University Press.

de Sausmarez, M. (1964) *Basic Design: The Dynamics of Visual Form*, London: Studio Vista.

Dewey, J. (1934) *Art as Experience*, New York: Perigee.

Dreyfuss, Henry (1967) *The Measure of Man:Human Factors in Design*, New York: Whitney Publications.

Eliovson, S. (1990) *The Gardens of Roberto Burle Marx*, London: Thames and Hudson.

Evans, B. (1983), *Revegetation Manual, a guide to revegetation using New Zealand Native Plants*,Wellington: Queen Elizabeth II National Trust.

Evans, J. (1984) *Sylviculture of Broadleaved Woodlands*, Forestry Commission Bulletin No. 62, London: HMSO.

Fieldhouse, K. and Harvey, S. (eds) (1992) *Landscape Design – an international survey*, London: Laurence King.

French, J. S. (1983) *Urban Space*, 2nd edn, Dubuque, Iowa: Kendal Hunt.

Gabites, I. and Lucas, R. (1998) *The Native Garden*, Auckland: Godwit.

Gilbert,O. L. (1989) *The Ecology of Urban Habitats*, London: Chapman and Hall.

Goethe, J.W. ([1840] 1967) *Theory of Colours*, trans. C. L. Eastlake, London: Frank Cass.

Goldfinger, E. (1941) 'The Sensation of Space', *Architectural Review*, November 1941.

Greater London Council (1978) *An Introduction to Housing Layout*, London: Architectural Press.

Greenbie, B. B. (1981) *Spaces*, New Haven and London:Yale University Press.

Griffiths, Mark (1994) *Index of Garden Plants*, The Royal Horticultural Society, Macmillan.

Gustavsson, P. (1983) The Analysis of Vegetation Structure in Tregay, R. and Gustavsson, P., *Oakwoods New Landscape*, Warrington: Sveriges Lantbruksuniversitet and Warrington and Runcorn Development Corporation.

Hart, A. (1977),Water Plants in Clouston, B. (ed.), *Landscape Design with Plants*, Heinemann.

Hansen, R. and Stahl, F. (1993) *Perennials and their Garden Habitats*, 4th edn, trans. R.Ward, Cambridge: Cambridge University Press.

Haworth Booth, M. (1961) *The Flowering Shrub Garden Today*, London: Country Life Ltd.

Haworth Booth, M. (1938) *The Flowering Shrub Garden*, London: Country Life Ltd.

Helios Software Ltd. (2002) *Helios Plant Selector*, CS Design Software, Leicester, www.gohelios.co.uk

Higuchi, T. (1983) *The Visual and Spatial Structure of Landscape*, Cambridge, Mass: MIT Press.

Hillier Nurseries (1991) *The Hillier Manual of Trees and Shrubs*, 5th edn, Newton Abbot, Devon: David & Charles.

Hobhouse, P. (1985) *Colour in Your Garden*, London: Collins.

Jakobsen, P. (1977) Shrubs and Ground Cover, in Clouston, B. (ed.) *Landscape Design with Plants*, London: Heinemann.

Jekyll, G. (1908) *Colour Schemes for the Flower Garden*, Country Life Ltd, London, reissued with revisions by G. S. Thomas, (1983) New Hampshire: Ayer.

Keswick, M. (1986) *The Chinese Garden*, 2nd edn., London: Academy Editions.

Keswick, M., Oberlander, J. and Wai, J. (1990) *In a Chinese Garden:The art and architecture of the Dr Sun Yat-Sen Classical Chinese Garden*,Vancouver: The Dr Sun Yat-Sen Garden Society.

Kingsbury, N. (1994) 'A Bold Brazilian' in *Landscape Design* (234), October, Reigate.

Kirk,T. (1889) *The Forest Flora of New Zealand*,Wellington: Government Printer.

Lancaster, M. (1994) *The New European Landscape,* Oxford: Butterworth Architecture.

Lancaster, M. (1984) *Britain in View: Colour and the Landscape*, London: Quiller Press.

Laseau, P. (2000) *Graphic Thinking for Architects and Designers*, 3rd edn, New York: John Wiley

Lisney, A. and Fieldhouse, K. (1990) *Landscape Design Guide, Volume I, Soft Landscape*, PSA and Gower Publishing Co.

Arboretum et Fruiticetum Britanicum, quoted in Turner, T. D. H., Loudon's Stylistic Development (1838), *Journal of Garden History*,Vol. 2, No. 2.

Lyall, S. (1991) *Designing the New Landscape*, London: Thames and Hudson.

Lynch, K. (1971) *Site Planning* 2nd edn, Cambridge, Mass.: MIT Press.

Lynch, K. and Hack, G. (1985) *Site Planning*, Cambridge, Mass.: MIT Press.

Matthews, J. D. (1989) *Sylvicultural Systems*, Oxford: Clarendon Press.

Metcalf, L. (1991) *The Cultivation of New Zealand Trees and Shrubs*, 2nd edn, Auckland: Reed.

Mitchell, A. (1974) *A Field Guide to the Trees of Britain and Northern Europe*, London: Collins.

Ministry of Agriculture, Fisheries and Food (1968) *Shelterbelts for Farmlands*, MAFF leaflet 15, HMSO.

Moore, C.W., Mitchell,W. J. and Turnbull,W. Jnr (1988) *The Poetics of Gardens*, Cambridge, Mass.: MIT Press.

Morton, J., Ogden, J. and Hughes, T. (1984) *To Save a Forest, Whirinaki*, Auckland: David Batemen.

Nelson,W. R. (1985) *Planting Design: A Manual of Theory and Practice*, 2nd edn, Champaign, Il.: Stipes Publishing Company.

Newman, O. (1972) *Defensible Space*, London: Architectural Press.

Newsome, F. P. J. (1987) *The Vegetative Cover of New Zealand*, Wellington: National Water and Soil Conservation Authority.

Notcutts Nurseries Ltd, *Notcutts' Book of Plants*, published annually, Woodbridge, Suffolk: Notcutts Nurseries Ltd.

Oehme, W. and Van Sweden, J. (1990) *Bold Romantic Gardens: the New World landscapes of Oehme and Van Sweden*, Port Melbourne: Lothian.

Oudolf, P. (1999) *Designing with Plants*, Conran.

Paddison,V. and Bryant, G. (2001) *Trees and Shrubs*, Auckland: Random House.

Palmer, S. J. (1994) *Palmer's Manual of Trees, Shrubs and Climbers*, Queensland: Lancewood.

Papanek,V. (1985) *Design for the Real World*, London: Thames and Hudson.

Pollard, E., Hooper, M. D., and Moore, N.W. (1975) *Hedges*, London: Collins.

Robinette, G. O. (1972) *Plants, People, Environmental Quality*, US Department of the Interior/ASLA.

Robinson, F. B. (1940) *Planting Design*, Champaign, Ill.: The Garrard Press.

Robinson, N. (1994) Place and planting design – planting structures, *The Landscape*, No. 54.

Robinson, N. (1993) Place and planting design – plant signatures, *The Landscape*, No. 53.

Robinson, N. (1993) Planting: new dimensions, *Landscape Design*, No. 220.

Robinson,W. ([1870] 1983) *The Wild Garden*, London: Century Publishing.

Salisbury, E. J. (1918) *The Ecology of Scrub in Hertfordshire* in Trans. Herts. Natural History Society, 17.

Scott, I. (trans. 1970) *The Lüscher Colour Test*, London: Jonathan Cape Ltd.

Simonds, J. O. (1983) *Landscape Architecture*, 2nd edn, New York: McGraw Hill.

Stevens, P. S. (1976) *Patterns in Nature*, Harmondsworth, England: Penguin.

Stilgoe, J. R. (1984) Gardens in context, in *Built Landscapes*,Vermont: Battleboro Museum and Art Centre.

Sydes, C. and Grime, J. P. (1979) Effects of Tree Litter on Herbaceous Vegetation, *Journal of Ecology*, 66.

Tanguy, F. and Tanguy, M. (1985) *Landscape Gardening and the Choice of Plants*, Sheridan (trans.) University Press of Virginia.

Tansley,A. G. (1939) *The British Isles and their Vegetation*, Cambridge: Cambridge University Press.

Thomas, G. S. (1990) *Perennials – A Modern Florilegium*, London: J. M. Dent and Sons Ltd.

Thomas, G. S. (1985) *The Old Shrub Roses*, 4th edn revised, London: J.M. Dent and Sons Ltd.

Thomas, G. S. (1984) *The Art Of Planting*, London: J. M. Dent & Sons.

Thomas,G. S. (1983) Gertrude Jekyll's *Wall and Water Gardens*, New Hampshire: Ayer.

Thomas, G. S. (1967) *Colour In The Winter Garden*, London: J. M. Dent & Sons.

Tregay, R. (1983) *Design Revisited*, Sweden: Sveriges Lantbruksuniversitet.

Tregay, R. and Gustavsson, R. (1983) *Oakwoods New Landscape*, Warrington: Sveriges Lantbruksuniversitet and Warrington New Town Development Corporation.

Turner, T. D. H. (1838) Loudon's Stylistic Development, *Journal of Garden History*,Volume 2, No. 2 pp. 175–88.

Turner, T. D. H. (1987) *English Garden Design: History and Styles since 1650*, Antique Collector's Club.

Walker, P. and Simo,M. (1998) *Invisible Gardens – the Search for Modernism in the American Landscape*, Cambridge, Mass.: MIT Press.

Walker,T. D. (1990) Basic principles of planting design, in Carpenter, P. L. and Walker,T. D., *Plants in the Landscape*, 2nd edn, New York:W. H. Freeman.

Walker,T. D. (1988) *Planting Design*, Mesa, Arizona: PDA.

Ward, Richard (1989) Harmony in Wild Planting in *Landscape Design* No 186, pp. 30–32, Reigate, Surrey: Landscape Design Trust.

Wardle, P. (1991) *Vegetation of New Zealand*, Cambridge: Cambridge University Press.

索 引

译后记

原书作者在中文版序言中直言，"渴望证实植物在风景园林中的中心地位，太多的教学和书籍只是将其视作选择材料的过程，很像是挑选一种铺装。"作为译者也怀着同样的想法选定本书译成中文介绍到国内，期望增进规划设计领域对植物景观的重视，扩展植物景观设计的多重视角和方法。执此信念，长达两年的翻译工作中虽诸多困难，毅然罔顾。

2009年开始教授植物景观规划设计课之后，一直在收集相关的教学参考书。国内已有的出版物要么是偏重植物材料的介绍，要么是框架性的建议或原则性的陈述，终未觅得一本贴合之作引以为鉴。另一面，曾为设计师的工作经历使得自己真切地感受到植物景观设计绝非易事，熟识了植物材料不见得能在设计中用好植物，即使具备尚好的"设计能力"不见得能驾驭得了植物的应用，实非一日之功。因而，在规划设计行业中"既懂设计，又懂植物"的设计师多受推崇。作者尼克·罗宾逊有着园艺学受教育的背景，对于植物十分熟悉。又是实践经验十分丰富的设计师，同时有着长期从事教学的经历。所以他能够从设计的视角全面而系统地分析植物景观的设计问题，也造就了本书最为突出的两个特征：其一，运用建筑学的空间组合理论探讨植物的使用；其二，以植物学的森林和林地结构理论阐释植物的组合。

由于尼克很多的设计实践发生在新西兰，书中的例子很多使用新西兰的植物。此举对于翻译工作带来了莫大的挑战，很多植物的英文名称是源自毛利语，更有大量的植物拉丁名找不到中文名，甚至是对应的中文属名也未曾出现过。只能贸然译出，才疏学浅，还望读者多多指正。

另有一件趣事。原著成书之时，正值吴家骅教授早年留学英国谢菲尔德大学，书中大量插图为吴先生所绘。2013年译者本人访学谢菲尔德大学之时，与作者尼克畅谈之时才获知两位先生已经失去联系数十年。牵线搭桥，终让二人再次取得联系，叙旧话新，廖慰思念之情。

本书出版得到了"中央高校基本科研业务费专项资金资助（项目编号TD2011-27）"，"北京市共建项目专项资助"。

尹豪
2016年3月
写于北京林业大学学研大厦

照片89 修剪整形的植物可以作为景观中的雕塑。在下沉的"干船坞"（dry dock）中紫杉被修剪成绿色的波浪（Thames Barrier Park, 英国）。

照片105 红色花境展示了浓烈色彩的红色和橙色。这些色彩在冷凉气候区不常见。（Hidcote Manor, 格洛斯特郡，英国）（摄影：Owen Manning）

照片106 将这片种植中冷色调的蓝和绿与红色花境中的热烈色彩相比对。(Hidcote Manor, 格洛斯特郡, 英国)

照片107 商业与工业园区中的石竹。(San Luis Obispo, 加利福尼亚)

照片111　当与硬质景观材料相协调和对比时，植物的视觉效果能十分精彩。这个种植实例中，绿篱和砖的几何直线与植物的有机形状产生了对比，同时卵石的肌理和视觉上的"柔和"联系着"硬质材料"和"软质材料"。（Hounslow Civic Centre, 伦敦）

照片122　在英国德文郡达廷顿会所，这块受限的种植显示了互补色调的多重提升，协调地融合着紫色的花、灰色的叶和墙上、路上的石材。

照片132　老采石场中宾馆和会议中心的开发（Hagen, 德国），提供了自然式种植的机会，强化了场所感。（摄影：Owen Manning）